应用型本科 电子及通信工程专业“十三五”规划教材

EDA技术实践教程

主　编　顾　涵

副主编　夏金威　潘启勇　张惠国

张静亚　徐　健

西安电子科技大学出版社

内 容 简 介

本书坚持“抓基础、重设计、培养创新实践能力”的宗旨，全面介绍 EDA 技术实践课程的主要内容。第一篇介绍了 VHDL 基本语法和结构，使读者掌握采用 VHDL 编程实现硬件描述功能的基本方法；第二篇介绍了电子线路 CAD 与仿真技术；第三篇介绍了 PCB 制板技术；第四篇介绍了 EDA 技术实践应用。全书内容由浅入深、取材新颖、内容丰富、实用为主、重点突出。与传统实践教程不同，本书给出了具体的设计思路、参考程序及所需的硬件知识，便于没有学习过 EDA 技术课程的学生快速入门。

本书可作为高等院校电气信息类专业的实验、课程设计指导用书，也可作为没有学习过 EDA 技术课程学生的开放性实践教材，还可作为大学生电子设计竞赛的入门培训教材。

图书在版编目(CIP)数据

EDA 技术实践教程 / 顾涵主编. —西安：西安电子科技大学出版社，2017.5

应用型本科 电子及通信工程专业“十三五”规划教材

ISBN 978-7-5606-4472-1

Ⅰ. ① E… Ⅱ. ① 顾… Ⅲ. ① 电子电路—电路设计—计算机辅助设计—教材

Ⅳ. ① TN702.2

中国版本图书馆 CIP 数据核字(2017)第 075577 号

策　　划　高　樱

责任编辑　祝婷婷　阎彬

出版发行　西安电子科技大学出版社(西安市太白南路 2 号)

电　　话　(029) 88242885　88201467　　邮　　编　710071

网　　址　www.xduph.com　　电子邮箱　xdupfxb001@163.com

经　　销　新华书店

印刷单位　陕西天意印务有限责任公司

版　　次　2017 年 5 月第 1 版　　2017 年 5 月第 1 次印刷

开　　本　787 毫米×1092 毫米　　1/16　印　张　18.5

字　　数　435 千字

印　　数　1～3000 册

定　　价　42.00 元

ISBN 978-7-5606-4472-1 / TN

XDUP　4764001-1

应用型本科 电子及通信工程专业规划教材
编审专家委员名单

前 言

随着电子技术、EDA 技术的快速发展，功能强大、开发周期短、便于修改及开发工具智能化的可编程逻辑器件已被广泛应用在各个领域。可编程逻辑器件的开发与应用已成为电子信息、计算机类各专业的必修课，同时相关知识也已成为电子设计工程师的必备知识。多年的实践证明，全面使用 EDA 工具是电子设计技术的发展趋势，因为利用 EDA 工具可以帮助设计者完成电子系统设计中的大部分工作。

在使用 VHDL 硬件描述语言和 EDA 技术进行电路设计时，遵守的是自顶向下的设计流程。设计过程中可以充分地采用前人已经设计、验证过的模块，实现前人设计成果的复用。采用这样的设计方法设计电子系统，大大缩短了新产品的设计周期，降低了设计成本，又快又好地满足了市场的需求，因此电子工程师与电子、计算机、通信、微电子等专业的学生都应该掌握这些方法和技术。

全书共 7 章。第 1 章介绍 VHDL 程序基本结构；第 2 章介绍 VHDL 基础；第 3 章介绍电路仿真技术；第 4 章介绍电子线路 CAD 技术；第 5 章介绍 PCB 制作流程及制作工艺；第 6 章介绍 EDA 技术基础实验；第 7 章介绍典型应用系统设计。

本书由常熟理工学院顾涵担任主编，夏金威、潘启勇、张惠国、张静亚、徐健担任副主编。其中顾涵编写了第一篇和第四篇，夏金威、潘启勇、张惠国、张静亚、徐健编写了第二篇和第三篇。全书由顾涵负责组织、统稿工作。

本书所列实验、课程设计项目的功能实现并不局限于某一种型号的开发板，开发板上只要有相应的接口都可以实现。VHDL 程序是共享的，因此本书没有列出全部引脚分配及下载过程。本书在编写过程中参考了大量资料，部分资料来源于互联网，无法一一列出，在此向所有作者深表谢意。

限于编者水平，书中难免有不足之处，恳请各位老师和读者不吝指正。

编　者

2017 年 3 月

目 录

第一篇 VHDL 基本语法和结构

第二篇 电子线路 CAD 与仿真技术

第三篇 PCB制板技术

第四篇　EDA 技术实践应用

第一篇　VHDL 基本语法和结构

第 1 章　VHDL 程序基本结构

1.1　初识 VHDL 程序

当使用一个集成芯片时，根据数字电子技术的知识，至少需要了解三个方面的信息：① 该芯片符合什么规范，是谁生产的，是否被大家认可；② 该芯片有多少管脚，每个管脚是输入还是输出，每个管脚对输入/输出有什么要求；③ 该芯片各管脚之间的关系，以及能完成什么逻辑功能。

相应地，当使用 VHDL 设计一个硬件电路时，至少需要描述三个方面的信息：① 使用的设计规范，亦即此设计符合哪个设计规范才能得到大家的认可，这就是库、程序包使用说明；② 所设计的硬件电路与外界的接口信号，这就是设计实体的说明；③ 所设计的硬件电路其内部各组成部分的逻辑关系及整个系统的逻辑功能，这就是该设计实体对应的结构体说明。

1. 设计思路

根据数字电子技术的知识，可以知道，74LS00 是一个 4—2 线输入与非门，亦即该芯片由 4 个 2 输入与非门组成，因此设计时可先设计一个 2 输入与非门(见图 1.1(a))，再由 4 个 2 输入与非门构成一个整体——MY74LS00(见图 1.1(b))。

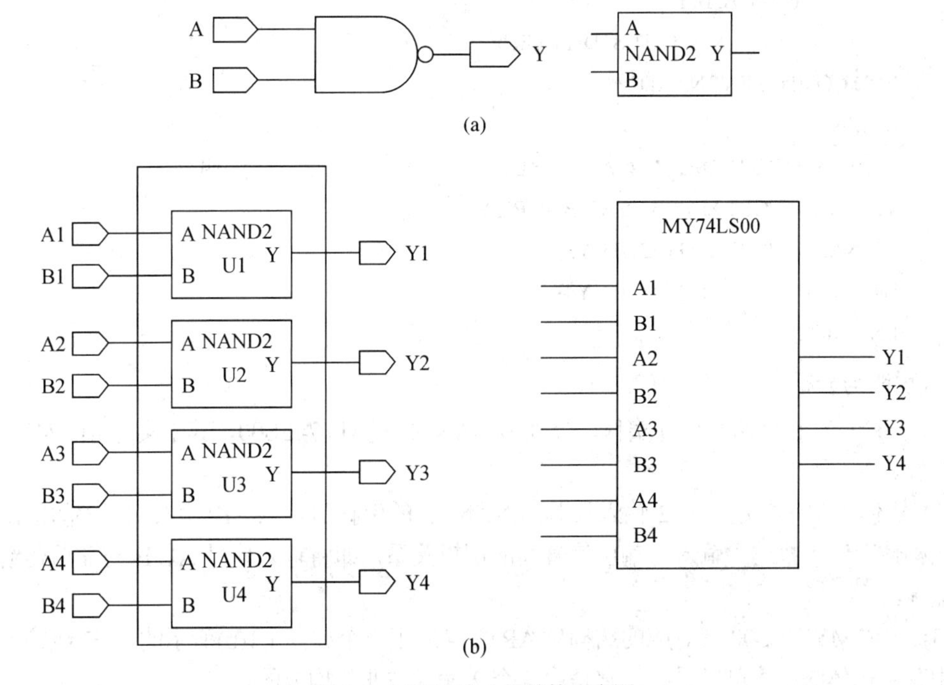

图 1.1　MY74LS00 的结构示意图

2. VHDL 源程序

(1) 2 输入与非门 NAND2 的逻辑描述，程序如下：

```
LIBRARY IEEE;
USE IEEE.STD_LOGIC_1164. ALL;            --IEEE 库及其中程序包的使用说明
ENTITY NAND2 IS
PORT(A, B: IN STD_LOGIC;
        Y: OUT STD_LOGIC);
END NAND2;                               --实体 NAND2 的说明
ARCHITECTURE ART1 OF NAND2 IS            --结构体 ART1 的说明
      BEGIN
Y <= A NAND B;
END ART1;
```

(2) MY74LS00 的逻辑描述，程序如下：

```
LIBRARY IEEE;
USE IEEE. STD_LOGIC_1164. ALL;                    --IEEE 库及其中程序包的使用说明
ENTITY MY74LS00 IS
          PORT(A1, B1, A2, B2, A3, B3, A4, B4: IN STD_LOGIC;
                        Y1, Y2, Y3, Y4: OUT STD_LOGIC);
          END MY74LS00;
ARCHITECTURE ART2 OF MY74LS00 IS                  --结构体 ART2 的说明
           COMPONENT NAND2 IS                     --元件调用声明
           PORT(A, B: IN STD_LOGIC;
                      Y: OUT STD_LOGIC);
END COMPONENT NAND2;
BEGIN
U1: NAND2 PORT MAP(A => A1, B => B1, Y => Y1);    --元件连接说明
U2: NAND2 PORT MAP(A => A2, B => B2, Y => Y2);
U3: NAND2 PORT MAP(A3, B3, Y3);
U4: NAND2 PORT MAP(A4, B4, Y4);
END ART2;
```

3. 说明与分析

(1) 整个设计包括两个设计实体，分别为 NAND2 和 MY74LS00，其中实体 MY74LS00 为顶层实体。

(2) 实体 NAND2 定义了 2 输入与非门 NAND2 的引脚信号 A、B(输入)和 Y(输出)，其对应的结构体 ART1 描述了输入与输出信号间的逻辑关系，即将输入信号 A、B 与非后传给输出信号端 Y。

(3) 实体 MY74LS00 及对应的结构体 ART2 描述了一个如图 1.1(b)所示的 4—2 线输入与非门。由其结构体的描述可以看到，它是由 4 个 2 输入与非门构成的。

(4) 在 MY74LS00 接口逻辑 VHDL 描述中，根据图 1.1(b)右侧的 MY74LS00 原理图可知，实体 MY74LS00 定义了引脚的端口信号属性和数据类型。

(5) 在结构体 ART2 中，COMPONENT-END COMPONENT 语句结构对所要调用的 NAND2 元件作了声明。

(6) 实体 MY74LS00 引导的逻辑描述也是由三个主要部分(即库和程序包使用说明、实体说明和结构体)构成的。

1.2　VHDL 程序基本结构

1.2.1　VHDL 程序一般结构

一般地，一个完整的 VHDL 源代码通常包括库(LIBRARY)、程序包(PACKAGE)、实体(ENTITY)、结构体(ARCHITECTURE)和配置(CONFIGUATION)5 个部分。

一个相对完整的 VHDL 程序(或称为设计实体)比较固定的结构如图 1.2 所示，其至少应该包括 3 个基本组成部分：库、程序包使用说明，实体和结构体。

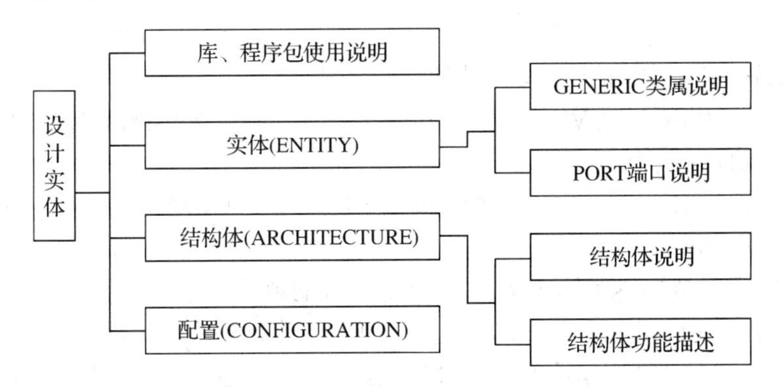

图 1.2　VHDL 程序设计基本结构

本书主要讨论 VHDL 设计的基本组成模块：实体说明和结构体。

1.2.2　库、程序包

1. 库

1) 库的定义

库是经编译后的数据的集合，它存放包集合定义、实体定义、结构体定义和配置定义等。

2) 库的使用

在 VHDL 中，库的说明语句总是放在实体单元前面，而且库语句一般必须与 USE 语句同时使用。

库的语句格式如下：

```
LIBRARY 库名;
```

这一语句相当于为其后的设计实体打开了以此库名所命名的库，以便设计实体可以利用其中的程序包。

例如：

```
LIBRARY IEEE;                --打开 IEEE 库
```

USE 语句指明库中的程序包。USE 语句的使用有两种常用格式：

```
USE  库名.程序包名.项目名;
USE  库名.程序包名.ALL;
```

第一语句格式的作用是，向本设计实体开放指定库中的特定程序包内所选定的项目；第二语句格式的作用是，向本设计实体开放指定库中的特定程序包内所有的内容。

库语句一般必须与 USE 语句同时使用，一旦说明了库和程序包，整个设计实体都可进入访问或调用。

例如：

```
LIBRARY IEEE; --打开 IEEE 库
USE IEEE. STD_LOGIC_1164. ALL;
--打开 IEEE 库中的 STD_LOGIC_1164 程序包的所有内容
USE IEEE. STD_LOGIC_UNSIGNED. ALL;
--打开 IEEE 库中的 STD_LOGIC_UNSIGNED 程序包的所有内容
```

3) 库的分类

VHDL 程序设计中常用的库有以下四种：

(1) IEEE 库。IEEE 库是 VHDL 设计中最常见的库，它包含有 IEEE 标准的程序包和其他一些支持工业标准的程序包。

(2) STD 库。VHDL 标准定义了两个标准程序包，即 STANDARD 和 TEXTIO 程序包，它们都收入在 STD 库中。

(3) WORK 库。WORK 库是用户的 VHDL 设计的现行工作库，用于存放用户设计和定义的一些设计单元和程序包，因此自动满足 VHDL 标准，在实际调用中，不必预先说明。

(4) VITAL 库。VITAL 库是 FPGA/CPLD 生产厂商提供的面向 ASIC 的逻辑门库。使用 VITAL 库，可以提高 VHDL 门级时序模拟的精度，因而只在 VHDL 仿真器中使用。

(5) 用户自定义的库。

2. 程序包

为了使已定义的常数、数据类型、元件调用说明及子程序能被更多的 VHDL 设计实体方便地访问和共享，可以将它们收集在一个 VHDL 程序包中。多个程序包可以并入一个 VHDL 库中，使之适用于更一般的访问和调用范围。这一点对于大系统开发，多个或多组开发人员并行工作显得尤为重要。

1) 预定义程序包

常用的预定义程序包有以下四种：

(1) STD_LOGIC_1164 程序包。它是 IEEE 库中最常用的程序包，是 IEEE 的标准程序包。其中包含了一些数据类型、子类型和函数的定义，这些定义将 VHDL 扩展为一个能描述多值逻辑(除具有“0”和“1”以外还有其他的逻辑，如高阻态“Z”、不定态“X”等)的硬件描述语言，很好地满足了实际数字系统的设计需求。

(2) STD_LOGIC_ARITH 程序包。它预先编译在 IEEE 库中，是 Synopsys 公司的程序包。此程序包在 STD_LOGIC_1164 程序包的基础上扩展了三个数据类型，即 UNSIGNED、SIGNED 和 SMALL_INT，并为其定义了相关算术运算符和转换函数。

(3) STD_LOGIC_UNSIGNED 和 STD_LOGIC_SIGNED 程序包。这两个程序包都是 Synopsys 公司的程序包，都预先编译在 IEEE 库中。这些程序包重载了可用于 INTEGER 型及 STD_LOGIC 和 STD_LOGIC_VECTOR 型混合运算的运算符，并定义了一个由 STD_LOGIC_VECTOR 型到 INTEGER 型的转换函数。

(4) STANDARD 和 TEXTIO 程序包。这两个程序包是 STD 库中的预编译程序包。STANDARD 程序包中定义了许多基本的数据类型、子类型和函数等。

程序包的具体内容介绍如下。

常数说明：主要用于预定义系统的宽度，如数据总线通道的宽度。

数据类型说明：主要用于说明在整个设计中通用的数据类型，例如通用的地址总线、数据类型的定义等。

元件定义：主要规定在 VHDL 设计中参与元件例化的文件(已完成的设计实体)对外的接口界面。

子程序说明：用于说明在设计中任一处可调用的子程序。

2) 自定义程序包

自定义程序包的一般语句结构如下：

```
--程序包首
PACKAGE 程序包名 IS                 --程序包首开始
程序包首说明部分;
END[PACKAGE][程序包名];             --程序包首结束
--程序包体
PACKAGE BODY 程序包名 IS            --程序包体开始
程序包体说明部分以及包体内容;
END[PACKAGE BODY][程序包名];        --程序包体结束
```

3) 程序包首

程序包首的说明部分可收集多个不同的 VHDL 设计所需的公共信息，其中包括数据类型说明、信号说明、子程序说明及元件说明等。

程序包结构中，程序包体并非是必需的，程序包首可以独立定义和使用。

程序包首的主要定义程序如下：

```
PACKAGE PAC1 IS                              --程序包首开始
TYPE BYTE IS RANGE 0 TO 255;                 --定义数据类型 BYTE
SUBTYPE BYTE1 IS BYTE RANGE 0 TO 15;         --定义子类型 BYTE1
CONSTANT C1: BYTE := 255;                    --定义常数 C1
SIGNA S1: BYTE1;                             --定义信号 S1
COMPONENT BYTE_ADDER IS                      --定义元件
PORT(A, B: IN BYTE;
```

```
        C: OUT BYTE;
        OVERFLOW: OUT BOOLEAN);
    END COMPONENT BYTE_ADDER;
    FUNCTION MY_FUNCTION(A: IN BYTE)RETURN BYTE;
                                                --定义函数
    END PACKAGE PAC1;                           --程序包首结束
```

下面是在现行 WORK 库中定义程序包并立即使用的示例。

```
    PACKAGE SEVEN IS                            --定义程序包
    SUBTYPE SEGMENTS IS BIT_VECTOR(0 TO 6);
    TYPE BCD IS RANGE 0 TO 9;
    END PACKAGE SEVEN;
    USE WORK.SEVEN. ALL;                        --打开程序包，以便后面使用
    ENTITY DECODER IS
    PORT(SR: IN BCD;
        SC: OUT SEGMENTS);
    END ENTITY DECODER;
    ARCHITECTURE ART OF DECODER IS
    BEGIN
    WITH SR SELECT
    SC <= B″1111110″ WHEN 0,
        B″0110000″ WHEN 1,
        B″1101101″WHEN 2,
        B″1111001″ WHEN 3,
        B″0110011″ WHEN 4,
        B″1011011″ WHEN 5,
        B″1011111″ WHEN 6,
        B″1110000″ WHEN 7,
        B″1111111″ WHEN 8,
        B″1111011″ WHEN 9,
        B″0000000″ WHEN OTHERS,
    END ARCHITECTURE ART;
```

4) 程序包体

程序包体用于定义在程序包首已定义的子程序的子程序体。程序包体说明部分的组成可以是 USE 语句(允许对其他程序包的调用)、子程序定义、子程序体、数据类型说明、子类型说明和常数说明等。没有子程序说明的程序包体可以省去。

程序包常用来封装属于多个设计单元分享的信息，程序包定义的信号、变量不能在设计实体之间共享。

1.2.3　实体

设计实体是 VHDL 设计中的基本单元，可以描述完整系统、电路板、芯片、逻辑单元或门电路。它不仅可以描述像微处理器那样的复杂电路，也能描述像门电路那样简单的电路，体现了 VHDL 描述的灵活性。

不管是复杂的设计实体，还是简单的设计实体，一个设计实体总是由两部分组成的：实体和结构体。实体说明主要描述的是一个设计的外貌，即输入/输出接口及一些用于结构体的参数定义；结构体则描述设计的行为和结构，指定输入/输出之间的行为。

下面以一个 2 选 1 电路原理图或 VHDL 描述为例分别加以说明，如图 1.3 所示。

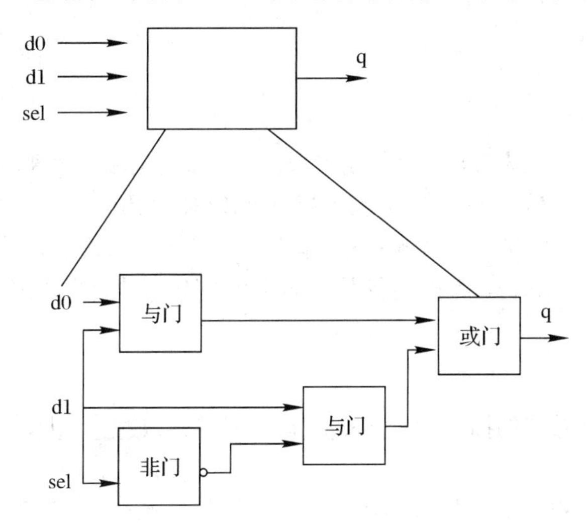

图 1.3　2 选 1 电路原理图

VHDL 源程序如下：

```
LIBRARY IEEE;                                    --库
USE IEEE. STD_LOGIC_1164. ALL;
ENTITY ch0 IS
PORT(d0: IN STD_LOGIC;
        d1: IN STD_LOGIC;
        sel: IN STD_LOGIC;
        q: OUT STD_LOGIC);
END ch0;
ARCHITECTURE CONNECT OF ch0 IS
BEGIN
PROCESS(d0, d1, sel)
VARIABLE temp1, temp2, temp3: STD_LOGIC;         --结构体
BEGIN
TEMP1 :=   d0 AND sel;
TEMP 2 :=   d1 AND (NOT sel);
```

```
TEMP 3 :=   temp1 OR temp2;
q <= temp3;
END PROCESS;
END CONNECT;
```

1. 实体说明

实体说明主要描述的是一个设计的外貌，即对外的输入/输出接口及一些用于结构体的参数定义，简单地说，就是定义了一个设计实体与其使用环境的接口。在VHDL语法中，一个设计实体的实体说明的结构如下：

```
ENTITY 实体名 IS
[类属参数说明];
[端口说明];
END 实体名;
```

类属参数说明主要用来为设计实体指定参数，如用来定义端口宽度、器件延时等。

实体说明中的每一个输入/输出信号称为端口，端口对应于电路图上的一个引脚。端口说明描述的是设计实体与外部的接口，具体来说，就是对端口名称、数据类型和模式的描述。

端口名称是端口的标识符，数据类型用于说明经过端口信号的数据类型，模式用来说明端口信号的流动方向。

2. 端口说明

端口说明是对外部接口的描述，即对外部引脚信号名称、数据类型和输入/输出方向的描述。其格式如下：

```
PORT(端口名, [端口名]:  方向   数据类型名;
      ⋮
   端口名, [端口名]:  方向   数据类型名);
```

端口名称按照标识符的命名方法来命名。端口模式有5种：输入、输出、双向、缓冲和链接。

(1) 输入模式(保留字是IN)：凡是用IN说明的，其驱动由外部向实体内部进行，信号自端口进入实体，而不能从该端口输出。

(2) 输出模式(保留字是OUT)：凡是用OUT说明的，其驱动源由实体向外部进行，信号从实体经端口输出，而不能通过该端口向实体内部输入信号。

(3) 双向模式(保留字是INOUT)：凡是用INOUT说明的，其驱动源既可由外部向实体内部进行，也可由实体内部向外部进行，其输入的信号都可以经过该端口。

(4) 缓冲模式(保留字是 BUFFER)：在设计时，有时候需要使用一个端口同时作为实体内部的驱动即从内部反馈，这时可以将端口定义为缓冲模式。它与输出模式的区别就在于输出模式不能用于实体内部的反馈。但要注意，缓冲模式的端口只可以连接内部信号或另一个具有缓冲模式实体的端口，而且缓冲模式的端口只能有一个驱动。

(5) 链接模式(保留字是 LINKAGE)：用来说明端口无指定方向，可以与任何方向的信号相连。

以上模式及其详细说明如表1.1所示。

表 1.1　端口模式表

端口模式	端口模式说明(以设计实体为主体)
IN	输入，只读模式，将变量或信号信息通过该端口读入
OUT	输出，单向赋值模式，将信号通过该端口输出
BUFFER	具有读功能的输出模式，可以读或写，只能有一个驱动源
INOUT	双向，可以通过该端口读入或写出信息
LINKAGE	不指定方向，无论哪一个方向都可连接

1.2.4　结构体

结构体描述的是设计的行为和结构，即描述一个设计实体的功能。结构体描述了实体硬件的结构、硬件的类型和功能、元件的互连关系、信号的传输和变换及动态行为等。

在设计过程中，设计人员常常将一个设计实体比喻成一个盒子，实体说明可以看做是一个“黑盒子”，通过实体说明只能了解其输入和输出，无法知道盒子的内容，而结构体则是描述盒子内部详细内容的。

结构体指明了基本设计单元的行为、元件及内部连接的关系。其格式如下：

```
ARCHITECTURE 结构体名 OF 实体名 IS
[定义语句], 内部信号, 常数, 数据类型, 函数等定义;
BEGIN
[并行处理语句];
END 构造体名;
```

(1) 构造体名：按见名思义原则。

(2) 定义语句：介于 ARCHITECTURE 与 BEGIN 之间，用于构造体内信号、常数、数据的函数的定义。

注意：信号对应于端口中的数据类型，只是没有方向而已。

(3) 并行处理语句：这些语句具体地描述了构造体的行为及其运算连接关系。

注意：并行语句与书写次序无关。

1.2.5　配置

配置也是 VHDL 设计实体的一个基本单元，在综合或仿真中，可以利用配置语句为实体指定或配置一个结构体。例如，可以利用配置使仿真器为同一实体配置不同的结构体以便设计者比较不同结构体的仿真差别，或者为例化的各元件实体配置指定的结构体，从而形成一个例化元件层次构成的设计实体。配置语句主要为实体指定一个结构体，或者为参与例化的元件实体指定所希望的结构体。

VHDL 综合器允许将配置规定为一个设计实体中的最高层次单元，但只支持对最顶层的实体进行配置。

配置的格式如下：

```
CONFIGURATION 配置名 OF 实体名 IS
```

```
配置说明;
END[CONFIGURATION] [配置名];
```

1.3 结构体描述方式

在 VHDL 中，允许设计人员采用不同的描述风格来进行设计实体中结构体的书写，三种常用的描述方式为：行为描述方式、数据流(或寄存器传输)描述方式或结构描述方式。这三种描述方式从不同的角度对设计实体的行为和功能进行描述，在设计中有时候采用这三种描述方式组成的混合描述方式。

这里将用三种描述方式对一个 2 选 1 电路进行讨论。

1.3.1 行为描述方式

行为描述类似于高级编程语言，当要描述一个设计实体的行为时，无需知道具体电路的结构，只需要用一组状态来描述即可。行为描述的优点在于只需要描述清楚输入与输出的行为，而不需要花费更多的精力关注设计功能的门级实现。

下面以 2 选 1 程序为例来说明行为描述方式。程序如下：

```
LIBRARY IEEE;
USE IEEE. STD_LOGIC_1164. ALL;
ENTITY ch1 IS
        PORT(d0: IN STD_LOGIC;          --定义 d0 的端口为输入
             d1: IN STD_LOGIC;
             sel: IN STD_LOGIC;
             q: OUT STD_LOGIC);         --定义 q 的端口为输出
END ch1;
ARCHITECTURE CONNECT OF ch1 IS
BEGIN
PROCESS(d0, d1, sel)
VARIABLE temp1, temp2, temp3: STD_LOGIC;
     BEGIN
     IF sel = '1' THEN temp3 :=   d0; ELSIF sel = '0' THEN temp3 :=   d1; END IF;
q <= temp3;      --如果 sel = '1'，那么 temp3 :=   d0；如果 sel= '0'，那么
                   --temp3 :=   d1；最终将赋值给 temp3
     END PROCESS;
END CONNECT;
```

1.3.2 数据流描述方式

数据流方式是对从信号到信号的数据流的路径形式进行描述的方式，因此很容易逻辑

综合，但要求设计者对电路要有清晰的了解。下面以 2 选 1 程序为例来说明数据流方式。程序如下：

```
LIBRARY IEEE;
USE IEEE. STD_LOGIC_1164. ALL;
ENTITY ch2 IS
        PORT(d0: IN STD_LOGIC;
              d1:IN STD_LOGIC;
              sel:IN STD_LOGIC;
              q:OUT STD_LOGIC);
END ch2;
ARCHITECTURE CONNECT OF ch2 IS
SIGNAL temp1, temp2, temp3: STD_LOGIC;
BEGIN
temp1 <= d0 AND sel;              --d0 与 sel 的结果赋值给 temp1
temp2 <= d1 AND (not sel);        --d1 与 NOT sel 的结果赋值给 temp2
temp3 <= temp1 OR temp2;          --temp1 或 temp2 的结果赋值给 temp3
q <= temp3;                       --temp3 赋值给 q
END CONNECT;
```

1.3.3 结构描述方式

结构描述方式就是通过调用库中的元件或已设计好的模块来完成设计实体功能的描述。当引用库中不存在的元件时，必须首先进行元件的创建，然后将其放在工作库中，通过调用工作库来引用元件。在引用元件时，要先在结构体说明部分进行元件的说明。以 2 选 1 程序为例来说明结构描述方式。程序如下：

```
LIBRARY IEEE;
USE IEEE.STD_LOGIC_1164.ALL;
ENTITY ch3 IS

        PORT(d0:IN STD_LOGIC;
              d1:IN STD_LOGIC;
               sel:IN STD_LOGIC;
               q:OUT STD_LOGIC);
END ch3;
ARCHITECTURE CONNECT OF ch3 IS
COMPONENT AND2                        --2 输入与门器件调用声明并定义其端口
PORT(a:IN STD_LOGIC;
     b: IN STD_LOGIC;
     c: OUT STD_LOGIC);
```

```
END COMPONENT;
COMPONENT NO2                       --2 输入或门器件调用声明并定义其端口
PORT(a:IN STD_LOGIC;
        b: IN STD_LOGIC;
        c: OUT STD_LOGIC);
END COMPONENT;
COMPONENT NO2                       --2 输入非门器件调用声明并定义其端口
PORT(a: IN STD_LOGIC;
        c: OUT STD_LOGIC);
END COMPONENT;
SIGNAL temp1, temp2, temp3, t4:  STD_LOGIC;
BEGIN
u1: AND2 PORT MAP(d0, sel, temp1);    --元件连接说明
u2: NO2 PORT MAP(sel, t4);
u3: AND2 PORT MAP(d1, t4, temp2);
u4: OR2 PORT MAP(temp1, temp2, temp3);
q <= temp3;
END CONNECT;
```

上述程序引用了库中的元件 AND2、OR2 和 NO2，引用元件时先在结构体说明部分用 COMPONENT 语句进行元件 AND2、OR2 和 NO2 的说明，然后在使用元件时用 PORT MAP 语句进行元件例化。从中可以看出，结构描述方式可以将已有的设计成果用到当前的设计中去，因而大大提高了设计效率，是一种非常好的描述方式。对于可分解为若干个子元件的大型设计，结构描述方式是首选方案。

本章小结

VHDL 十分类似于计算机高级语言，但又不同于一般的计算机高级语言。它具有系统硬件描述能力强、设计灵活、可读性和通用性好，并与工艺无关，编程、语言标准规范等特点。

VHDL 程序由实体、结构体、库、程序包和配置 5 个部分组成。实体、结构体和库共同组成 VHDL 程序的基本组成部分，程序包和配置则可根据需要选用。库语句是用来定义程序中要用到的元件库。配置用来选择实体的多个结构体的哪一个被使用。

VHDL 的端口模式有输入(IN)、输出(OUT)、双向(INOUT)、缓冲(BUFFER)和链接(LINKAGE)5 种类型。BUFFER 与 OUT 的区别是：OUT 模式规定信号只能从实体内部输出，而 BUFFER 模式规定信号不仅可以从实体内部输出，并且可以通过该端口在实体内部反馈使用。

VHDL 的结构描述方法有行为描述、数据流描述、结构描述和混合描述 4 种方法。行为描述使用进程进行描述，数据流描述主要采用并发语句进行描述，结构描述采用模块化的层次结构进行描述，混合描述是将上述 3 种方法混合使用。

习　　题

1. VHDL 程序一般包括几个组成部分？每个部分的作用是什么？

2. 采用 VHDL 进行数字系统的设计有哪些特点？

3. 简述实体描述与原理图的关系，结构体描述与原理图的关系。

4. 在 VHDL 程序中配置有何用处？

5. 库由哪些部分组成？在 VHDL 中常见的有哪几种库？编程人员怎样使用现有的库？

6. 一个包集合由哪两大部分组成？包集合体通常包含哪些内容？

7. 简述端口模式 IN、OUT 和 BUFFER 有何异同点。

8. 什么是结构体的行为描述方式？它应用于什么场合？用行为描述方式所编写的 VHDL 程序是否都可以进行逻辑综合？

9. 什么是数据流描述方式？它和行为描述方式的主要区别在哪里？用数据流描述方式所编写的 VHDL 程序是否都可以进行逻辑综合？

10. 什么是结构体的结构描述方式？实现结构描述方式的主要语句是哪两个？

11. 根据如下的 VHDL 描述画出相应的原理图。

```
ENTITY ADDER IS
    PORT(a,b, ci: IN STD_LOGIC;
            s, co: BUFFER STD_LOGIC);
END ENTITY ADDER;
ARCHITECTURE ART OF ADDER IS
    SIGNAL d, e: STD_LOGIC;
    BEGIN
    s <= a XOR b XOR ci;
    d <= (a XOR b) AND ci;
    e <= a AND b;
    co <= e OR d;
END ART;
```

第 2 章　VHDL 基础

2.1　VHDL 的语言要素

2.1.1　VHDL 文字规则

VHDL 文字(Literal)主要包括数值和标识符。数值型文字主要有数字型、字符串型和位串型。

1. 数字型文字

数字型文字的值有多种表达方式，现列举如下：

(1) 整数文字：整数文字都是十进制的数。如：

2, 678, 0, 156E2(= 15600),

45_234_287(= 45234287)

数字间的下划线仅仅是为了提高文字的可读性，相当于一个空的间隔符，而没有其他的意义，因而不影响文字本身的数值。

(2) 实数文字：实数文字也都是十进制的数，但必须带有小数点。如：

188.992,70_551.453_909(= 70551.453909),

1.0, 0.0, 44.99E-2(= 0.4499),

1.335

(3) 以数制基数表示的文字：用这种方式表示的数由五个部分组成。第一部分，用十进制数标明数制进位的基数；第二部分，数制隔离符“#”；第三部分，表达的文字；第四部分，指数隔离符号“#”；第五部分，用十进制表示的指数部分，这一部分的数如果是 0 可以省去不写。如：

```
10#168#             --十进制数表示，等于 168
2#1111_1110#        --二进制数表示，等于 254
16#E#E1             --十六进制数表示，等于 2#11100000#，等于 224
16#F.01#E+2         --十六进制数表示，等于 3841.00
```

2. 字符串型文字

字符是单引号引起来的 ASCII 字符，可以是数值，也可以是符号或字母，如：‘A’、‘*’、‘Z’。而字符串则是一维的字符数组，需放在双引号中。VHDL 中有两种类型的字符串：文字字符串和数位字符串。

(1) 文字字符串：文字字符串是用双引号引起来的一串文字，如：“ERROR”，“X”。

(2) 数位字符串：数位字符串也称位矢量，是预定义的数据类型 BIT 的一组数据，它们所代表的是二进制、八进制或十六进制的数组，其位矢量的长度即为等值的二进制数的位数。数

位字符串的表示首先要有计算基数，然后将该基数表示的值放在双引号中，基数符放在字符串的前面，分别以“B”、“O”和“X”表示二进制、八进制、十六进制基数符号。例如：

```
B“1_1101_1110”          --二进制数数组，位矢数组长度是 9
X“AD0”                  --十六进制数组，位矢数组长度是 12
```

3. 标识符

标识符用来定义常数、变量、信号、端口、子程序或参数的名字。VHDL 的基本标识符就是以英文字母开头，不连续使用下划线“_”，不以下划线“_”结尾的，由 26 个大小写英文字母、数字 0～9 以及下划线“_”组成的字符串。VHDL 的保留字不能作为标识符使用。如 DECODER_1，FFT，Sig_N，NOT_ACK，State0，Id1e 是合法的标识符；而_DECODER_1，2FFT，SIG_#N，NOT_ACK，RYY_RST，data_BUS，RETURN 则是非法的标识符。

4. 下标名及下标段名

下标名用于指示数组型变量或信号的某一元素，而下标段名则用于指示数组型变量或信号的某一段元素。其语句格式如下：

```
数组类型　信号名或变量名(表达式 1[TO/DOWNTO　表达式 2]);
```

表达式的数值必须在数组元素下标号范围以内，并且必须是可计算的。TO 表示数组下标序列由低到高，如“2 TO 8”；DOWNTO 表示数组下标序列由高到低，如“8 DOWNTO 2”。

以下是下标名及下标段名的使用示例，程序如下：

```
SIGNAL　A, B, C: BIT_VECTOR(0 TO 7);
SIGNAL　M: INTEGER RANGE 0 TO 3;
SIGNAL　Y, Z: BIT;
Y <= A(M);                     --M 是不可计算型下标表示
Z <= B(3);                     --3 是可计算型下标表示
C　(0 TO 3) <= A　(4 TO 7);     --以段的方式进行赋值
C　(4 TO 7) <= A　(0 TO 3);     --以段的方式进行赋值
```

2.1.2　VHDL 数据对象

在 VHDL 中，对象包括四类：常量(CONSTANT)、信号(SIGNAL)、变量(VARIABLE)和文件(FILE)。对于每一个对象来说，都要定义它的类和类型，类指明对象属于常量、信号、变量和文件中的哪一类，类型指明该对象具有哪种数据类型。

在对象的类中，信号和变量可以被连续地赋值，而常量只能被赋值一次。

1. 常量

常量的定义和设置主要为了使设计实体中的常数更容易阅读和修改。

常量的定义语法如下：

```
CONSTANT 常量名:　数据类型:　= 设置值;
```

常量名称的命令规则如下：

(1) 第一个字符是英文字母；

(2) 最后一个字符不可以是底线符号，中间也不能有两个连续底线符号相连；

(3) 常量的名称不能是 VHDL 语法保留字。

例如：

```
CONSTANT FBUS:BIT_VECTOR := "010115";
CONSTANT VCC:REAL:    =5.0;
CONSTANT DELY:TIME:    =25 ns;
```

2. 信号

定义信号的数据对象，是为了指定电路内部的某一节点。信号是实体间动态交换数据的手段，用信号对象可以把实体连接在一起，在物理上它对应硬件设计中的一条连接线。

信号说明的格式如下：

```
SIGNAL 信号名: 数据类型[ := 设置值];
```

注意：信号初始化，采用“ := ”来进行，而在源代码中信号值则用“ <= ”代入值。

如图 2.1 所示，这时的 A、B、C 可以视为电路的输入管脚，而 F 是输出管脚。这时的 D、E 就是所谓的电路内部节点，也就是这里要定义的“信号”数据对象。

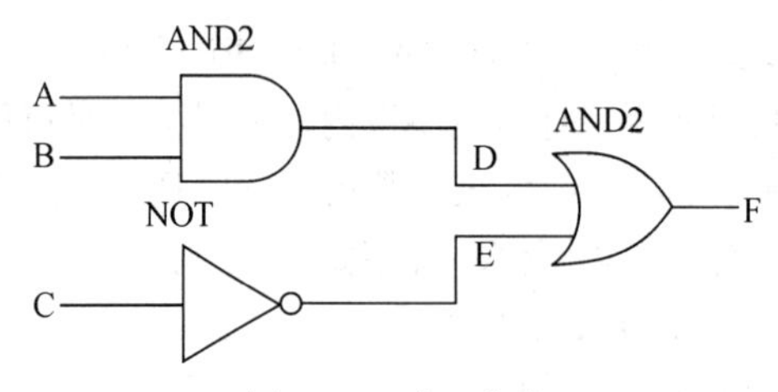

图 2.1　2 选 1 电路

图 2.1 所示电路的 VHDL 程序如下：

```
——* * * * * * * * * * * * * * * * * * * * * * * * * * * * * * * * *
LIBRARY IEEE;
USE IEEE. STD_LOGIC_1164. ALL;
USE IEEE. STD_LOGIC_ARITH. ALL;
USE IEEE. STD_LOGIC_UNSIGNED. ALL;
——* * * * * * * * * * * * * * * * * * * * * * * * * * * * * * * * *
ENTITY CH2_2_1 IS
    PORT(
          A: IN      STD_LOGIC;
          B: IN      STD_LOGIC;
          C: IN      STD_LOGIC;
          F: OUT     STD_LOGIC
          );
END CH2_2_1;
——* * * * * * * * * * * * * * * * * * * * * * * * * * * * * * * * *
ARCHITECTURE a OF CH2_2_1 IS
   SIGNAL D, E: STD_LOGIC;
BEGIN
```

```
        D <= A AND B;           --(1)
        E <= NOT C;             --(2)
        F <= D OR E;            --(3)
    END a;
```

程序说明：

(1) 由于 A、B、C、F 是电路的外部管脚，所以它们定义在程序的实体位置内。

(2) D、E 是电路的内部节点，所以用 SIGNAL 方式予以定义。虽然在这个程序里，D、E 是定义在 ARCHITECTURE 处，但 SIGNAL 方式可以定义在方块(BLOCK)、过程(PROCESS)等内部。

3. 变量

变量主要用于对暂时数据进行局部存储。它是一个局部量，只能在进程语句、过程语句和函数语句的说明区域中加以说明。

变量说明的格式如下：

```
VARIABLE 变量名: 数据类型[ := 设置值];
```

从变量说明的格式可以看出，变量采用“ := ”来进行初始化，而且在变量赋值语句中也采用此符号来进行赋值。在保留字 VARIABLE 后面跟着的是一个或多个变量名，每个名字建立一个新变量，然后是变量的数据类型，并且还可以指定初始值。

下列分别是用 SIGNAL、VARIABLE 设计的程序，从中可以比较它们的不同。

```
--**********************************
LIBRARY IEEE;
USE IEEE. STD_LOGIC_1164. ALL;
USE IEEE. STD_LOGIC_ARITH. ALL;
USE IEEE. STD_LOGIC_UNSIGNED. ALL;
--**********************************
ENTITY CH2_2_2 is
    PORT(
          IP: IN STD_LOGIC;
          CP: IN STD_LOGIC;
          OP: OUT STD_LOGIC
          );
END CH2_2_2;
--**********************************
ARCHITECTURE a OF CH2_2_2 IS
   SIGNAL D, E: STD_LOGIC;
BEGIN
   PROCESS(CP, IP)
   BEGIN
   IF CP' EVENT AND CP='1' THEN
```

```
            D <= IP;
            OP <= D;
          END IF;
        END Process;
    END a;
    -- * * * * * * * * * * * * * * * * * * * * * * * * * * * * * * * * *
    LIBRARY IEEE;
    USE IEEE. STD_LOGIC_1164. ALL;
    USE IEEE. STD_LOGIC_ARITH. ALL;
    USE IEEE. STD_LOGIC_UNSIGNED. ALL;
    -- * * * * * * * * * * * * * * * * * * * * * * * * * * * * * * * * *
    ENTITY CH2_2_3 IS
        PORT(
              IP: IN STD_LOGIC;
              CP: IN STD_LOGIC;
              OP: OUT STD_LOGIC;
              );
    END CH2_2_3;
    -- * * * * * * * * * * * * * * * * * * * * * * * * * * * * * * * * *
    ARCHITECTURE a OF CH2_2_3 IS
      BEGIN
         PROCESS(CP, IP)
         VARIABLE D: STD_LOGIC;
    BEGIN
        IF CP' EVENT AND CP='1' THEN
            D := IP;
            OP <= D;
        END IF;
      END Process;
    END a;
```

在 VHDL 中，信号和变量是最常用的两个类，它们都能够被连续的赋值，因此有时人们常常将两者混淆起来，下面讨论一下两者的区别。

信号和变量是两个完全不同的概念，它们之间的区别如下：

(1) 信号赋值是有一定延时的，而变量赋值是没有延时的。

(2) 对于进程语句来说，进程只对信号敏感，而不对变量敏感。

(3) 信号除了具有当前值外，还具有一定的历史信息(保存在预定义属性中)，而变量只具有当前值。

(4) 信号可以是多个进程的全局信号，而变量只在过程、函数和进程中可见。

(5) 信号是硬件中连线的抽象，其功能是存储变化的数值和连接子元件，信号在元件端口连接元件；变量在硬件中没有类似的对应关系，主要用于高层次的建模中。信号和变量的赋值为

信号 <= 表达式;

变量 := 表达式;

信号赋值和变量赋值分别使用不同的赋值符号“ <= ”和“ := ”，信号类型和变量类型可以完全一致，也允许两者之间相互赋值，但要保证两者的类型相同。对于信号赋值来说，在信号赋值的执行和信号值的更新之间至少有延时，只有延时过后信号才能得到新值，否则保持原值；而对于变量来说，赋值没有延时，变量在赋值语句执行后立即得到新值。

2.1.3 VHDL 数据类型与转换

VHDL 是一种强类型语言，要求设计实体中的每一个常数、信号、变量、函数及设定的各种参量都必须具有确定的数据类型，并且只有数据类型相同的量才能互相传递和作用。VHDL 作为强类型语言的好处是，VHDL 编译或综合工具能很容易地找出设计中的各种常见错误。VHDL 中的数据类型可以分成以下四大类：

(1) 标量型(SCALAR TYPE)：属单元素的最基本的数据类型，通常用于描述一个单值数据对象。它包括实数类型、整数类型、枚举类型和时间类型等。

(2) 复合类型(COMPOSITE TYPE)：可以由细小的数据类型复合而成，如可由标量复合而成。复合类型主要有数组型(ARRAY)和记录型(RECORD)两种。

(3) 存取类型(ACCESS TYPE)：为给定的数据类型的数据对象提供存取方式。

(4) 文件类型(FILES TYPE)：用于提供多值存取类型。

1. VHDL 的预定义数据类型

VHDL 的预定义数据类型都是在 VHDL 标准程序包 STANDARD 中定义的，在实际使用中，已将其自动包含进 VHDL 的源文件中，因而不必通过 USE 语句以显示调用。

1) 布尔数据类型

程序包 STANDARD 中定义布尔(BOOLEAN)数据类型的源代码如下：

```
TYPE BOOLEAN IS(FALSE, TRUE);
```

布尔数据类型实际上是一个二值枚举型数据类型，它的取值有 FALSE 和 TRUE 两种。

2) 位数据类型

位(BIT)数据类型也属于枚举型，取值只能是 1 或 0。位数据类型的数据对象，如变量、信号等，可以参与逻辑运算，运算结果仍是位的数据类型。VHDL 综合器用一个二进制位表示 BIT。在程序包 STANDARD 中定义的源代码为

```
TYPE BIT IS('0', '1' );
```

3) 位矢量数据类型

位矢量(BIT VECTOR)只是基于 BIT 数据类型的数组，在程序包 STANDARD 中定义的源代码为

```
TYPE BIT_VETOR IS ARRAY(NATURA RANGE< >)OF BIT;
```

使用位矢量时必须注明位宽，即数组中元素的个数和排列，如

```
SIGNAL s1: BIT_VECTOR(15 DOWNTO 0);
```

用位矢量数据可以形象地表示总线的状态。

4) 字符数据类型

字符(CHARACTER)数据类型通常用单引号引起来，如‘A’。字符类型区分大小写，如‘B’不同于‘b’。字符类型已在程序包 STANDARD 中做了定义。

5) 整数数据类型

整数(INTEGER)数据类型的数代表正整数、负整数和零。在 VHDL 中，整数的表示范围为 −2 147 483 647～2 147 483 647，即从$(-2^{31}-1)$到$(2^{31}-1)$。电子系统在开发过程中，可以使用整数抽象地表示信号总线的状态；但整数不能看做是位矢量，不能按位进行访问，整数不能用逻辑操作符运算。如果需要位操作，则可以使用转换函数，将整数转换成位矢量再操作。

整数常量的书写方式示例如下：

```
2                  --十进制整数
10E4               --十进制整数
16#D2#             --十六进制整数
2#11011010#        --二进制整数
10#170#            --十进制数表示，等于 170
2#1111—1110#       --二进制数表示，等于 254
16#E01#E+2         --十六进制数表示，等于 3841.00
```

6) 自然数和正整数数据类型

自然数(NATURAL)是整数的一个子类型，是非负的整数，即零和正整数；正整数(POSITIVE)也是整数的一个子类型，它包括整数中非零和非负的数值。它们在程序包 STANDARD 中定义的源代码如下：

```
SUBTYPE NATURA IS INTEGER RANGE 0 TO INTEGER ′HIGH;
SUBTYPE POSITIVE IS INTEGER RANGE 1 TO INTEGER ′HIGH;
```

7) 实数数据类型

VHDL 的实数(REAL)数据类型类似于数学上的实数，或称浮点数。实数的取值范围为 −1.0E38～+1.0E38。通常情况下，实数类型仅能在 VHDL 仿真器中使用，VHDL 综合器不支持实数，因为实数类型的实现相当复杂，目前在电路规模上难以承受。

实数常量的书写方式举例如下：

```
65971.333333     --十进制浮点数
8#43.6#E+4       --八进制浮点数
43.6E-4          --十进制浮点数
```

8) 字符串数据类型

字符串(STRING)数据类型是字符数据类型的一个非约束型数组，或称为字符串数组。字符串必须用双引号表明。如：

```
VARIABLE STRING_VAR: STRING(1 TO 7);
……
STRING_VAR: ″A B C D″;
```

9) 时间数据类型

VHDL 中唯一的预定义物理类型是时间。完整的时间(TIME)数据类型包括整数和物理量单位两部分，整数和单位之间至少留一个空格，如 55 ms、20 ns。

程序包 STANDARD 中也定义了时间，其定义语句格式如下：

```
TYPE TIME IS RANGE -2147483674 TO 2147483647
fs;                  --飞秒，VHDL 中的最小时间单位
ps = 1000 fs;        --皮秒
ns = 1000 ps;        --纳秒
us = 1000 ns;        --微秒
ms = 1000 μs;        --毫秒
sec = 1000 ms;       --秒
min = 60 sec;        --分
hr = 60 min;         --时
end untis;
```

10) 错误等级

在 VHDL 仿真器中，错误等级(SEVERITY LEVEL)用来指示设计系统的工作状态，共有 4 种可能的状态值：NOTE(注意)、WARNING(警告)、ERROR(出错)和 FAILURE(失败)。在仿真过程中，可输出这 4 种值来提示被仿真系统当前的工作情况。其定义语句格式如下：

```
TYPE SEVERITY_LEVE IS (NOTE, WARNING, ERROR, FAILURE);
```

2. IEEE 预定义标准逻辑位与标准逻辑矢量

在 IEEE 库的程序包 STD_LOGIC_1164 中，定义了两个非常重要的数据类型，即标准逻辑位 STD_LOGIC 和标准逻辑矢量 STD_LOGIC_VECTOR。

1) 标准逻辑位数据类型

以下是定义在 IEEE 库程序包 STD_LOGIC_1164 中的 STD_LOGIC 数据类型。

数据类型 STD LOGIC 的定义语句格式如下：

```
TYPE STD_LOGIC IS ('U', 'X', '0', '1', 'Z', 'W', 'L', 'H', '-');
```

各值的含义为

'U'——未初始化的；'X'——强未知的；'0'——强 0；'1'——强 1；'Z'——高阻态；'W'——弱未知的；'L'——弱 0；'H'——弱 1；'-'——忽略。

在程序中使用此数据类型前，需加入下面的语句：

```
LIBRARY IEEE;
USE IEEE. STD_LOGIC_1164. ALL;
```

由定义可见，STD_LOGIC 是标准的 BIT 数据类型的扩展，共定义了 9 种值。

2) 标准逻辑矢量(STD_LOGIC_VECTOR)数据类型

数据类型 STD_LOGIC_VECTOR 的定义格式如下：

```
TYPE STD_LOGIC_VECTOR IS ARRAY (NATURA RANGE<>) OF STD_LOGIC;
```

3. 其他预定义标准数据类型

VHDL 综合工具附带的扩展程序包，定义了一些有用的类型。如 Synopsys 公司在 IEEE 库中加入的程序包 STD_LOGIC_ARITH 中定义了无符号型(UNSIGNED)、有符号型(SIGNED)和小整型(SMAL_INT)等。

在程序包 STD_LOGIC_ARITH 中其他数据类型的定义格式如下：

```
TYPE UNSIGNED IS ARRAY (NATURA RANGE<>) OF STD_LOGIC;
TYPE SIGNED IS ARRAY (NATURA RANGE<>) OF STD_LOGIC;
SUBTYPE SMALL_INT IS INTEGER RANGE 0 TO 1;
```

将信号或变量定义为这几个数据类型，就可以使用本程序包中定义的运算符。在使用之前，注意必须加入下面的语句：

```
LIBRARY IEEE;
USE IEEE. STD_LOGIC_ARITH. ALL;
```

1) *无符号数据类型*

无符号(UNSIGNED)数据类型代表一个无符号的数值，在综合器中，这个数值被解释为一个二进制数，这个二进制数的最左位是其最高位。

2) *有符号数据类型*

有符号(SIGNED)数据类型表示一个有符号的数值，综合器将其解释为补码，次数的最高位是符号位。例如：SIGNED(“0101”)代表 +5；SIGNED(“1101”)代表 –5。

4. 用户自定义数据类型

VHDL 允许用户自行定义新的数据类型，它们可以有多种，如枚举类型(ENUMERATION TYPE)、整数类型(INTEGER TYPE)、数组类型(ARRAY TYPE)、记录类型(RECORD TYPE)、时间类型(TIME TYPE)、实数类型(REA TYPE)等。

1) *TYPE 语句用法*

TYPE 语句的语法结构如下：

```
TYPE  数据类型名  IS  数据类型定义[OF 基本数据类型];
```

2) *SUBTYPE 语句用法*

子类型 SUBTYPE 是由 TYPE 所定义的原数据类型的一个子集，它满足原数据类型的所有约束条件，原数据类型称为基本数据类型。子类型 SUBTYPE 的语句格式如下：

```
SUBTYPE  子类型名  IS  基本数据  RANGE  约束范围;
```

5. 枚举类型

VHDL 中的枚举数据类型是用文字符号来表示的一组实际二进制数的类型(若直接用数值来定义，则必须使用单引号)。如：

```
TYPE M_STATE IS(STATE1，STATE2，STATE3，STATE4，STATE5);
SIGNA CURRENT_STATE，NEXT_STATE：M_STATE;
```

在这里，信号 CURRENT_STATE 和 NEXT_STATE 的数据类型定义为 M_STATE，它们的取值范围是可枚举的，即从 STATE1～STATE5 共 5 种，而这些状态代表五组唯一的二进制数值。

6. 整数类型和实数类型

整数和实数的数据类型在标准的程序包中已做了定义，但在实际应用中，特别是在综合中，由于这两种非枚举型的数据类型的取值定义范围太大，所以综合器无法进行综合。

在实际应用中，VHDL 仿真器通过将整数或实数类型作为有符号数处理。VHDL 综合器对整数或实数的编码方法如下：

对用户已定义的数据类型和子类型中的负数，编码为二进制补码；

对用户已定义的数据类型和子类型中的正数，编码为二进制原码。

下面举一个例子：

数据类型定义	综合结果
TYPE N1 IS RANGE 0 TO 100;	--7 位二进制原码
TYPE N2 IS RANGE 10 TO 100;	--7 位二进制原码
TYPE N3 IS RANGE -100 TO 100;	--8 位二进制补码
SUBTYPE N4 IS N3 RANGE 0 TO 6;	--3 位二进制原码

7. 数组类型

数组类型属复合类型，它是将一组具有相同数据类型的元素集合在一起，作为一个数据对象来处理的数据类型。数组可以是一维(每个元素只有一个下标)数组或多维数组(每个元素有多个下标)。VHDL 仿真器支持多维数组，但 VHDL 综合器只支持一维数组。

数组元素的类型可以是任何一种数据类型，用于定义数组元素的下标范围。子句决定了数组中元素的个数及元素的排序方向，即下标数是由低到高，或是由高到低排序的。

限定性数组的定义语句格式如下：

```
TYPE  数组名  IS ARRAY (数组范围) OF  数据类型;
```

其中，数组名是新定义的限定性数组类型的名称，可以是任何标识符，其类型与数组元素的相同；数组范围明确指出数组元素的定义数量和排序方式，以整数来表示其数组的下标；数据类型即指数组各元素的数据类型。

例如：

```
TYPE STB IS ARRAY(7 DOWNTO 0) OF STD_LOGIC;
```

这个数组类型的名称是 STB，它有 8 个元素，下标排序是 7、6、5、4、3、2、1、0，各元素的排序是 STB(7)、STB(6)、……、STB(1)、STB(0)。

例如：

```
TYPE X IS (LOW, HIGH);
TYPE DATA_BUS IS ARRAY (0 TO 7, X) OF BIT;
```

首先定义 X 为两元素的枚举数据类型，然后将 DATA_BUS 定义为一个数组类型，其中每一元素的数据类型是 BIT。

非限制性数组的定义语句格式如下：

```
TYPE  数组名  IS ARRAY (数组下标名  RANGE<>) OF  数据类型;
```

其中，数组名是定义的非限制性数组类型的取名；数组下标名是以整数类型设定的一个数组小标名称；符号“<>”是下标范围待定符号，用到该数组类型时，再填入具体的数值范围；数据类型是数组中每一元素的数据类型。

例如：

```
TYPE BIT_VECTOR IS ARRAY(NATURA RANE<>) OF BIT;
VARABLE VA: BIT_VECTOR(1 TO 6);          --将数组取值范围定在 1～6
```

8. 记录类型

由已定义的、数据类型不同的对象元素构成的数组称为记录类型的对象。定义记录类型的语句格式如下：

```
TYPE  记录类型名  IS  RECORD
元素名: 元素数据类型;
元素名: 元素数据类型;
…
END RECORD[记录类型名];
```

下面是记录类型的一个例子：

```
TYPE RECDATA IS RECORD
——将 RECDATA 定义为三元素记录类型
ELEMENT1: TIME;
——将元素 ELEMENT1 定义为时间类型
ELEMENT2: TIME;
——将元素 ELEMENT2 定义为时间类型
ELEMENT3: STD_LOGIC;
——将元素 ELEMENT3 定义为标准位类型
```

9. 数据类型转换

由于 VHDL 是一种强类型语言，这就意味着即使对于非常接近的数据类型的数据对象，在相互操作时，也需要进行数据类型转换。

1) 类型转换函数方式

类型转换函数的作用就是将一种属于某种数据类型的数据对象转换成属于另一种数据类型的数据对象。

2) 直接类型转换方式

直接类型转换的一般语句格式如下：

```
数据类型标识符(表达式);
```

一般情况下，直接类型转换仅限于非常关联(数据类型相互间的关联性非常大)的数据类型之间，且必须遵循以下规则：

(1) 所有的抽象数据类型是非常关联的类型(如整型、浮点型)，如果浮点数转换为整数，则转换结果是最接近的一个整型数。

(2) 如果两个数组有相同的维数，且两个数组的元素属同一类型，并且在各处的下标范围内索引是同一类型或非常接近的类型，那么这两个数组是非常关联的类型。

(3) 枚举型不能被转换。

如果类型标识符所指的是非限定性数组，则结果会将被转换的数组的下标范围去掉，即成

为非限定数组。

例如：

```
VARIABLE DATAC, PARAMC:INTEGER;
…
DATAC:=INTEGER(74.94*REAL(PARAMC));
```

在类型与其子类型之间无需类型转换。即使两个数组的下标索引方向不同，这两个数组仍有可能是非常关联的类型。

2.1.4　VHDL 操作符

VHDL 的各种表达式由操作数和操作符组成，其中操作数是各种运算的对象，而操作符则规定运算的方式。

1. 操作符种类及对应的操作数类型

在 VHDL 中，一般有四类操作符，即逻辑操作符(LOGICA OPERATOR)、关系操作符(RELATION OPERATOR)、算术操作符(ARITHMETIC OPERATOR)和符号操作符(SIGN OPERATOR)，前三类操作符是完成逻辑和算术运算的最基本的操作符的单元。

此外还有重载操作符(OVERLOADING OPERATOR)，它是对基本操作符做了重新定义的函数型操作符。各种操作符所要求的操作数的类型如表 2.1 所示，操作符之间的优先级别如表 2.2 所示。

表 2.1　VHDL 操作符列表

类 型	操作符	功 能	操作数数据类型
算术操作符	+	加	整数
	-	减	整数
	&	并置	一维数组
	*	乘	整数和实数(包括浮点数)
	/	除	整数和实数(包括浮点数)
	MOD	取模	整数
	REM	取余	整数
	SLL	逻辑左移	BIT 或布尔型一维数组
	SRL	逻辑右移	BIT 或布尔型一维数组
	SLA	算术左移	BIT 或布尔型一维数组
	SRA	算术右移	BIT 或布尔型一维数组
	ROL	逻辑循环左移	BIT 或布尔型一维数组
	ROR	逻辑循环右移	BIT 或布尔型一维数组
	**	乘方	整数
	ABS	取绝对值	整数

续表

类 型	操作符	功 能	操作数数据类型
关系操作符	=	等于	任何数据类型
	/=	不等于	任何数据类型
	<	小于	枚举与整数类型，及对应的一维数组
	>	大于	枚举与整数类型，及对应的一维数组
	<=	小于或等于	枚举与整数类型，及对应的一维数组
	>=	大于或等于	枚举与整数类型，及对应的一维数组
逻辑操作符	AND	与	BIT, BOOLEAN, STD-LOGIC
	OR	或	BIT, BOOLEAN, STD-LOGIC
	NAND	与非	BIT, BOOLEAN, STD-LOGIC
	NOR	或非	BIT, BOOLEAN, STD-LOGIC
	XOR	异或	BIT, BOOLEAN, STD-LOGIC
	XNOR	异或非	BIT, BOOLEAN, STD-LOGIC
	NOT	非	BIT, BOOLEAN, STD-LOGIC
符号操作符	+	正	整数
	–	负	整数

表 2.2　VHDL 操作符优先级

VHDL 的运算操作符	优先等级
NOT, ABS, **	↑ 高
*, /, MOD, REM	
+(正号)，–(负号)	
+(加)，–(减号)，&(并置)	
SLL, SLA, SRL, SRA, ROL, ROR	
=, /=, <,　<=, >, >=	
AND, OR, NAND, NOR, XOR, XNOR	低

为了方便各种不同数据类型间的运算，VHDL 还允许用户对原有的基本操作符重新定义，赋予新的含义和功能，从而建立一种新的操作符，即重载操作符，定义这种重载操作符的函数称为重载函数。事实上，在程序包 STD_LOGIC_UNSIGNED 中已定义了多种可供不同数据类型间操作的算符重载函数。Synopsys 的程序包 STD_LOGIC_ARITH、STD_LOGIC_UNSIGNED 和 STD_LOGIC_SIGNED 中已经为许多类型的运算重载了算术运算符和关系运算符，因此只要

引用这些程序包，SIGNED、UNSIGNED、STA_LOGIC 和 INTEGER 之间即可混合运算，INTEGER、STD_LOGIC 和 STD_LOGIC_VECTOR 之间也可以混合运算。

2. 各种操作符的使用说明

(1) 严格遵循在基本操作符间操作数的类型是同数据类型的规则；严格遵循操作数的数据类型必须与操作符所要求的数据类型完全一致的规则。

(2) 注意操作符之间的优先级别。当一个表达式中有两个以上的运算符时，可使用括号将这些运算分组。

(3) VHDL 共有 7 种基本逻辑操作符，对于数组型数据对象的相互作用是按位进行的。

(4) 关系操作符的作用是将相同数据类型的数据对象进行数值比较(=、/=)或关系排序判断(<、<=、>、>=)，并将结果以布尔(BOOLEAN)类型的数据表示出来，即用 TRUE 或 FALSE 表示。

就综合而言，简单的比较运算(= 和 /=)在实现硬件结构时，比排序操作符构成的电路芯片资源利用率要高。

(5) 表 2.1 所列的 15 种算术操作符可以分为求和操作符、求积操作符、符号操作符、混合操作符、移位操作符等五类操作符。

① 求和操作符包括加减操作符和并置操作符。加减操作符运算规则与常规的加减法是一致的，VHDL 规定它们的操作数的数据类型是整数。对于位宽大于 4BIT 的加法器和减法器，VHDL 综合器将调用库元件进行综合。

在综合后，由加减运算符(+，–)产生的组合逻辑门所耗费的硬件资源的规模都比较大，但若加减运算符的其中一个操作数或两个操作数都为整型常数，则只需很少的电路资源。

并置运算符 & 的操作数的数据类型是一维数组，可以利用并置符将普通操作数或数组组合起来形成新的数组。例如“VH”&“DL”的结果为“VHDL”，“0”&“1”的结果为“01”。连接操作常用于字符串。但在实际运算过程中，要注意并置操作前后的数组长度应一致。

并置运算符主要适用于位和位矢量的连接，就是将并置运算符右边的内容接在左边的内容之后以形成一个新的数组。用&进行连接的方式很多，既可以将两个位连接起来形成一个位矢量；也可以将两个位矢量连接起来形成一个新的位矢量；还可以将位矢量和位连接起来。如“a <= b&c;”，注意：a 为 2BIT，而 b、c 则为 1BIT。

② 求积操作符包括 * (乘)、/ (除)、MOD(取模)和 REM(取余)4 种操作符。VHDL 规定，乘与除的数据类型是整数型和实数型(包括浮点数)。在一定条件下还可以对物理类型的数据对象进行运算操作。

虽然在一定条件下，乘法运算和除法运算是可以综合的，但从优化综合、节省芯片资源的角度出发，最好不要轻易使用乘除操作符。对于乘除运算，可以用其他变通的方法来实现。操作符 MOD 和 REM 的本质与除法操作符的是一样的，因此，可综合的取模和取余的操作数必须是以 2 为底数的幂。MOD 和 REM 的操作数的数据类型只能是整数，运算结果也是整数。

③ 符号操作符“+”和“–”的操作数只有一个，操作数的数据类型是整数型，操作符“+”对操作数不作任何改变，操作符“–”作用于操作数的返回值是对原操作数取负，在实际使用

中，取负操作数需加括号，如：“Z=X*(-Y);”。

④ 混合操作符包括乘方“**”操作符和取绝对值“ABS”操作符两种。VHDL 规定，它们的操作数的数据类型一般为整数类型。乘方(**)运算的左边可以是整数或浮点数，但右边必须为整数，而且在左边为浮点数时，其右边才可以为负数。一般地，VHDL 综合器要求乘方操作符作用的操作数的底数必须是 2。

⑤ 六种移位操作符号 SLL、SRL、SLA、SRA、ROL 和 ROR 都是 VHDL'93 标准新增的运算符。VHDL'93 标准规定移位操作符作用的操作数的数据类型应是一组数组的，并要求数组中的元素类型必须是 BIT 或 BOOLEAN 的数据类型，移位的位数则是整数。在 EDA 工具所附的程序包中重载了移位操作符以支持 STD_LOGIC_VECTOR 及 INTEGER 等类型。移位操作符左边可以是支持的类型，右边则必定是 INTEGER 型。如果操作符右边是 INTEGER 型常数，移位操作符实现起来比较节省硬件资源。

其中，SLL 的功能是将矢量左移，右边跟进的位补零；SRL 的功能恰好与 SLL 相反；ROL 和 ROR 的移位方式稍有不同，它们移出的位将依次填补移空的位，执行的是自循环式移位方式：SLA 和 SRA 是算术移位操作符，其移空位用最初的首位，即符号位来填补。

移位操作符的语句格式如下：

    标识符号　　移位操作符号　　移位位数;

操作符可以用来产生电路。就提高综合效率而言，使用常量值或简单的一位数据类型能够生成较紧凑的电路，而表达式复杂的数据类型(如数组)将相应地生成更多的电路。如果组合表达式的一个操作数为常数，则能减少生成的电路。

2.1.5 VHDL 的属性语句

VHDL 中预定义了多种反映和影响硬件行为的属性(ATTRIBUTE)，主要是关于信号、类型、实体、结构体、元件等的特性。利用属性可使 VHDL 程序更加简明扼要、易于理解和掌握。VHDL 的属性在程序中处处可见，如利用属性求取一个类型的左右边界、上下边界，利用属性来检测信号的上升沿和下降沿等。引用属性的一般形式为

    对象′属性

对象(信号、变量和常量)的属性与对象的值完全不同，在任一给定时刻，一个对象只能具有一个值，但却可以具有多个属性。

VHDL 的属性分为信号类属性、范围类属性、数值类属性、函数类属性和类型类属性。数值类属性用于对属性目标的相关数值特性进行测试，并返回具体值，如边界、数组长度等；函数类属性是指属性以函数的形式，给出有关数据类型、数组、信号的某些信息；信号类属性用于产生一种特别信号，这种信号是以所加属性的信号为基础而形成的；利用类型类属性可以得到数据类型的一个值；范围类属性则对属性目标的取值区间进行测试，并且返回一个区间范围。

1. 信号类属性

信号类属性中，最常用的当属 EVENT。例如，语句“clock 'EVENT”就是对信号 clock 在当前一个极小的时间段内是否发生事件进行检测。所谓发生事件，就是电平发生变化。如果在此时间段内，clock 由 0 变成 1 或由 1 变成 0 都认为发生了事件，于是这句测试事件发生与否的

表达式将向测试语句(如 IF 语句)返回一个布尔值 TRUE；否则返回 FALSE。

如果将以上语句“clock 'EVENT”改成“clock 'EVENT AND clock = '1'”，则表示对 clock 信号上升沿的测试，一旦测试到 clock 有一个上升沿时，将返回一个布尔值 TRUE。例 2.1.1 是此表达式的实际应用。

【例 2.1.1】 “clock 'EVENT AND clock = '1' 语句实际应用。

```
PROCESS (clock)
IF(clock' EVENT AND clock = '1')THEN
    Q <= DATA;
END IF;
END PROCESS;
```

同理，表达式 clock 'EVENT AND clock = '0' 表示对 clock 下降沿的测试。

属性 STABLE 的测试功能恰恰与 EVENT 相反，它是信号在 Δ 时间段内无事件发生，则返回 TRUE 值。以下两条语句的功能是一样的。

```
(NOT clock 'STABLE AND clock = '1')
(clock 'EVENT AND clock = '1')
```

请注意，语句“(NOT clock 'STABLE AND clock = '1')”的表达式是不可综合的。另外还应注意，对于普通的 BIT 数据类型的 clock，它只有 1 和 0 两种取值，因而，例 2.1.1 的表述作为对信号上升沿到来与否的测试是正确的。但如果 clock 的数据类型已定义为 STD_LOGIC，则其可能的值有 9 种。这样一来，就不能从例 2.1.1 中的(clock = '1') = TRUE 来推断 Δ 时刻前 clock 一定是 0。因此，对于这种数据类型的时钟信号边沿检测，可用表达式“RISING_EDGE(clock)”来完成，这条语句只能用于标准位数据类型的信号，其用法如下：

```
IF RISING_EDGE(clock) THEN
```

或

```
WAIT UNTIL RISING_EDGE(clock)
```

在实际使用中，'EVENT 比'STABLE 更常用。对于目前常用的 VHDL 综合器来说，EVENT 只能用于 IF 和 WAIT 语句。

2. 范围类属性

范围类属性有 'RANGE[(n)]和'REVERSE_RANGE[(n)]，这类属性函数主要是对属性项目取值区间进行测试，返回的内容不是一个具体值，而是一个区间。对于同一属性项目，'RANGE 和 'REVERSE_RANGE 返回的区间次序相反，前者与原项目次序相同，后者则相反，如例 2.1.2 所示。

【例 2.1.2】 范围类属性举例。

```
…
SIGNAL rangle1:IN STD_LOGIC_VECTOR(0 TO 7);
…
FOR i IN rangle'RANGE LOOP
…
```

例 2.1.2 中的 FOR-LOOP 语句与语句“FOR i IN 0 TO 7 LOOP”的功能是一样的，这说明

rangel'RANGE 返回的区间即为位矢 rangle1 定义的元素范围。如果为 'REVERSE_RANGE，则返回的区间正好相反，是(7 DOWNTO 0)。

3. 数值类属性

在 VHDL 中的数值类属性测试函数主要有 'LEFT、'RIGHT、'HIGH、'LOW，这些属性函数主要用于对属性目标的一些数值特性进行测试，如例 2.1.3 所示。

【例 2.1.3】 数值类属性测试函数举例。

```
…
PROCESS (clock, a, b);
    TYPE obj IS INTEGER RANGE 0 TO 15;
    SIGNAL ele1, ele2, ele3, ele4: INTEGER;
BEGIN
ele1 <= obj ' RIGNT;            --获得的数值为 15
ele2 <= obj ' LEFT;                  --获得的数值为 0
ele3 <= obj ' HIGH;             --获得的数值为 15
ele4 <= obj ' LOW;                   --获得的数值为 0
…
```

4. 数组长度属性

数组长度属性'LENGTH 仍属于数值类属性，只是对数组的宽度或元素的个数进行测定，如例 2.1.4 所示。

【例 2.1.4】 数组长度属性举例。

```
…
TYPE arry1 ARRAY(0 TO 7)OF BIT;
VARIABLE with:INTEGER;
…
with := arry1'LENGTH;              --with 获得的数值为 8
…
```

2.2 VHDL 的顺序语句

VHDL 的基本描述语言包括顺序语句(SEQUENTIAL STATEMENTS)和并行语句(CONCURRENT STATEMENTS)两种。在数字逻辑电路系统设计中，这些语句从多侧面完整地描述了系统的硬件结构和基本逻辑功能。

顺序语句只能出现在进程、过程和函数中，其特点与传统的计算机编程语句类似，是按程序书写的顺序自上而下、一条一条地执行。利用顺序语句可以描述数字逻辑系统的组合逻辑电路和时序逻辑电路。VHDL 的顺序语句有赋值语句、流程控制语句、等待语句、子程序调用语句、返回语句和空操作语句等六类。

2.2.1　赋值语句

赋值语句的功能是将一个值或者一个表达式的运算结果传递给某一个数据对象，如变量、信号、端口或它们组成的数组。

1. 变量赋值语句

变量赋值语句的格式如下：

目标变量名 := 赋值源(表达式)

例如：

x := 5.0

书写变量赋值语句应注意以下几点：

(1) VHDL 中变量赋值限定在进程、函数和过程等顺序区域内。

(2) 变量赋值符号为“ := ”。

(3) 变量赋值无时间特性。

(4) 变量值具有局限性。变量的适用范围在进程之内；若要将变量用于进程之外，则需将该值赋予一个相同类型的信号，即进程之间只能靠信号传递数据。

(5) 赋值符号两边的变量和表达式的数据类型和长度必须保持一致，否则编译就会报错。

【例 2.2.1】 2 输入端或非门的描述。

图 2.2 所示的为 2 输入端或非门的逻辑符号，其中 a、b 是输入信号，z 是输出信号，输出与输入的逻辑关系表达式为 z = ~(a+b)。

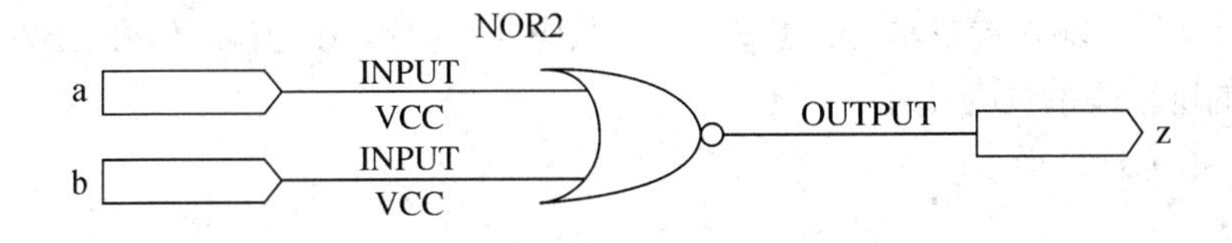

图 2.2　2 输入端或非门的逻辑符号

或非门的 VHDL 描述如下：

```
library ieee;
use ieee. std_logic_1164. all;
entity my_nor2 is
port (a, b: in std_logic;
          z: out std_logic);
end my_nor2;
architecture example of my_nor2 is
begin
  process (a, b)
  variable temp: std_logic;            --定义变量 temp
  begin
    temp := a nor b;                   --对变量 temp 赋值
```

```
    z <= temp;
  end process;
end architecture example;
```

以下内容为变量值引出进程，需要引入信号。

```
L1: process
variable a, b: integer;
begin
wait until clk = '1';
   a := 4;
   b := 5;
   a := b;
   b := a;
end process;
signal a, b := integer;
```

2. 信号赋值语句

信号赋值语句的格式如下：

目标信号名 <= 赋值源(表达式)

例如：

```
x <= '1'
```

【例 2.2.2】 4 输入端与非门电路的描述。

图 2.3 所示为 4 输入端与非门的逻辑符号，其中 a、b、c、d 是输入信号，z 是输出信号，输出与输入的逻辑关系表达式为

$$z = \sim(a \cdot b \cdot c \cdot d)$$

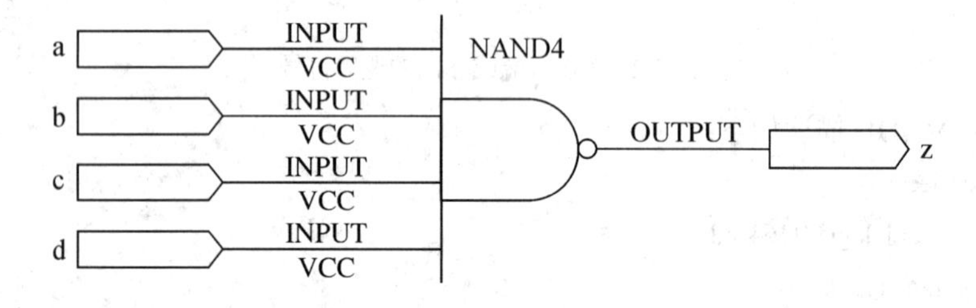

图 2.3　4 输入端与非门逻辑图

4 输入与非门电路的 VHDL 描述如下：

```
library ieee;
use ieee. std_logic_1164. all;
entity my_nand4 is
port(a, b, c, d: in std_logic;
          z: out std_logic);
end my_nand4;
architecture example of my_nand4 is
```

```
signal temp: std_logic;                    --定义信号量 temp
begin
process (a, b, c, d)
begin
    temp <= not(a and b and c and d);      --对信号量赋值
  end process;
z <= temp;
end example;
```

信号赋值语句可以出现在进程或结构体中，若出现在进程或子程序中则是顺序语句，若出现在结构体中则是并行语句。

对数组元素赋值，可采用下列格式：

```
SIGNAL a, b: STD_LOGIC_VECTOR(1 TO 4);
   a <= "1101";                 --为信号 a 整体赋值
   a(1 TO 2) <= "10";           --为信号 a 中部分数据位赋值
   a(1 TO 2) <= b(2 to 3);
```

2.2.2　转向控制语句

转向控制语句有 IF 语句、CASE 语句、LOOP 语句、NEXT 语句和 EXIT 语句等 5 种。

1. IF 语句

IF 语句有下列 3 种格式。

格式 1：门闩控制语句。

```
IF 条件语句 THEN
…顺序语句; …
END IF;
```

当程序执行到该 IF 语句时，就要判断 IF 语句所指定的条件是否成立。如果条件成立，则 IF 语句所包含的顺序处理语句将被执行；如果条件不成立，程序将跳过 IF 语句所包含的顺序处理语句，而向下执行 IF 语句的后继语句。这里的条件起到门闩控制作用。

格式 2：2 选 1 控制语句。

```
IF 条件语句 THEN
…顺序语句; …
ELSE
…顺序语句; …
END IF;
```

当 IF 条件成立时，程序执行 THEN 和 ELSE 之间的顺序语句部分；当 IF 语句的条件得不到满足时，程序执行 ELSE 和 END IF 之间的顺序处理语句。也就是说，依据 IF 所指定的条件是否满足，程序可以有两条不同的执行路径。

格式 3：IF 语句的多选择控制语句。

```
IF 条件语句 THEN
```

```
…顺序语句; …
ELSE 条件语句 THEN
…顺序语句; …
ELSE
…顺序语句; …
END IF;
```

在这种多选择控制的 IF 语句中，设置了多个条件。当满足所设置的多个条件之一时，就执行该条件后跟的顺序处理语句。如果所有设置的条件都不满足，则执行 ELSE 和 END IF 之间的顺序处理语句。

IF 语句至少应有一个条件语句，条件语句必须由 BOOLEAN 表达式构成。IF 语句根据条件语句产生的判断结果(TRUE 或 FALSE)，有条件地选择执行其后面的顺序语句。

【例 2.2.3】 4 位带确认的全加器。

4 位带确认的全加器由 a[3..0]、b[3..0]作为两个加数输入信号，当按下确认按钮“OK”时，进行加法运算，sum[4..0]为和输出信号，其逻辑图如图 2.4 所示。

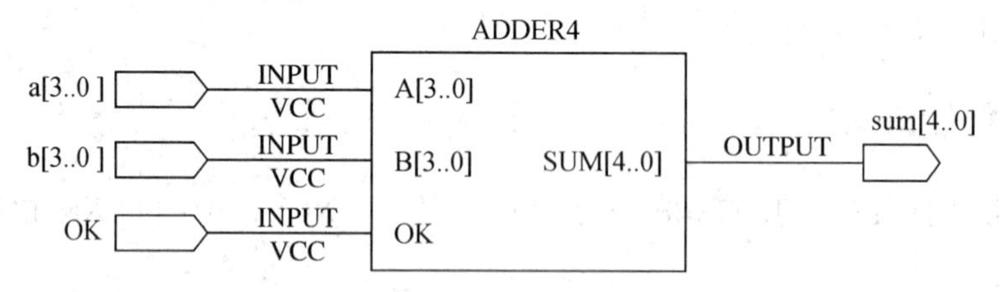

图 2.4　4 位带确认全加器的逻辑图

4 位带确认全加器的 VHDL 描述如下：

```
library ieee;
use ieee. std_logic_1164. all;
use ieee. std_logic_unsigned. all;
entity adder4 is
port(a, b: in std_logic_vector(3 downto 0);
      ok: in std_logic;
      sum: out std_logic_vector(4 downto 0));
end adder4;
architecture example of adder4 is
signal temp: std_logic_vector(4 downto 0);
begin
   process(ok)
   begin
      if ok='1' then
         temp <= a+b;
      end if;
   end process;
```

```
    sum <= temp;
end architecture example;
```

4 位带确认全加器的仿真波形如图 2.5 所示。

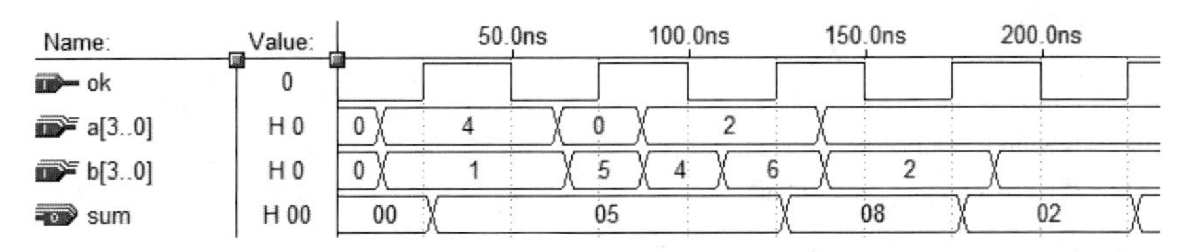

图 2.5　4 位带确认全加器的仿真波形

【例 2.2.4】 2 选 1 数据选择器。

2 选 1 数据选择器的逻辑符号如图 2.6 所示，其中 a，b 是数据输入信号，s 是选择控制信号，y 是输出信号。2 选 1 数据选择器的功能如表 2.3 所示。当选择信号 s = 0 时，y = a；当选择信号 s = 1 时，y = b。

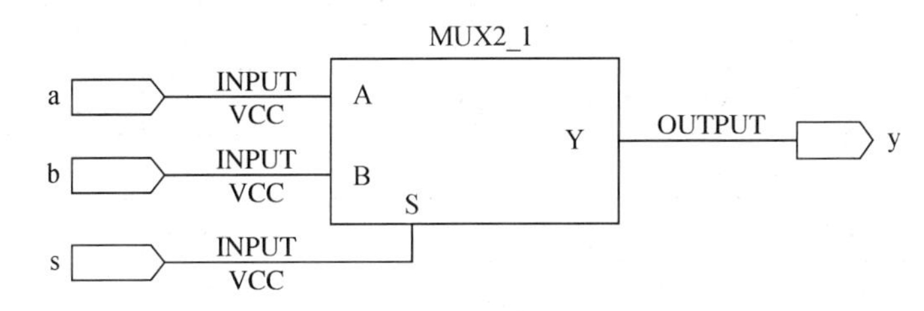

图 2.6　2 选 1 数据选择器的逻辑图

表 2.3　2 选 1 数据选择器的功能表

S	Y
0	a
1	b

2 选 1 数据选择器的 VHDL 描述如下：

```
library ieee;
use ieee.std_logic_1164. all;
entity mux2_1 is
port(a, b: in std_logic;
        s: in std_logic;
        y: out std_logic);
end mux2_1;
architecture example of mux2_1 is
begin
    process(a, b, s)
    begin
      if s = '0' then
```

```
            y <= a;
        else
            y <= b;
        end if;
    end process;
end architecture example;
```

【例 2.2.5】 8—3 线优先编码器。

8—3 线优先编码器的功能如表 2.4 所示。

表 2.4　8—3 线优先编码器的功能表

输　入								输　出		
a7	a6	a5	a4	a3	a2	a1	a0	y2	y1	y0
0	x	x	x	x	x	x	x	1	1	1
1	0	x	x	x	x	x	x	1	1	0
1	1	0	x	x	x	x	x	1	0	1
1	1	1	0	x	x	x	x	1	0	0
1	1	1	1	0	x	x	x	0	1	1
1	1	1	1	1	0	x	x	0	1	0
1	1	1	1	1	1	0	x	0	0	1
1	1	1	1	1	1	1	0	0	0	0

8—3 线优先编码器的 VHDL 语言描述如下：

```
library ieee;
use ieee. std_logic_1164. all;
entity coder8_3 is
port(a: in std_logic_vector(7 downto 0);
    y: out std_logic_vector(2 downto 0));
end coder8_3;
architecture example of coder8_3 is
begin
  process(a)
  begin
    if(a(7) = '0') then y <= "111";
    elsif(a(6) = '0') then y <= "110";
    elsif(a(5) = '0') then y <= "101";
    elsif(a(4) = '0') then y <= "100";
    elsif(a(3) = '0') then y <= "011";
    elsif(a(2) = '0') then y <= "010";
```

```
        elsif(a(1) = '0') then y <= "001";
        elsif(a(0) = '0') then y <= "000";
        else y <= "000";
        end if;
    end process;
end example;
```

【例 2.2.6】 十进制循环加法计数器。

十进制循环加法计数器是指当时钟信号 clk 的上升沿来到时，计数器的状态加 1，如果计数器的原态是 9，则计数器返回到 0 的计数器。

十进制循环加法计数器的 VHDL 描述如下：

```
library ieee;
use ieee. std_logic_1164.all;
use ieee. std_logic_unsigned.all;
entity cont10 is
port(clk: in std_logic;
     cnt: out std_logic_vector(3 downto 0));
end cont10;
architecture example of cont10 is
signal cnt_temp: std_logic_vector(3 downto 0);
begin
  process(clk)
  begin
    if clk'event and clk='1' then
     if cnt_temp="1001" then
       cnt_temp <= "0000";
   else
         cnt_temp <= cnt_temp+1;
     end if;
  end if;
end process;
cnt <= cnt_temp;
end example;
```

2. CASE 语句

CASE 语句是根据表达式的值，从多项顺序语句中选择满足条件的一项来执行的语句。CASE 语句的格式如下：

```
CASE 表达式 IS
WHEN 选择值 => 顺序语句;
WHEN 选择值 => 顺序语句;
```

```
…
WHEN OTHERS => 顺序语句;
END CASE;
```

其中 WHEN 选择可以有以下 4 种表达方式：

(1) 单个普通数值，即形如 WHEN 选择值 => 顺序语句。

(2) 并列数值，即形如 WHEN 值/值/值 => 顺序处理语句。

(3) 数值选择范围，即形如 WHEN 值 TO 值 => 顺序语句。

(4) WHEN OTHERS => 顺序处理语句。

执行 CASE 语句时，首先计算表达式的值，然后执行在条件语句中找到的“选择值”与其值相同的语句，并执行该“顺序语句”。当“表达式”的值与所有的条件句的“选择值”都不相同时，则执行“OTHERS”后面的“顺序语句”。

注意：条件句中的“ => ”不是操作符，而是相当于 THEN 的作用。

在使用 CASE 语句时有以下三点需要注意：

(1) CASE 语句中的所有选择条件必须被枚举，不允许在 WHEN 语句中有相同的选择，否则编译将会给出语法出错的信息。

(2) 所有 WHEN 后面选择的值在 CASE 语句中必须是表达式的所有取值，不能有所遗漏。如果 CASE 语句中的表达式包含多个值，一一列举十分繁琐，则可以使用 OTHERS 来表示所有具有相同操作的选择。

(3) CASE 语句中的 WHEN 语句可以颠倒次序而不会发生错误，但保留字 OTHERS 必须放在最后面。

【例 2.2.7】 用 CASE 语句描述 2 输入端与非门。

图 2.7 所示为 2 输入端与非门的逻辑符号，其中 a，b 是输入信号，y 是输出信号，输出与输入的逻辑关系表达式为 y = ~(a · b)。其功能如表 2.5 所示。

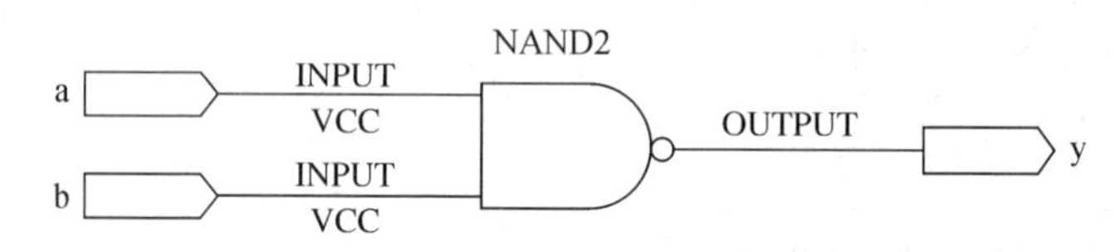

图 2.7　2 输入端与非门的逻辑图

表 2.5　2 输入端与非门的真值表

a	b	y
0	0	1
0	1	1
1	0	1
1	1	0

2 输入端与非门用 CASE 语句的 VHDL 描述如下：

```
library ieee;
use ieee. std_logic_1164.all;
entity my_nand2 is
```

```
port(a, b: in std_logic;
        y: out std_logic);
end my_nand2;
architecture example of my_nand2 is
begin
process(a, b)
Variable comb: std_logic_vector(1 downto 0);
begin
   comb := a&b;
   case comb is
      when "00" => y <= '1';
      when "01" => y <= '1';
      when "10" => y <= '1';
      when "11" => y <= '0';
      when others => y <= 'X';          --当 comb 没有被列出时，y 做未知处理
   end case;
end process;
end example;
```

【例 2.2.8】 用 CASE 语句描述 4 选 1 数据选择器。

4 选 1 数据选择器的逻辑符号如图 2.8 所示。数据选择器在控制信号 S1 和 S2 的控制下，从输入信号 a、b、c、d 中选择一个并传送到输出。

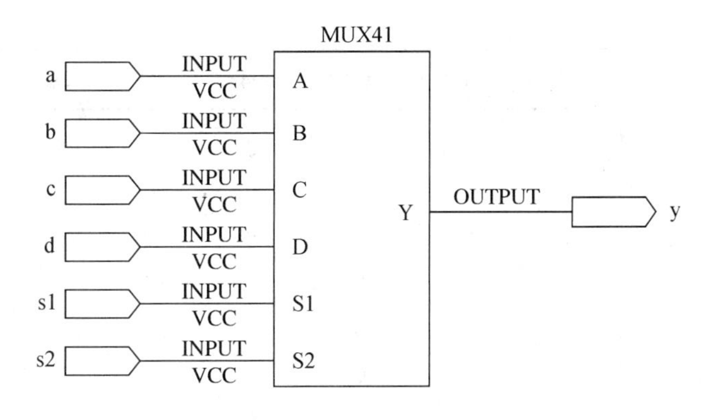

图 2.8 4 选 1 数据选择器的逻辑符号

4 选 1 数据选择器用 CASE 语句的 VHDL 描述如下：

```
library ieee;
use ieee. std_logic_1164. all;
entity mux41 is
port(a, b, c, d: in std_logic;
        s1, s2: in std_logic;
           y: out std_logic);
```

```
end mux41;
architecture example of mux41 is
signal temp: std_logic_vector(1 downto 0);
begin
temp <= s1&s2;
process(a, b, c, d, s1, s2)
begin
    case temp is
        when "00" => y <= a;
        when "01" => y <= b;
        when "10" => y <= c;
        when "11" => y <= d;
        when others => y <= 'X';
      end case;
    end process;
end example;
```

【例 2.2.9】 用 CASE 语句描述 3-8 译码器。

3-8 译码器通过 3 个输入信号 a(2 downto 0)的不同组合，从 8 个输出端口 y(7 downto 0)中选择一个作为有效输出端口，其功能如表 2.6 所示。

表 2.6　3-8 译码器的功能表

输　入			输　　出							
a2	a1	a0	y7	y6	y5	y4	y3	y2	y1	y0
1	1	1	1	0	0	0	0	0	0	0
1	1	0	0	1	0	0	0	0	0	0
1	0	1	0	0	1	0	0	0	0	0
1	0	0	0	0	0	1	0	0	0	0
0	1	1	0	0	0	0	1	0	0	0
0	1	0	0	0	0	0	0	1	0	0
0	0	1	0	0	0	0	0	0	1	0
0	0	0	0	0	0	0	0	0	0	1

3-8 译码器的 VHDL 描述如下：

```
library ieee;
use ieee. std_logic_1164. all;
entity encoder3_8 is
port(a: in std_logic_vector(2 downto 0);
    y: out std_logic_vector(7 downto 0));
```

```
end encoder3_8;
architecture example of encoder3_8 is
begin
    process(a)
    begin
        case a is
          when"000" =>   y <= "00000001";
          when"001" =>   y <= "00000010";
          when"010" =>   y <= "00000100";
          when"011" =>   y <= "00001000";
          when"100" =>   y <= "00010000";
          when"101" =>   y <= "00100000";
          when"110" =>   y <= "01000000";
          when"111" =>   y <= "10000000";
          when others =>   y <= "XXXXXXXX";
        end case;
    end process;
end example;
```

【例 2.2.10】 用 CASE 语句描述一个 7 段码的共阴。

7 段码的共阴的 VHDL 描述如下：

```
library ieee;
use ieee. std_logic_1164. all;
use ieee. std_logic_arith.all;
use ieee. std_logic_unsigned.all;
entity ch16 is
port(q: in std_logic_vector(3 downto 0);
     segment: out std_logic_vector(6 downto 0));
end ch16;
architecture trl of ch16 is
begin
process(q)
begin
case q is
     when "0000" => segment <= "0111111";
     when "0001" => segment <= "0000110";
     when "0010" => segment <= "1011011";
     when "0011" => segment <= "1001111";
```

```
        when "0100" => segment <= "1100110";
        when "0101" => segment <= "1101101";
        when "0110" => segment <= "1111101";
        when "0111" => segment <= "0100111";
        when "1000" => segment <= "1111111";
        when "1001" => segment <= "1101111";
        when others => segment <= "0000000";
    end case;
    end process;
    end trl;
```

3. LOOP 语句

LOOP 语句是循环语句，它使一组顺序语句重复执行，执行的次数由设定的循环参数确定。LOOP 语句有三种使用方式，LOOP 语句可以用“标号”给语句定位，也可以不使用。

1) FOR-LOOP 语句

FOR-LOOP 语句的语法格式如下：

```
[标号:] FOR 循环变量  IN  范围  LOOP
…顺序语句; …                    --循环体
END LOOP[标号];
```

FOR-LOOP 循环语句适用于循环次数已定的程序，语句中的循环变量是一个临时变量，属于 LOOP 语句的局部变量，不必事先声明。这个变量只能作为赋值源，而不能被赋值，它由 LOOP 语句自动声明。

在 FOR-LOOP 循环语句中，关键字 IN 用来指定循环范围。循环范围有两种表达方式：“初值 TO 终值”和“初值 DOWNTO 终值”。

FOR-LOOP 循环从循环变量的初值开始，到终值结束，每执行一次循环，循环变量自动递增或递减 1。因此，循环次数 = | 终值 – 初值 | + 1。

【例 2.2.11】 8 位奇偶校验器的描述。

该 8 位奇偶校验器用 a 表示输入信号，它的长度为 8BIT。在程序，FOR-LOOP 语句输入 a 的值，逐位进行模 2 加法运算(异或运算)，用循环变量控制模 2 加法的次数，使循环体执行 8 次。

该程序实现 8 位奇偶校验器的奇校验功能，当电路检测到输入 1 的个数为奇数个时，输出 y = 1；若为偶数，则输出 y = 0。其 VHDL 描述如下：

```
library ieee;
use ieee. std_logic_1164. all;
entity p_check is
port(a: in std_logic_vector(7 downto 0);
     y: out std_logic);
end p_check;
architecture example of p_check is
```

```
begin
    process(a)
    variable temp: std_logic;
    begin
        temp := '0';
        for n in 0 to 7 loop
            temp := temp xor a(n);
        end loop;
        y <= temp;
    end process;
end example;
```

8 位奇偶校验器的仿真波形如图 2.9 所示。

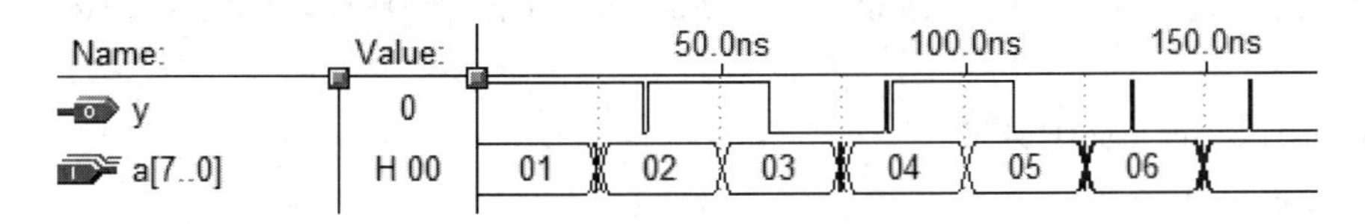

图 2.9　8 位奇偶校验器的仿真波形

【例 2.2.12】 一个二进制数转换为十进制数的描述。

一个二进制数转换为十进制数的 VHDL 描述如下：

```
library ieee;
use ieee. std_logic_1164. all;
use ieee. std_logic_arith. all;
use ieee. std_logic_unsigned. all;
entity ch17 is
port(op: in std_logic_vector(7 downto 0);
    result: out integer range 0 to 255);
end ch17;
architecture maxpld of ch17 is
begin
process(op)
variable tmp：integer := 0;
begin
for i in 7 downto 0 loop
tmp := tmp*2;
if(op(i)='1') then
tmp := tmp+1;
end if;
```

```
end loop;
result <= tmp;
end process;
end maxpld;
```

2) WHILE-LOOP 语句

WHILE-LOOP 语句的语法格式如下：

```
[标号: ] WHILE 循环控制条件 LOOP
…顺序语句; …                    --循环体
END LOOP[标号];
```

WHILE-LOOP 循环语句并没有给出循环次数，没有自动递增循环变量的功能，它的循环次数由循环控制条件控制。循环控制条件可以是任何布尔表达式，如 a = b、a > 0 等。当条件为 TRUE 时，执行循环体；当条件为 FALSE 时，跳出循环，执行循环体后面的语句。

【例 2.2.13】 用 WHILE-LOOP 语句实现例 2.2.11 的奇偶校验器的 VHDL 描述。

```
library ieee;
use ieee. std_logic_1164. all;
entity p_check_2 is
port(=a: in std_logic_vector(7 downto 0);
        y: out std_logic);
end p_check_2;
architecture example of p_check_2 is
begin
    process(a)
    variable temp: std_logic;
    variable n: integer;
    begin
        temp := '0';
        n := 0;
        while n<8 loop
            temp := temp xor a(n);
            n := n+1;
        end loop;
        y <= temp;
    end process;
end example;
```

3) LOOP 语句

LOOP 语句的语法格式如下：

```
[标号: ] LOOP
```

```
...顺序语句; ...          --循环体
END LOOP[标号];
```

单个 LOOP 语句是最简单的 LOOP 语句循环方式，这种循环语句需要引入其他控制语句(如 EXIT、NEXT 等)后才能确定，否则为无限循环。

例如：

```
LOOP
WAIT UNTIL rising_edge(clk);
q <= d AFTER 2ns;
END LOOP;
```

4. NEXT 语句

NEXT 语句主要用在 LOOP 语句内部控制循环，其语法如下：

```
NEXT [标号][WHEN 条件表达式];
```

NEXT 语句的格式有以下 3 种：

格式 1：

```
NEXT
```

当 LOOP 内的顺序语句执行到 NEXT 语句时，无条件结束本次循环，跳回到循环体的开始位置，执行下一次循环。

格式 2：

```
NEXT LOOP 标号
```

该语句的功能是，结束本次循环，跳转到“标号”指定的位置循环。

格式 3：

```
NEXT [标号]WHEN 条件表达式
```

这种语句的功能是，当“条件表达式”的值为 TRUE 时，结束本次循环，否则继续循环。

【例 2.2.14】 下面为使用 NEXT 语句的 VHDL 描述。

```
...
WHILE data>1 LOOP
   Data := data+1;
NEXT WHEN data=3                  --条件成立且无标号，跳出循环
   Tdata := data*data;
END LOOP;
N1: FOR i IN 10 DOWNTO 1 LOOP
  N2: FOR j IN 0 TO i LOOP
  NEXT N1 WHEN i=j;               --条件成立，跳到 N1 处
        matrix(I, j) := j*i+1;    --条件不成立，继续执行内层循环 N2
  END LOOP N2;
END LOOP N1;
```

5. EXIT 语句

EXIT 语句也是用来控制 LOOP 的内部循环，进行有条件或无条件的跳转控制。其语法

如下：

```
EXIT [标号][WHEN 条件表达式];
```

EXIT 语句的格式有以下 3 种：

格式 1：

```
EXIT
```

无条件跳出循环，执行 END LOOP 下面的顺序语句。

格式 2：

```
EXIT 标号
```

无条件跳出循环，转到“标号”规定的位置执行顺序语句。

格式 3：

```
EXIT [LOOP 标号]WHEN 条件表达式
```

当“条件表达式”的值为“TRUE”时，才跳出循环，否则继续执行循环。

EXIT 语句与 NEXT 语句的区别是：EXIT 是从整个循环中跳出而结束循环；而 NEXT 语句是用来结束循环执行过程的某一次循环，并重新执行下一次循环。

2.2.3 WAIT 语句

WAIT 语句在进程中，用来将程序挂起暂停执行，当此语句设置的结束挂起条件满足时，程序重新执行。WAIT 语句的语法格式如下：

```
WAIT[ON 敏感信号表][UNTIL 条件表达式][FOR 时间表达式];
```

WAIT 语句有以下 4 种语句格式：

格式 1：无限等待语句。

```
WAIT;
```

该语句格式未设置结束挂起的条件，程序将无限等待。

格式 2：敏感信号等待语句。

```
WAIT ON 敏感信号表;
```

该语句格式的功能是将运行的程序挂起，直至敏感信号表中的任一信号发生变化时结束挂起，进程重新开始执行。

例如：

```
PROCESS
BEGIN
Y <= a AND b;
WAIT ON a, b;
END PROCESS;
```

注意：当使用敏感信号等待语句 WAIT ON 时，含 WAIT 语句的进程 PROCESS 的括号中不能再加敏感信号，否则将引起错误。

格式 3：条件等待语句。

```
WAIT UNTIL 条件表达式;
```

WAIT UNTIL 语句后面的条件表达式是布尔表达式，当表达式中的敏感信号发生变化，且表达式的值为“TRUE”时，结束挂起，重新启动进程。一般地，只有 WAIT-UNTIL 格式的等待语句可以被综合器接受(其余语句格式只能在 VHDL 仿真器中使用)。WAIT-UNTIL 语句有以下三种表达方式：

第一种，“WAIT UNTIL 信号 = Value;”。

第二种，“WAIT UNTIL 信号'EVENT AND 信号 = Value;”。

第三种，“WAIT UNTIL NOT 信号'STABLE AND 信号 = Value;”。

例如：

```
WAIT UNTIL clock = '1';
WAIT UNTIL rising_edge(clk);
WAIT UNTIL NOT clk'STABLE AND clk = '1';
WAIT UNTIL clk = '1' AND clk'EVENT;
```

【例 2.2.15】 求平均值功能模块程序。

```
…
PROCESS
BEGIN
WAIT UNTIL clk = '1';
ave <= a;
WAIT UNTIL clk = '1';
ave <= ave+a;
WAIT UNTIL clk = '1';
ave <= ave+a;
WAIT UNTIL clk = '1';
ave <= (ave+a)/4;
END PROCESS;
```

【例 2.2.16】 用 WAIT 语句等待时钟功能模块程序。

```
PROCESS
BEGIN
    rst_loop: LOOP
    WAIT UNTIL clock = '1' AND clock'EVENT;     --等待时钟信号
    NEXT rst_loop WHEN (rst = '1');             --检测复位信号 rst
    x <= a;                                     --无复位信号，执行赋值操作
    WAIT UNTIL clock = '1' AND clock'EVENT;     --等待时钟信号
    NEXT rst_loop WHEN(rst = '1');              --检测复位信号 rst
    y <= b;                                     --无复位信号，执行赋值操作
    END LOOP rst_loop;
    END PROCESS;
```

【例 2.2.17】 用 VHDL 描述包含左移、右移、置数的移位操作功能。

```
LIBRARY IEEE;
USE IEEE. STD_LOGIC_1164.ALL;
ENTITY shifter IS
        PORT(data: IN STD_LOGIC_VECTOR(7 DOWNTO 0);
                shift_left: IN STD_LOGIC;
                shift_right: IN STD_LOGIC;
                clk: IN STD_LOGIC;
                reset: IN STD_LOGIC;
                mode: IN STD_LOGIC_VECTOR(1 DOWNTO 0);
                qout: BUFFER STD_LOGIC_VECTOR(7 DOWNTO 0));
END shifter;
ARCHITECTURE behave OF shifter IS
    SIGNAL enable: STD_LOGIC;
    BEGIN
    PROCESS
    BEGIN
        WAIT UNTIL(RISING_EDGE(clk));
            IF (reset='1') THEN qout <= "00000000";
             ELSE CASE mode IS
               WHEN "01" => qout <= shift_right&qout(7 DOWNTO 1);
               WHEN "10" => qout <= qout(6 DOWNTO 0) & shift_left;
               WHEN"11" => qout <= data;
               WHEN OTHERS => NULL;
            END CASE;
        END IF;
    END PROCESS;
END behave;
```

格式 4：超时等待语句。

```
WAIT FOR 时间表达式;
```

从执行到当前语句开始，在定义的时间段内，进程处于挂起状态，当超过这一段时间后，进程自动恢复执行。

例如：

```
WAIT FOR 4ns;
```

在实际使用中，可以将以上所有语句综合使用来设置多个等待条件。

例如：

```
WAIT ON interrupt UNTIL (interrupt=TURE) FOR 5 ns;
```

上面的语句中包含了敏感信号量、条件表达式和时间表达式。

2.2.4　子程序调用语句

在进程中允许对子程序进行调用。子程序包括过程和函数，可以在 VHDL 的结构体或程序包中的任何位置对子程序进行调用。

从硬件角度讲，一个子程序的调用类似于一个元件模块的例化，也就是说，VHDL 综合器为子程序的每一次调用都生成一个电路逻辑块。所不同的是，元件的例化将产生一个新的设计层次，而子程序调用只对应于当前层次的一部分。

1. 过程调用

过程调用就是执行一个给定名字和参数的过程。调用过程的语句如下：

```
过程名[([形参名 => ]实参表达式
 {[形参名 => ]实参表达式} )];
```

其中，括号中的“实参表达式”称为实参，它可以是一个具体的数值，也可以是一个标识符，是当前调用程序中过程形参的接受体。在此调用格式中，“形参名”即为当前欲调用的过程中已说明的参数名，即与“实参表达式”相联系的形参名。被调用中的“形参名”与调用语句中的“实参表达式”的对应关系有位置关联法和名字关联法两种，位置关联可以省去形参名。

在例 2.2.18 中定义了一个名为 SWAP 的局部过程，功能是对一个数组中的两个元素进行比较，如果发现这两个元素的排列不符合要求，就进行交换，使得左边的元素值总是大于右边的元素值。连续调用三次 SWAP 后，就能将一个三元素的数组元素从左至右按序排列好，最大值排在左边。

【例 2.2.18】 对一个表组中三个元素从大到小排序程序。

```
PACKAGE DATA_TYPES IS                            --定义程序包
TYPE DATA_ELEMENT IS INTEGER RANGE 0 TO 3;       --定义数据类型
TYPE DATA_ARRAY IS ARRAY (1 TO 3) OF DATA_ELEMENT;
END DATA_TYPES;
USE WORK.DATA_TYPES.ALL;             --打开以上建立在当前工作库的数据包 DATA_TYPES
ENTITY SORT IS
PORT (IN_ARRAY:IN DATA_ARRAY;
        OUT_ARRAY:OUT DATA_ARRAY);
END SORT;
ARCHITECTURE ART OF SORT IS
BEGIN
PROCESS(IN_ARRAY)                          --进程开始，设 DATA_TYPES 为敏感信号
PROCEDURE SWAP (DATA:INOUT   DATA_ARRAY;
                  LOW, HIGH: IN INTEGER ) IS
                                           --SWAP 的形参名为 DATA、LOW、HIGH
VARIABLE TEMP:DATA_ELEMENT;
```

```
BEGIN                                       --开始描述本过程的逻辑功能
IF(DATA(LOW)>DATA(HIGH))THEN                --检测数据
TEMP := DATA(LOW);
DATA(LOW) := DATA(HIGH);
DATA(HIGH) := TEMP;
END IF;
END SWAP;                                   --过程 SWAP 定义结束
VARIABLE MY_ARRAY:DATA_ARRAY;               --在本进程中定义变量
BEGIN                                       --进程开始
MY_ARRAY := IN_ARRAY;                       --将输入值读入变量
SWAP(MY_ARRAY, 1, 2);
--MY_ARRAY、1、2 对应于 DATA、HIGH 的实参
SWAP(MY_ARRAY, 2, 3);                       --位置关联法调用，第 2、第 3 元素交换
SWAP(MY_ARRAY, 1, 2);                       --位置关联法调用，第 1、第 2 元素再次交换
OUT_ARRAY <= MY_ARRAY;
END PROCESS;
END ART;
```

2. 函数调用

函数调用与过程调用十分相似，不同之处是，调用函数将返还一个指定数据类型的值，函数的参量只能是输入值。

2.2.5 返回语句(RETURN)

RETURN 语句是一段子程序结束后返回主程序的控制语句。它的书写格式有以下 2 种：

格式 1：

```
RETURN;
```

格式 2：

```
RETURN 表达式;
```

返回语句只能用于子程序中。第一种格式只能在过程中使用，它无条件的结束过程，不返回任何值；第二种格式只能在函数中使用，函数返回值由表达式提供。每个函数必须包含一个或多个返回语句，但在函数调用时，只有一个返回语句将返回值带出。

【例 2.2.19】 返回语句在过程中的应用。

```
PROCEDURE rs (SIGNAL s, r: IN STD_LOGIC;
              SIGNAL q, nq: INOUT STD_LOGIC) IS
BEGIN
 IF(s = '1' and r = '1')THEN
  REPORT "Forbidden state：s and r are equal to '1'";
  RETURN;
```

```
    ELSE
    q <= s AND nq AFTER 5 ns;
   nq <= s AND q AFTER 5 ns;
   END IF;
END PROCEDURE rs;
```

【例 2.2.20】 返回语句在函数中的应用。

```
function max(a, b: integer) return integer;
begin
   if(a > b) then return a;
      else return b;
end if;
end max;
```

2.2.6 断言语句(ASSERT)

ASSERT 语句只能在 VHDL 仿真器中使用，用于在仿真、调试程序时的人机对话。ASSERT 语句的语法格式如下：

```
ASSERT 条件表达式[REPORT 字符串][SEVERITY 错误等级];
```

ASSERT 语句的功能是：当条件为 TRUE 时，向下执行另一个语句；条件为 FALSE 时，则输出“字符串”信息，并指出“错误等级”。例如：

```
ASSERT(S = '1' AND R = '1')
REPORT "Both values of S and R are equal '1'"
SEVERITY ERROR;
```

其中，语句的错误等级包括 NOTE(注意)、WARNING(警告)、ERROR(错误)和 FAILURE(失败)。

2.2.7 REPORT 语句

REPORT 语句不增加硬件的任何功能，仿真时可用该语句提高可读性。REPORT 语句的书写格式为

```
[标号] REPORT 字符串[SEVRITY 错误等级];
```

【例 2.2.21】 REPORT 语句在循环语句中的应用。

```
WHILE counter <= 100 LOOP
  IF counter>50 THEN
REPORT "the counter IS over 50";
END IF;
…
END LOOP;
```

在 VHDL'93 标准中，REPORT 语句相当于前面省略了 ASSERT FALSE 的 ASSERT 语句，

而在 1987 标准中不能单独使用 REPORT 语句。错误等级默认为 NOTE。

2.2.8 NULL 语句

空操作语句 NULL 不完成任何操作，它唯一的功能就是使程序执行下一个语句。由于 CASE 语句要求对条件值全部列举，所以 NULL 语句常用于 CASE 语句中，利用它来表示其余所有与条件表达式不相同的条件下的操作行为。

【例 2.2.22】 2 选 1 数据选择器的进程描述。

```
process(s)
  begin
  case s is
  when '0' => y <= a;
  when '1' => y <= b;
  when others => NULL;
  end case;
end process;
```

【例 2.2.23】 4 选 1 数据选择器的进程描述。

```
case tmp is
  when 0 => q <= d0;
  when 1 => q <= d1;
  when 2 => q <= d2;
  when 3 => q <= d3;
  when others => null;
end case;
```

2.3 VHDL 的并行语句

在 VHDL 语言与传统的计算机编程语言的区别中，并行语句是最具有特色的语句结构。各种并行语句在结构体中的执行是同步并发执行的，其书写次序与其执行顺序无关。并行语句是最能体现 VHDL 作为硬件设计语言特色的。在执行中，并行语句之间可以有信息往来，也可以相互独立、互不干涉。

并行语句主要有：进程语句(process statement)、块语句(block statement)、并行信号赋值语句(concurrent signal assignments)、并行过程调用语句(concurrent procedure calls)、元件例化语句(component instantiations)、生成语句(generate statement)、条件信号赋值语句(conditional signal assignments)和选择信号赋值语句(selective signal assignments)等八种。在结构体中，并行语句的位置如下：

```
architecture 结构体名 of 实体名 is
    说明语句
```

```
begin
    并行语句
end architecture  结构体名;
```

2.3.1　并行信号赋值语句

并行信号赋值语句的赋值目标必须都是信号，它们在结构体内的执行是同时发生的，与它们的书写顺序没有关系。

并行信号赋值语句有简单信号赋值语句、条件信号赋值语句和选择信号赋值语句三种形式。

1. 简单信号赋值语句

简单信号赋值语句是 VHDL 并行语句结构中最基本的单元。简单信号赋值语句在进程内部使用时，作为顺序语句的形式出现；在结构体的进程之外使用时，作为并发语句的形式出现。其语句格式如下：

```
赋值目标 <= 表达式;
```

例如：

```
output <= a AND b;
```

赋值目标必须是信号，它的数据类型与赋值符号右边表达式的数据类型一致。

例如：

```
architecture cpu_blk of cpu is
signal tmp2, s: std_logic;
begin
tmp2 <= tmp1 and cin;
s <= tmp1 xor cin;
end cpu_blk;
```

两条语句，只要 tmp1 和 cin 的值有一个发生变化，即有事件发生，那么这两条语句就会立即并发执行。

2. 条件信号赋值语句

条件信号赋值语句的格式如下：

```
赋值目标 <= 表达式 1      WHEN 赋值条件 1        ELSE
            表达式 2      WHEN 赋值条件 2        ELSE
            …
            表达式 n–1    WHEN 赋值条件 n–1      ELSE
表达式 n;
```

当 WHEN 的条件为真时，将表达式赋给目标信号。这里对条件信号赋值语句进行以下说明：

(1) 条件表达式的结果应为布尔值；

(2) 条件信号赋值语句中允许包含多个条件赋值子句，每一赋值条件按书写的先后顺序逐项测定；

(3) 最后一项条件表达式可以不跟条件子句，表明当以上各 WHEN 语句都不满足时，将此表达式的值 n 赋给信号；

(4) 条件信号赋值语句允许赋值重叠，这一点与 CASE 语句不同。

结构体中的条件信号赋值语句的功能与进程中的 IF 语句相同。在执行条件信号赋值语句时，每一赋值条件是按书写的先后关系逐项测定的，一旦发现赋值条件为 TRUE，就会立即将表达式的值赋给赋值目标。

【例 2.3.1】 用条件信号赋值语句描述 4 选 1 数据选择器。

```
library ieee;
use ieee. std_logic_1164. all;
entity mux41 is
port(s1, s0: in std_logic;
     d3, d2, d1, d0: in std_logic;
     y: out std_logic);
end mux41;
architecture example of mux41 is
signal s: std_logic_vector(1 downto 0);
begin
  s <= s1&s0;
  y <= d0 when s = "00" else
       d1 when s = "01" else
       d2 when s = "10" else
       d3;
end example;
```

条件信号赋值语句中，条件表达式的结果为布尔值，当 WHEN 的条件为真时，将表达式赋给目标信号。条件信号赋值语句中包含多个条件赋值语句，每个赋值条件按书写的先后顺序测定。与 CASE 语句不同，条件信号赋值语句中的“表达式”可以是相同的值，当各个 WHEN 语句都不满足时，将最后一项表达式 n 的值赋给信号。

3. 选择信号赋值语句

选择信号赋值语句的格式如下：

```
WITH  选择表达式  SELECT
赋值目标信号 <= 表达式 WHEN 选择值,
               表达式 WHEN 选择值,
               …
               表达式 WHEN 选择值,
               [表达式 WHEN OTHERS];
```

与 CASE 的功能类似，选择赋值语句对子语句中的“选择值”进行选择，当某子句中“选

择值”与“选择表达式”的值相同时，则将子句中“表达式”的值赋给目标信号。选择信号赋值语句不允许有条件重叠，也不允许有条件涵盖不全的情况，因此可在语句的最后加上“表达式 WHEN OTHERS”子句。需要注意的是，选择信号赋值语句的每个子句是以“,”结束的，只有最后一句才是以“;”结束的。

【例 2.3.2】 用选择信号赋值语句实现 4 选 1 数据选择器。

```
library ieee;
use ieee.std_logic_1164.all;
entity mux41 is
port(s1, s0: in std_logic;
      d3, d2, d1, d0： in std_logic;
      y: out std_logic);
end mux41;
architecture example of mux41 is
signal s: std_logic_vector(1 downto 0);
begin
      s <= s1&s0;
      with s select
      y <= d0 when "00",
            d1 when "01",
            d2 when "10",
            d3 when "11",
            'X' when others;
end example;
```

2.3.2 进程语句

进程(PROCESS)语句是最具有 VHDL 语言特色的语句之一，也是最主要的并行语句，在 VHDL 程序设计中使用频率最高。进程语句是由顺序语句组成的，但其本身却是并行语句，于是它具有并行行为和顺序行为的双重特性，所以它是最能体现 VHDL 硬件描述语言风格的一种语句。PROCESS 语句在结构体中使用的格式，分为带敏感信号表格式和不带敏感信号表格式两种。

带敏感信号表的进程语句格式如下：

```
[进程标号：]PROCESS(敏感信号表)[IS]
[声明部分]
BEGIN
顺序语句：
END PROCESS[进程标号];
```

不带敏感信号表的进程语句格式如下：

```
[进程标号：]PROCESS[IS]
[声明部分]
BEGIN
WAIT  语句;
顺序语句;
END PROCESS[进程标号];
```

进程语句主要有以下特点：

(1) 多进程之间并行执行，并可以存取实体或结构体中定义的信号。

(2) 各进程之间通过信号传输进行通信。

(3) 进程结构内部所有语句都是顺序执行的。

(4) 进程的启动由进程的敏感信号的变化激活，无敏感信号时用 WAIT 语句代替敏感信号功能。但是，在一个进程语句中不能同时存在敏感信号表和等待语句。

【例 2.3.3】 不含敏感信号表的进程。

```
ARCHITECTURE example OF test IS
BEGIN
    PROCESS
    BEGIN
        WAIT ON a;
        WAIT FOR 2ns;
        WAIT;
    END PROCESS;
END example;
```

在不含敏感信号表的进程中，可以将敏感信号隐式地列举在 WAIT 语句中。如果 WAIT 语句的条件满足或者敏感信号发生变化，就会再次触发进程，使之重复执行。

【例 2.3.4】 半加器的描述。

图 2.10 所示是半加器的逻辑图，其中 a、b 是输入信号，so、co 是输出信号。

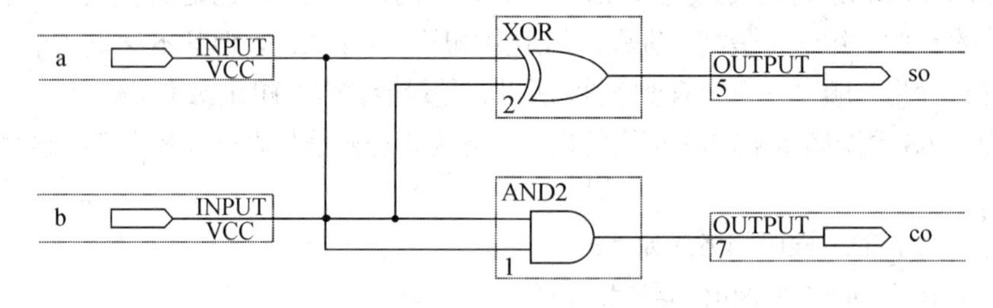

图 2.10　半加器的逻辑图

输出信号与输入信号之间的逻辑表达式为

so <= a XOR b

co <= a AND b

半加器的 VHDL 描述如下：

```
library ieee;
use ieee. std_logic_1164. all;
entity half_adder is
port(a, b: in std_logic;
      so, co: out std_logic);
end half_adder;
architecture example of half_adder is
begin
   process(a, b)
   begin
      so <= a XOR b;
      co <= a AND b;
   end process;
end;
```

【例 2.3.5】 用多进程的方式描述半加器。

```
library ieee;
use ieee. std_logic_1164. all;
entity half_adder is
port(a, b: in std_logic;
      so, co: out std_logic);
end half_adder;
architecture example of half_adder is
begin
P1: process(a, b)
   begin
         so <= a XOR b;
   end process P1;
P2: process(a, b)
   begin
         co <= a AND b;
   end process P2;
end;
```

【例 2.3.6】 4 位异步清除循环加法计数器的描述。

在本例中，计数器的时钟信号是 clk，上升沿有效；复位信号是 rst，高电平有效。当复位信号 rst 无效时，计数器在 clk 的上升沿到来时，状态加 1，如果计数器的原态是 F(“1111”)，则计数器回到 0(“0000”)。异步清除是指当复位信号有效时，将计数器状态清 0。

该计数器的 VHDL 描述如下：

```
library ieee;
use ieee. std_logic_1164. all;
use ieee. std_logic_unsigned. all;
entity cnt is
port(clk, rst: in std_logic;
      cnt: out std_logic_vector(3 downto 0));
end cnt;
architecture example of cnt is
signal cnt_temp: std_logic_vector(3 downto 0);
begin
      process(clk, rst)
      begin
            if rst = '1' then cnt_temp <= "0000";      --复位信号有效，清零
            elsif clk'event and clk = '1' then         --当时钟的上升沿到来时
                  if cnt_temp = "1111" then            --循环计数
                     cnt_temp <= "0000";
                  else
                     cnt_temp <= cnt_temp+1;
                  end if;

            cnt <= cnt_temp;
      end process;
end;
```

4 位异步清除循环加法计数器的仿真波形如图 2.11 所示。

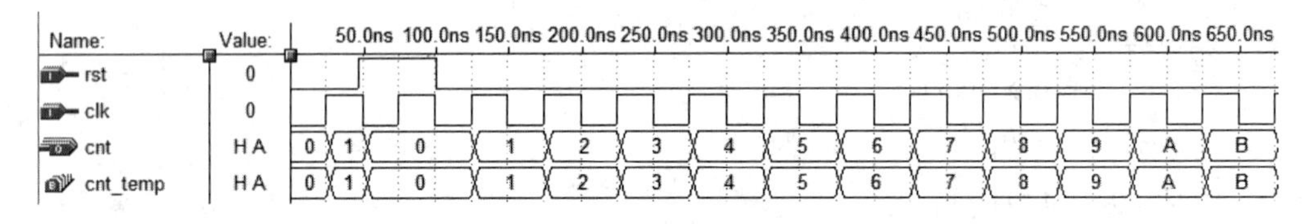

图 2.11　4 位异步清除循环加法计数器的仿真波形

【例 2.3.7】 7 段显示译码器。

7 段显示译码器的作用是把 4 位二进制码进行译码，使之能正确地在八段数码管上显示出来。

其 VHDL 源程序如下：

```
library ieee;
use ieee. std_logic_1164. all;
use ieee. std_logic_unsigned. all;
entity dec7s is
```

```
port(a: in std_logic_vector(3 downto 0);
     led7s: out std_logic_vector(7 downto 0);
end dec7s;
architecture example of dec7s is
begin
  process(a)
  begin
      case a is
      when "0000" => led7s <= "00111111";
      when "0001" => led7s <= "00000110";
      when "0010" => led7s <= "01011011";
      when "0011" => led7s <= "01001111";
      when "0100" => led7s <= "01100110";
      when "0101" => led7s <= "01101101";
      when "0110" => led7s <= "01111101";
      when "0111" => led7s <= "00000111";
      when "1000" => led7s <= "01111111";
      when "1001" => led7s <= "01101111";
      when "1010" => led7s <= "01110111";
      when "1011" => led7s <= "01111100";
      when "1100" => led7s <= "00111001";
      when "1101" => led7s <= "01011110";
      when "1110" => led7s <= "01111001";
      when "1111" => led7s <= "01110001";
      when others => NULL;
  end case;
  end process;
end example;
```

2.3.3　块语句(BLOCK)

块语句本身是并行语句，它的内部也是由并行语句构成的。可以把块看做是结构体中的子模块，这个子模块中包含了许多并行语句。在大型系统电路设计中，可以用块的方式把系统分解成若干子系统。

块语句的语法格式如下：

```
块名：BLOCK
[声明部分]
BEGIN
```

```
    … 并行语句 …;
END BLOCK 块名;
```

【例2.3.8】设计一个CPU模块。CPU的结构由算术逻辑运算单元ALU和寄存器组REG_8组成，其中REG_8由8个(REG1、REG2、……、REG8)子模块构成，用块语句实现其程序结构。

```
library ieee;
use ieee. std_logic_1164. all;
entity cpu is
port(clk, reset: in std_logic;                      --CPU 的时钟和复位信号
     addres: out std_logic_vector(31 downto 0);     --32 位地址总线
     data: out std_logic_vector(31 downto 0));      --32 位数据总线
end cpu;
architecture cpu_alu_reg_8 of cpu is
  signal ibus, dbus: std_logic_vector(31 downto 0); --声明全局信号量
begin
  alu: block                                        --alu 块声明
  signal qbus:std_logic_vector(31 downto 0);        --声明局域信号量
  begin
    …                                               --alu 块行为描述语句
  end alu;
  reg_8: block
  signal Zbus：std_logic_vector(31 downto 0);       --声明局域信号量
  begin
      reg1: block                                   --reg_块中的子块
            signal Zbus1：std_logic_vector(31 downto 0);
--声明子局域信号量
      begin
      …                                             --reg1 子块的行为描述语句
      end reg1;
      …
      reg8: block
          …
      end reg8;
  end reg_8;
end cpu_alu_reg_8;
```

在结构体中声明的数据对象属于全局量可以在各块结构中使用；在块结构中声明的数据对象属于局域量，它们只能在本块及所属的子块中使用。

块体是由许多并行语句构成的，其中包括进程语句。下例是用块语句编写的半加器，在块体中包含有两个进程。

【例 2.3.9】 用块语句描述半加器。

```
library ieee;
use ieee. std_logic_1164. all;
entity half is
port(a, b: in std_logic;
     so, co: out std_logic);
end half;
architecture example of half is
begin
     exam: block
     begin
          p1: process(a, b)
               begin
                    so <= a xor b;
          end process p1;
          p2: process(a, b)
              begin
                    co <= a and b;
          end process p2;
      end block exam;
end example;
```

2.3.4　并行过程调用语句

在进程中允许对子程序调用，包括过程调用和函数调用。

1. 过程调用语句

过程调用前需要将过程的实质内容装入程序包(package)内，通常情况下，过程调用语句包括过程首和过程体两个部分。过程首是过程的索引。

过程首的语句格式如下：

```
PROCEDURE 过程名(形参表);
```

过程体的语句格式如下：

```
PROCEDURE 过程名(形参表)IS
[声明部分]
BEGIN
顺序语句;
END 过程名;
```

过程调用的格式如下：

```
过程名(关联实参表);
```

例如：

```
h_adder(a, b, sum);
```

调用一个过程时，首先将 IN 和 OUT 模式的实参值赋给要调用的过程中与之对应的形参，然后执行调用过程；最后将过程中 IN 和 OUT 模式的形参值赋给对应的实参。

例如：

```
PROCEDURE h_adder (SIGNAL a, b: IN STD_LOGIC;
                              Sum: OUT STD_LOGIC);        --过程首
PROCEDURE h_adder (SIGNAL a, b: IN STD_LOGIC;
                              Sum: OUT STD_LOGIC) IS      --过程体
   BEGIN
…;
END h_adder;
```

【例 2.3.10】 简单 1 位半加器。

首先，将过程装入程序包。

```
library ieee;
use ieee.std_logic_1164.all;
package pak is
  procedure h_adder(a, b: in std_logic;
            signal sum: out std_logic);          --过程首
  end;
package body pak is
  procedure h_adder(a, b: in std_logic;
            signal sum: out std_logic) is        --过程体
  begin
      sum <= a xor b;                            --目标赋值对象必须是信号类型
  end;
end pak;
```

然后，在主程序中调用包中的过程。

```
library ieee;
use ieee.std_logic_1164.all;
use work.pak.all;                          --打开现行工作库，调入 pak 包
entity half_adder is
port(a, b: in std_logic;
     sum: out std_logic);
end half_adder;
architecture example of half_adder is
begin
```

```
  h_adder(a，b，sum);                    --调用在包中定义的过程
end;
```

过程调用语句出现在进程中时，属于顺序过程调用语句；若出现在结构体或块语句中，则属于并行过程调用语句。每调用一次过程，就相当于插入一个元件。

注意：将过程装入程序包时，目标赋值对象必须是信号类型。

【例 2.3.11】 用过程语句来实现比较三个数大小的功能。

```
library ieee;
use ieee. std_logic_arith. all;
use ieee. std_logic_unsigned. all;
entity ch18 is
port(a, b, c: in std_logic_vector(7 downto 0);
      q: out std_logic_vector(7 downto 0));
end ch18;
architecture trl of ch18 is
procedure max(a, b: in std_logic_vector;
                  c: out std_logic_vector) is
         variable temp: std_logic_vector(7 downto 0);
begin
    if(a>b) then temp := a;
         else temp := b;
end if;
c := temp;
end max;
begin
   process(a, b, c)
variable tmp1, tmp2: std_logic_vector(7 downto 0);
begin
    max (a, b, tmp1);
    max(tmp1, c, tmp2);
    q <= tmp2;
   end process;
end trl;
```

2. 函数调用语句

函数调用前也需要将函数的实质内容装入程序包中。函数分为函数首和函数体两部分。函数首的语句格式如下：

```
FUNCTION 函数名(形参表)RETURN 数据类型;
```

其中，“数据类型”是声明返回值的数据类型。

函数体也是放在程序包包体内的，其格式如下：

```
FUNCTION 函数名(形参表)RETURN 数据类型 IS
[声明部分]
BEGIN
顺序语句;
RETURN[返回变量名];
END [函数名];
```

函数调用语句的格式为

```
函数名(关联参数表);
```

函数体包含一个对数据类型、常数和变量等的局部声明，以及用于完成规定算法的顺序语句。一旦函数被调用，就执行这部分语句，并将计算结果用函数名返回。

【例 2.3.12】 用函数调用的方法设计简单 1 位半加器。

首先，将函数装入包中。

```
library ieee;
use ieee. std_logic_1164. all;
package pak is
    function h_adder(a, b: in std_logic)
            return std_logic;            --函数首
    end;
package body pak is
    function h_adder(a, b: in std_logic)
            return std_logic is          --函数体
    begin
        return a xor b;
    end;
end pak;
```

然后，在主程序中调用函数。

```
library ieee;
use ieee. std_logic_1164. all;
use work. pak. all;
entity half_adder is
port(a, b: in std_logic;
    sum: out std_logic);
end half_adder;
architecture example of half_adder is
```

```
begin
  sum <= h_adder(a, b);                    --调用在包中定义的函数
end;
```

2.3.5　元件例化语句

当前设计实体是一个较大的电路系统时，如果将电路所有的功能在一个实体内实现，那么可能会使代码变得相当复杂，并且难以修改。因此，可以把这个复杂的电路系统想象成是由具有各自功能的小模块组成，这些小模块相当于电路系统板上的芯片；而在当前设计实体的设计处插入这些“芯片”的插座。

元件例化从简单电路描述开始，逐步完成复杂元件的描述，从而实现整个硬件系统的描述，实现“自上而下”或“自下而上”层次化的设计。

元件例化语句分为两部分：第一部分是元件声明，第二部分是元件例化。

1. 元件声明

元件声明的语法格式如下：

```
COMPONENT 元件名 IS                  --元件声明
        GENERIC Declaration;         --参数声明
        PORT Declaration;            --端口声明
END COMPONENT 元件名;
```

2. 元件例化

元件例化的语法格式如下：

```
例化名: 元件名 PORT MAP(信号[ , 信号关联式…]);          --元件例化
```

在元件声明中，GENERIC 用于该元件的可变参数的带入和赋值；PORT 则用于声明该元件的输入/输出端口的信号规定。

在元件例化中，“(信号[, 信号关联式…])”部分完成“元件”引脚与“插座”引脚的连接关系，称为关联。关联的方法有位置映射、名称映射以及由它们构成的混合关联法。

位置映射法就是把例化元件端口声明语句中的信号名与 PORT MAP( )中的信号名在书写顺序和位置方面一一对应。例如：

```
u1: and1 PORT MAP(a1, b1, y1);
```

名称映射法就是用“ => ”符号将例化元件端口声明语句中的信号名与 PORT MAP()中的信号名关联起来。例如：

```
u1: and1 PORT MAP(a => a1, b => b1, y => y1);
```

用元件例化方式设计电路时，通常先完成各种元件的设计，并将这些元件声明包装在程序包中，然后通过元件例化产生需要的设计电路。

【例 2.3.13】 利用带进位的异步清除十进制加法计数器，设计一个计数范围为 0～99 的加法计数器。

该计数器是由两个十进制加法计数器通过元件例化方式产生的，如图 2.12 所示。

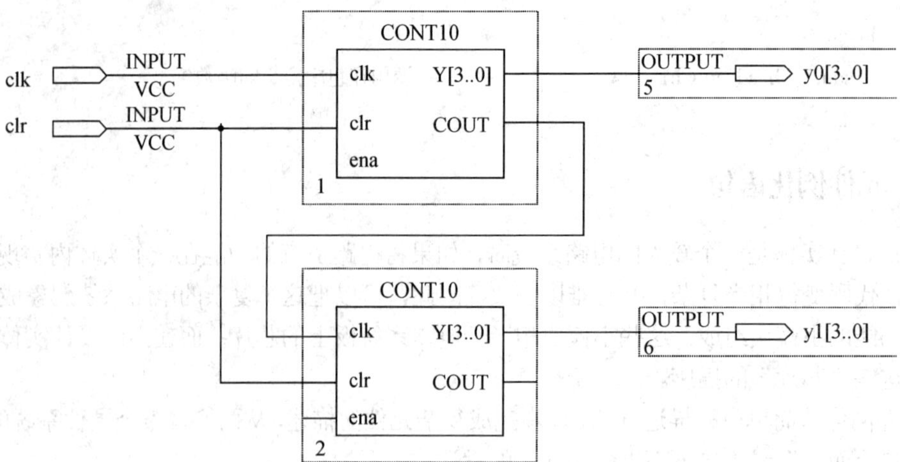

图 2.12　0～99 的加法计数器

第一步，设计十进制加法计数器。其源代码如下：

```
library ieee;
use ieee. std_logic_1164. all;
use ieee. std_logic_unsigned. all;
entity cont10 is
port(clk, clr: in std_logic;
     y: out std_logic_vector(3 downto 0);
     cout: out std_logic);
end cont10;
architecture example of cont10 is
signal y_temp: std_logic_vector(3 downto 0);
begin
  process(clk)
  begin
        if clr = '1' then
          y_temp < = "0000";
        elsif clk'event and clk = '1' then
            if y_temp = "1001" then
              y_temp <= "0000";
              cout <= '1';
            else
              y_temp <= y_temp+1;
               cout <= '0';
            end if;
            end if;
```

```
        end process;
    y <= y_temp;
end example;
```

第二步，将设计的元件声明装入 my_pkg 程序包中。其代码如下：

```
library ieee;
use ieee. std_logic_1164. all;
package my_pkg is                        --创建程序包
  component cont10                       --元件声明
  port(clk, clr: in std_logic;
       y: out std_logic_vector(3 downto 0);
       cout: out std_logic);
  end component;
end my_pkg;
```

第三步，用元件例化产生如图 2.12 所示的电路。其源代码如下：

```
library ieee;
use ieee. std_logic_1164. all;
use work. my_pkg. all;                                  --打开程序包
entity cont_100 is
port(clk, clr: in std_logic;
     y_l, y_h: out std_logic_vector(3 downto 0));
end cont_100;
architecture example of cont_100 is
signal x: std_logic;
begin
  u1: cont10 port map(clk, clr, y0, x);                 --位置关联方式
  u2: cont10 port map(clk => x, clr => clr, y => y1);        --名字关联方式
end example;
```

【例 2.3.14】 三进制计数器输出的数码管显示。

```
library ieee;
use ieee. std_logic_1164. all;
entity dsp3 is
port(enable: in std_logic;
     clk: in std_logic;
     out_38: out std_logic_vector(2 downto 0);
     segment: out std_logic_vector(6 downto 0));
end dsp3;
architecture rt1 of dsp3 is
component count3
```

```
port(enable: in std_logic;
     clk: in std_logic;
     q: out std_logic_vector(1 downto 0));
end component;
signal q: std_logic_vector(1 downto 0);
begin
u0: count3 port map(enable, clk, q);
out_38 <= "000";
segment <= "00111111" when q = "00" else
           "00000110" when q = "01" else
           "1011011";
end rt1;
```

在该程序中用 component 命令调用了三进制计数器的设计程序。其程序如下：

```
library ieee;
use ieee. std_logic_1164. all;
use ieee. std_logic_unsigned. all;
entity count3 is
port(enable: in std_logic;
     clk: in std_logic;
     q: out std_logic_vector(1 downto 0));
end count3;
architecture rt1 of count3 is
signal q_tmp: std_logic_vector(1 downto 0);
begin
process(clk)
begin
if(clk'event and clk = '1')then
   if(enable = '1')then
      if(q_tmp = "10")then
 q_tmp <= (others => '0');
         else
            q_tmp <= q_tmp+1;
         end if;
 end if;
end if;
q <= q_tmp;
end process;
end rt1;
```

2.3.6 生成语句(GENERATE)

生成语句为设计中的循环部分或条件部分的确立提供了一种机制。生成语句有一种复制作用，在设计中只要根据某些条件，设计好某一元件或设计单位，就可以用生成语句复制一组完全相同的并行元件或设计单元电路结构。因此，生成语句可以简化为有规律的设计结构的逻辑描述。

生成语句有以下两种格式：

格式 1 的语法格式如下：

```
[标号: ] FOR 循环变量 IN 取值范围 GENERATE
[声明部分]
  BEGIN
  [并行语句];
END GENERATE [标号];
```

格式 2 的语法格式如下：

```
[标号: ] IF 条件 GENERATE
[声明部分]
  BEGIN
  [并行语句];
END GENERATE [标号];
```

这两种格式的生成语句都是由以下四个部分组成的：

(1) 用 FOR 语句结构或者 IF 语句结构规定重复生成并行语句的方式；

(2) 声明部分对元件数据类型，子程序、数据对象进行局部声明；

(3) 并行语句部分是生成语句复制一组完全相同的并行元件的基本单元，并行语句包括前述的所有并行语句，甚至生成语句本身，即嵌套式生成语句结构；

(4) 标号是可选项，在嵌套式生成语句结构中，标号的作用是十分重要的。

GENERATE 语句常用于计算机存储阵列、寄存器阵列、仿真状态编译机的设计过程中。

【例 2.3.15】 n 位二进制计数器的设计。

```
library ieee;
use ieee.std_logic_1164.all;
entity d_ff is
port(d, clk_s: in std_logic;
     q: out std_logic := '0';
     nq: out std_logic := '1');
end d_ff;
architecture example of d_ff is
begin
     process(clk_s)
     begin
     if clk_s = '1' and clk'event then
```

```
            q <= d;
            nq <= not d;
        end if;
end process;
end example;

library ieee;
use ieee.std_logic_1164.all;
entity n_coun is
generic (n: integer := 4);
port(in_1: in std_logic;
        q: out std_logic_vector(0 to n-1));
end n_coun;
architecture example of n_coun is
component d_ff
port(d, clk_s: in std_logic;
        q, nq: out std_logic);
end component d_ff;
signal s: std_logic_vector(0 to n);
begin
    s(0) <= in_1;
    q1: for i in 0 to n-1 generate
            Dff: d_ff port map (s(i), s(i), q(i), s(i+1));
    end generate;
end example;
```

【例 2.3.16】 CT74373 的设计。

CT74373 是三态输出的 8D 锁存器，其逻辑符号如图 2.13 所示。8D 锁存器是一种有规律的设计结构，用生成语句可以简化它的逻辑描述。

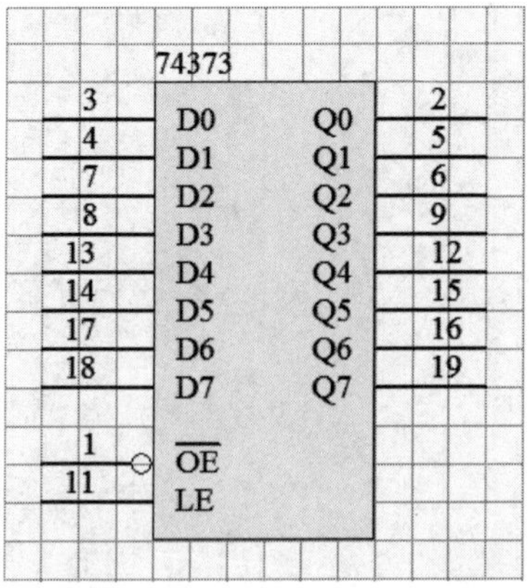

图 2.13　CT74373 的逻辑符号

本例设计分为三个步骤。

第一步，设计 1 位锁存器 latch1，并保存在磁盘工程目录中，以待调用。其源程序如下：

```
library ieee;
use ieee.std_logic_1164.all;
entity latch1 is
port(d: in std_logic;
     ena: in std_logic;
     q: out std_logic);
end latch1;
architecture example of latch1 is
begin
  process(d, ena)
  begin
      if ena = '1' then
         q <= d;
      end if;
  end process;
end example;
```

第二步，将设计元件的声明部分装入 my_pkg 程序包中，便于在生成语句的元件例化。包含 latch1 元件的程序包的 VHDL 源程序如下：

```
library ieee;
use ieee.std_logic_1164.all;
package my_pkg is
component latch1                                    --元件声明
  port(d: in std_logic;
       ena: in std_logic;
       q: out std_logic);
end component;
end my_pkg;
```

第三步，用生成语句重复 8 个 Latch1。其源程序如下：

```
library ieee;
use ieee.std_logic_1164.all;
use work.my_pkg.all;
entity ct74373 is
port(d: in std_logic_vector(7 downto 0);           --声明 8 位输入信号
     oe: in bit;
     le: in std_logic;
     q: out std_logic_vector(7 downto 0)            --声明 8 位输出信号
```

```
    );
end ct74373;
architecture example of ct74373 is
signal sig_save: std_logic_vector(7 downto 0);
begin
  getlacth: for n in 0 to 7 generate
--用 for_generate 语句循环例化 8 个 1 位锁存器
        latchx: latch1 port map(d(n), le, sig_save(n));        --关联
  end generate;
q <= sig_save when oe = '0'
else "ZZZZZZZZ";                                              --输出高阻抗
end example;
```

在源程序中，使用生成语句生成 8 个 latch1 元件后，再利用条件信号赋值语句，实现电路三态输出控制的描述。

【例 2.3.17】 用 D 触发器构成四位移位寄存器。

用 D 触发器构成四位移位寄存器的 VHDL 源代码如下：

```
library ieee;
use ieee.std_logic_1164.all;
entity df is
port (d1: in std_logic;
    cp: in std_logic;
    d0: in std_logic);
end df;
architecture rt1 of df is
component dff
port (d: in std_logic;
    clk: in std_logic;
    q: out std_logic);
end component;
signal q: std_logic_vector(4 downto 0);
   begin
    dff1: dff port map (d1, cp, q(1));
    dff2: dff port map (q(1), cp, q(2));
    dff3: dff port map (q(2), cp, q(3));
    dff4: dff port map (q(3), cp, d0);
    end rt1;
```

在例 2.3.17 中，结构体有四条例化语句，这四条元件例化语句的结构是相似的，可以稍加

修改得到相同的结构，如例 2.3.18 所示。

【例 2.3.18】 用 D 触发器构成 4 位移位寄存器。

```
library ieee;
use ieee.std_logic_1164.all;
entity df is
port (d1: in std_logic;
      cp: in std_logic;
      d0: out std_logic);
end df;
architecture rt1 of df is
   component dff
      port (d: in std_logic;
            clk: in std_logic;
            q: out std_logic);
   end component;
   signal q: std_logic_vector(4 downto 0);
   begin
q(0) <= d1;
dff1: dff port map (q(0), cp, q(1));
dff2: dff port map (q(1), cp, q(2));
dff3: dff port map (q(2), cp, q(3));
dff4: dff port map (q(3), cp, q(4));
d0 <= q(4);
end rt1;
```

这样就可以使用 FOR 格式的生成语句对例 2.3.18 的结构体进行描述，如例 2.3.19。

【例 2.3.19】 用 FOR 格式生成语句实现移位寄存器。

```
library ieee;
use ieee.std_logic_1164.all;
entity DF is
port (d1: in std_logic;
      cp: in std_logic;
      d0: in std_logic);
end DF;
architec ture rt1 of DF is
   component dff
      port (d: in std_logic;
            clk: in std_logic;
            q: out std_logic);
```

```
    end component;
  signal q: std_logic_vector(4 downto 0);
  begin
      q(0) <= d1;
  L1: for i in 0 to 3 generate
    dffx: dff port map (q(i), cp, q(i+1));
  end generate L1;
  d0 <= q(4);
  end rt1;
```

使用 FOR 格式的生成语句，会让源代码变得更加清楚明了。一条 FOR 格式的生成语句就可以产生具有相同结构的四个触发器。也可以用 IF 格式生成语句来实现移位寄存器，如例 2.3.20 所示。

【例 2.3.20】 用 IF 格式生成语句实现移位寄存器。

```
library ieee;
use ieee. std_logic_1164. all;
entity DF is
    port (d1: in std_logic;
         cp: in std_logic;
         d0: out std_logic);
end DF;
architecture rt1 of DF is
component dff
  port (d: in std_logic;
       clk: in std_logic;
       q: out std_logic);
end component;
signal q: std_logic_vector (4 downto 0);
begin
    L1: for i in 0 to 3 generate
    if(i = 0) generate
dffx: dff port map (d1, cp, q(i+1));
end generate;
if (i = 3)generate
  dffx: dff port map (q(i), cp, d0);
end generate;
if((i = 0, and (i = 3), generate
  dffx: dff port map(q(i), cp, q(i+1));
  end generate;
```

```
end generate L1;
end rt1;
```

本 章 小 结

VHDL 的语言要素是编程语句的基本元素，主要包含 VHDL 的文字规则、数据对象、数据类型、运算操作符。掌握好语言要素的正确使用是学好 VHDL 的基础。数据对象包括信号、常量和变量，在使用前必须加以说明。数据类型常用的有 BIT、BIT_VECTOR、STD_LOGIC、STD_LOGIC VECTOR、BOOLEAN、整数和实数；运算操作符有逻辑操作符、关系操作符、算术操作符、符号操作符、赋值运算符。

VHDL 的主要描述语句分为顺序语句和并行语句两类。顺序语句在执行时是顺序进行的，只能出现在进程或子程序中；而并行语句之间的关系是并行的，可以放在结构体中的任何位置。顺序语句包括控制语句(IF、CASE、LOOP、NEXT、EXIT)、等待语句(WAIT)、返回语句(RETURN)、空操作语句(NULL)等，并行语句包括进程语句(PROCESS)、块语句(BLOCK)、并行信号赋值语句、条件信号赋值语句(WHEN-ELSE)、选择信号赋值语句(WITH-SELECT-WHEN)、元件例化语句(COMPONENT)和生成语句(GENERATE)等。断言语句(ASSERT)和报告语句(REPORT)用于仿真时给出一些信息。

子程序是具有某一特定功能的 VHDL 程序模块，利用子程序能够有效地完成重复性的工作。子程序有两种类型：函数(FUNCTION)和过程(PROCEDURE)。过程调用是一个语句，而函数调用是一个表达式。

习　　题

1. VHDL 语言中数据对象有几种？各种数据对象的作用范围如何？各种数据对象的实际物理含义是什么？

2. 什么是标识符？VHDL 的基本标识符是怎样规定的？

3. 信号和变量在描述和使用时有哪些主要区别?

4. VHDL 中的标准数据类型有哪几类？用户可以自己定义的数据类型有哪几类？并简单介绍各种数据类型。

5. BIT 数据类型和 STD_LOGIC 数据类型有什么区别？

6. 用户怎样自定义数据类型？试举例说明。

7. VHDL 有哪几类操作符？在一个表达式中有多种操作符时应按怎样的准则进行运算？下列三个表达式是否等效：① A <= NOT B AND C OR D；② A <= (NOT B AND C)OR D；③ A <= NOT B AND (C OR D)。

8. 简述 6 种移位操作符 SLL、SRL、SLA、SRA、ROL 和 ROR 的含义及操作规定，并举例说明。

9. VHDL 中有哪 3 种数据对象？详细说明它们的功能特点及使用方法，并举例说明数据对象与数据类型的关系。

10. 数据类型 BIT、INTEGER 和 BOOLEAN 分别定义在哪个库中？哪些库和程序包总是可见的？

11. 在 CASE 语句中，什么情况下可以不要 WHEN OTHERS 语句？什么情况下一定要 WHEN OTHERS 语句？

12. FOR-LOOP 语句应用于什么场合？循环变量怎样取值？是否需要事先在程序中定义？

13. 分别用 IF 语句、CASE 语句设计一个 4-16 译码器。

14. WAIT 语句有几种书写格式？哪些格式可以进行逻辑综合？

15. 试用 EVENT 属性描述一种用时钟 clk 上升沿触发的 D 触发器及一种用时钟 clk 下降沿触发的 JK 触发器。

16. 判断下面两个程序中是否有错误，若有则指出错误所在，并给出完整的程序并说明该程序完成的功能。

程序 1：

```
LIBRARY IEEE;
USE IEEE. STD_LOGIC_1164.ALL;
ENTITY count3 IS
PORT(enable: IN STD_LOGIC;
      clk: IN STD_LOGIC;
      q: OUT STD_LOGIC_VECTOR(1 DOWNTO 0);
END count3;
ARCHITECTURE rt1 OF count3 IS
SIGNAL q_tmp: STD_LOGIC(1 DOWNTO 0);
BEGIN
PROCESS(clk)
BEGIN
IF(clk'event AND clk = '1')THEN;

  IF(enable = '1')THEN
     If(q_tmp = '10')THEN
        q_tmp <= (Other => '0');
     ELSE
        q_tmp <= q_tmp+1;
     END IF;
  END IF;
END IF;
q <= q_tmp;
END PROCESS;
END rt1;
```

程序 2：

```
LIBRARY IEEE;
USE IEEE. STD_LOGIC_1164.ALL;
ENTITY dsp3 IS
PORT(enable:IN STD_LOGIC;
      clk:IN STD_LOGICL;
      out_38: OUT STD_LOGIC_VECTOR(2 DOWNTO 0);
       SEGMENT:OUT STD_LOGIC_VECTOR(6 DOWNTO 0)
      );
END dsp3;
ARCHITECTURE rt1 OF dsp3 IS
COMPONENT count3
PORT(enable: IN STD_LOGIC;
      clk: IN STD_LOGIC;
      q: OUT STD_LOGIC_VECTOR(1 DOWNTO 0);
END COMPONENT;
SIGNAL q: OUT STD_LOGIC_VECTOR(1 DOWNTO 0);
BEGIN
U0:count3 PORT MAP(enable,clk,q);
out_38 <= "000";
SEGMENT <= "00111111"WHEN q = "00" ELSE;
            "00000110"WHEN q = "01" ELSE;
            "1011011";
END rt1;
```

17. 分别用条件信号赋值语句、选择信号赋值语句设计一个 4-16 译码器。

18. 进程语句和并行赋值语句之间有什么关系？进程之间的通信是通过什么方式来实现的？

19. 元件例化语句的作用是什么？元件例化语句包括几个组成部分？各自的语句形式如何？什么叫元件例化中的位置关联和名字关联？

20. 阅读下列 VHDL 程序，画出原理图。

```
LIBRARY IEEE;
USE IEEE. STD_LOGIC_1164.ALL;
ENTITY three IS
PORT(clk, d:IN STD_LOGICL;
dout, e:OUT STD_LOGIC);
END;
ARCHITECTURE bhv OF three IS
SIGNAL tmp: STD_LOGIC;
BEGIN
P1: PROCESS(clk)
```

```
BEGIN
    IF rising_edge(clk) THEN
        tmp <= d;
            dout <= not tmp;
     END IF;
END PROCESS P1;
e <= tmp xor d;
END bhv;
```

21. 比较 CASE 语句与 WITH-SELECT 语句，叙述它们的异同点。

22. 将以下程序段转换为 WHEN-ELSE 语句。

```
PROCESS (a, b, c, d)
    BEGIN
    IF a = '0'AND b = '1' THEN next1 <= "1101";
ELSIF a = '0' THEN next1 <= d;
ELSIF b = '1' THEN next1 <= c;
    ELSE
    next1 <= "1011";
END IF;
END PROCESS;
```

第二篇　电子线路 CAD 与仿真技术

第 3 章　电路仿真技术

3.1　Multisim 软件使用简介

Multisim 是 Interactive Image Technologies 公司推出的一个专门用于电子线路仿真和设计的软件，目前在电路分析、仿真与设计应用中比较流行。Multisim 软件以图形界面为主，采用菜单、工具栏和热键相结合的方式，具有一般 Windows 应用软件的界面风格，用户可以根据自己的习惯和熟悉程度自如使用。

Multisim 软件是一个完整的设计工具系统，提供了一个非常丰富的元件数据库，并提供原理图输入接口，全部的数模 SNCE 仿真功能，VHDL/Verilog 语言编辑功能，FPGA/CPLD 综合开发功能，具有电路设计能力和后处理功能，还可进行从原理图到 PCB 布线的无缝隙数据传输。

Multisim 软件最突出的特点之一是用户界面友好，尤其是多种可放置到设计电路上的虚拟仪表很有特色。这些虚拟仪表主要包括示波器、万用表、瓦特表、信号发生器、波特图图示仪、失真度分析仪、频谱分析仪、逻辑分析仪和网络分析仪等，从而使电路的仿真分析操作更符合电子工程技术人员的工作习惯。

3.2　Multisim 软件界面及通用环境变量

下面将对 Multisim 软件的界面进行介绍。

(1) 启动操作。启动 Multisim 10.0 以后，出现如图 3.1 所示的界面。

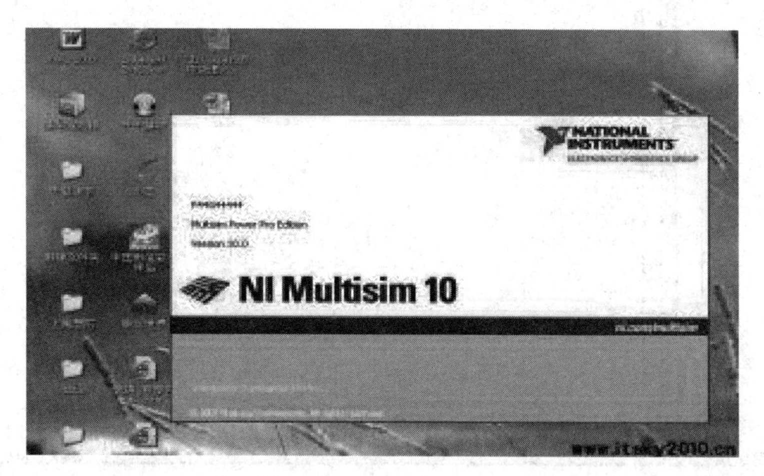

图 3.1　Multisim 软件启动界面

(2) Multisim 10.0 打开后的界面如图 3.2 所示，主要由菜单栏、工具栏、缩放栏、设计栏、仿真栏、工程栏、元件栏、仪器栏、电路绘制窗口等部分组成。

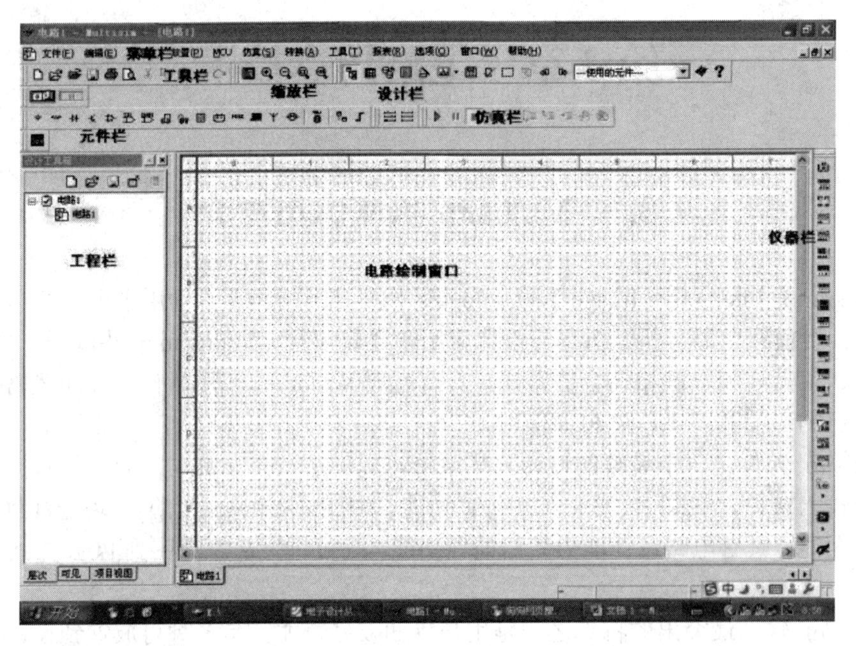

图 3.2　Multisim 软件主界面

(3) 在如图 3.2 所示的 Multisim 软件主界面中选择文件→新建→原理图，即弹出如图 3.3 所示的主设计窗口。

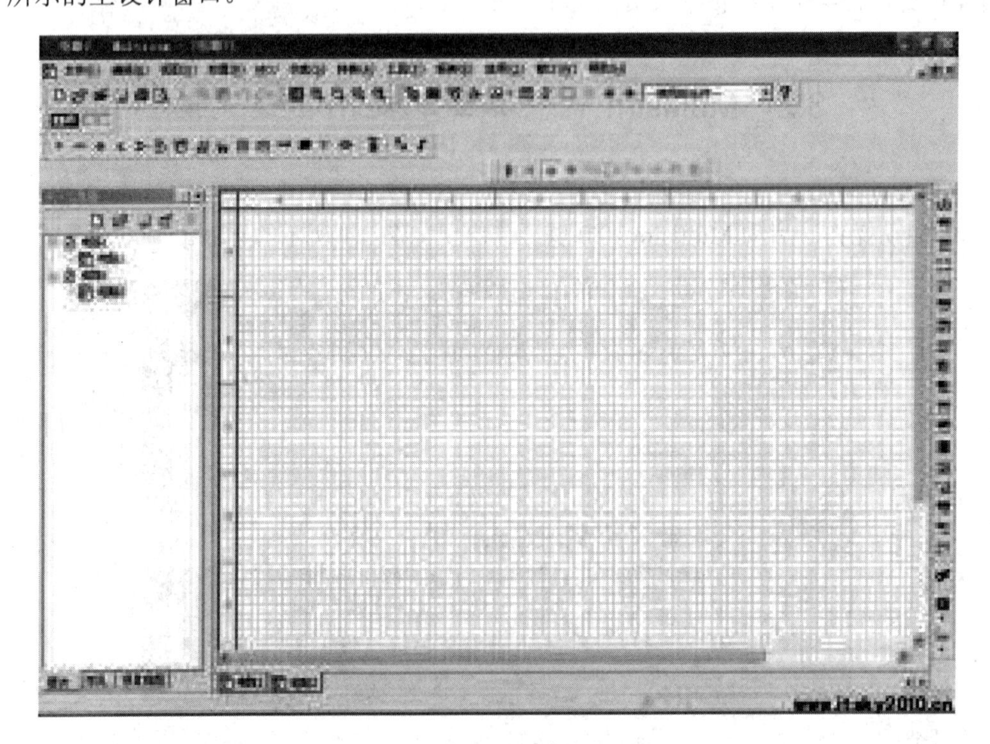

图 3.3　Multisim 软件设计界面

3.3　Multisim 软件常用元件库分类

电子仿真软件 Multisim 10.0 的元件库中把元件分门别类地分成 18 个类别，每个类别中又有许多种具体的元件，使用者可以在创建仿真电路时快速寻找到元件，元件库栏如图 3.4 所示。

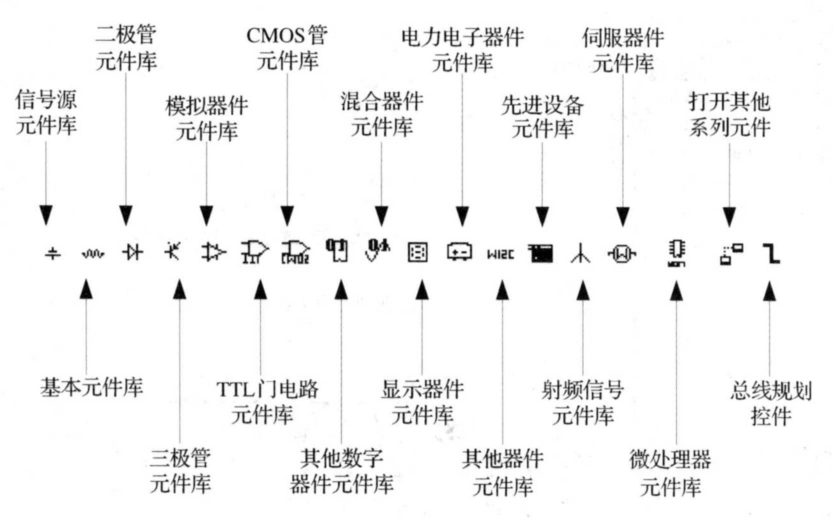

图 3.4　Multisim 软件元件库栏

1. 放置信号源

在 Multisim 软件元件库中点击“放置信号源”按钮，则弹出如图 3.5 所示的系列栏对话框。

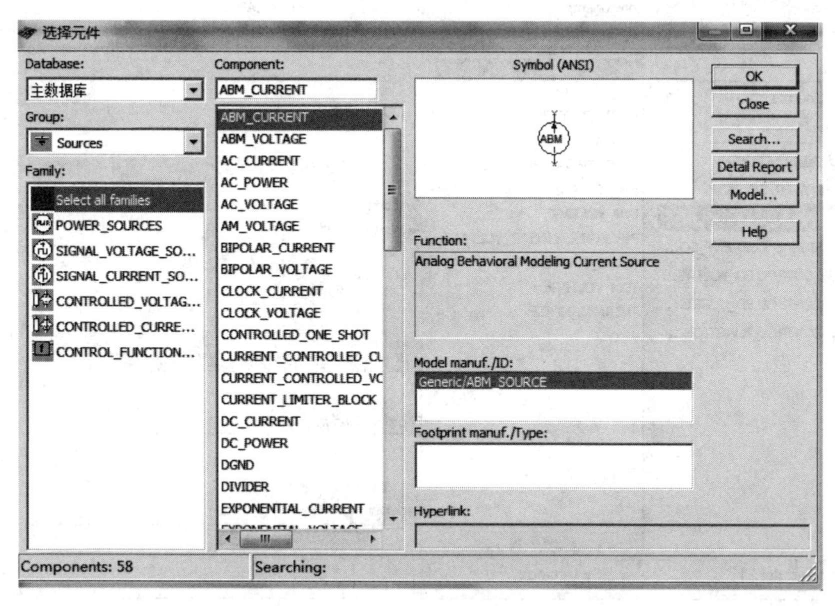

图 3.5　“放置信号源”系列栏

(1) 在“放置信号源”系列栏里选中“电源(POWER_SOURCES)”，则其元件栏(Component)下的内容如图 3.6 所示。

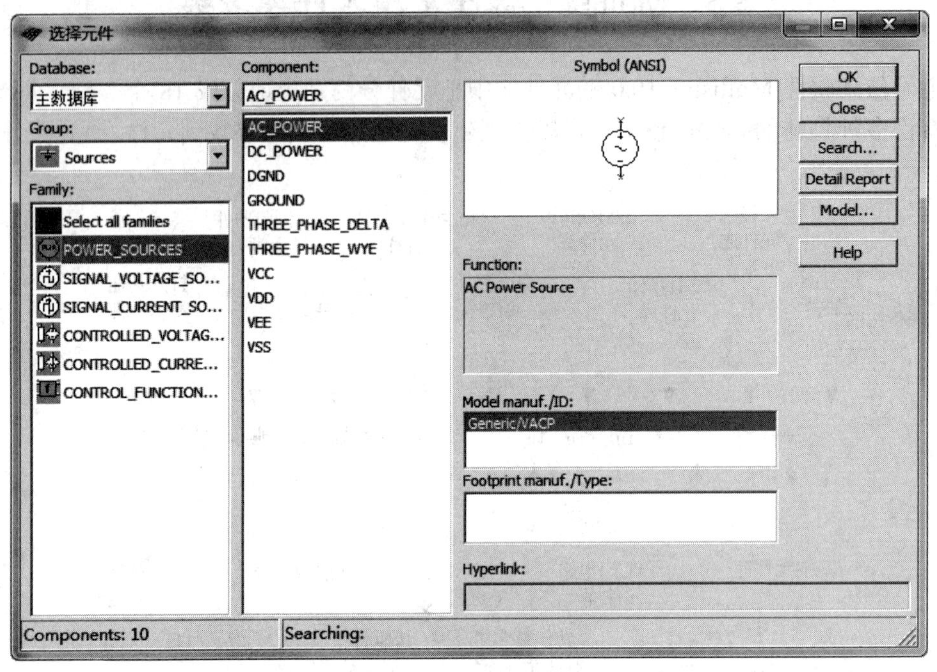

图 3.6 “电源(POWER_SOURCES)”元件栏内容

(2) 在“放置信号源”系列栏里选中“信号电压源(SIGNAL_VOLTAGE_SOURCES)”，则其元件栏下的内容如图 3.7 所示。

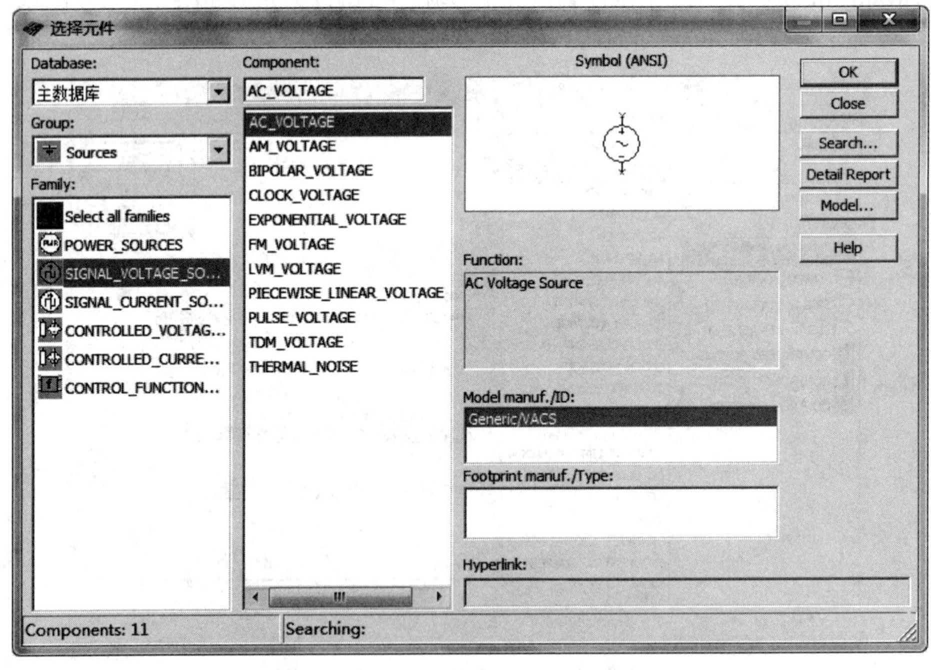

图 3.7 “信号电压源(SIGNAL_VOLTAGE_SOURCES)”元件栏内容

(3) 在“放置信号源”系列栏里选中“信号电流源(SIGNAL_CURRENT_SOURCES)”，则其元件栏下的内容如图 3.8 所示。

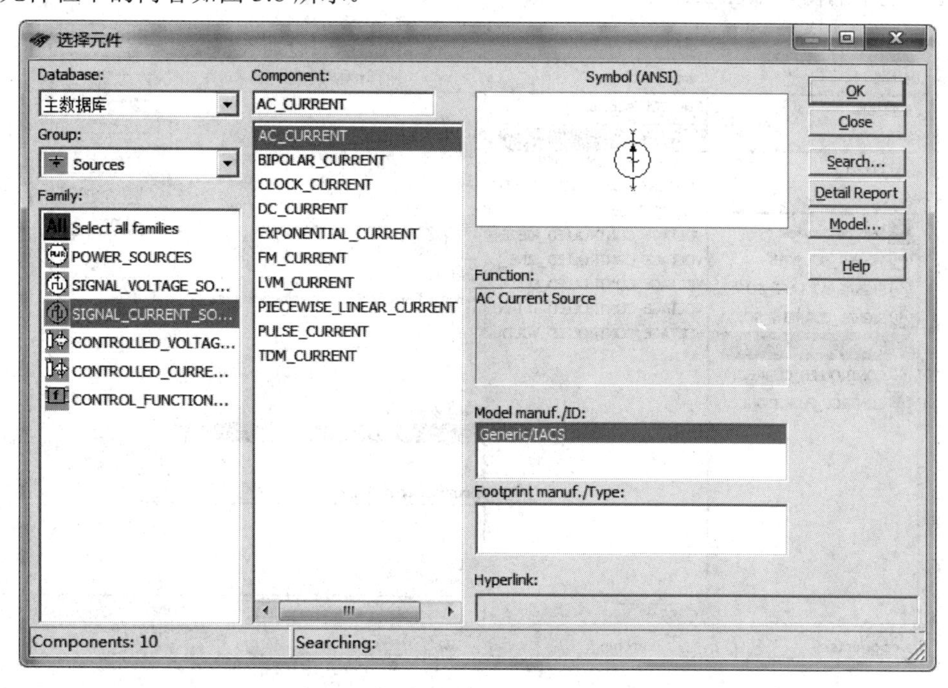

图 3.8　“信号电流源(SIGNAL_CURRENT_SOURCES)”元件栏内容

(4) 在“放置信号源”系列栏里选中“控制函数块(CONTROL_FUNCTION_BLOCKS)”，则其元件栏下的内容如图 3.9 所示。

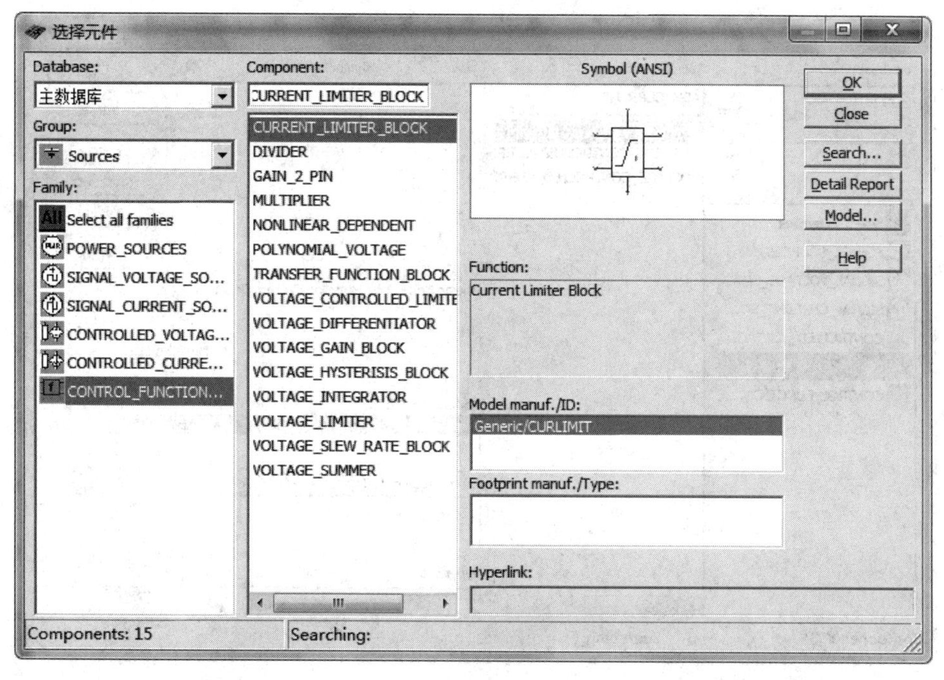

图 3.9　“控制函数块(CONTROL_FUNCTION_BLOCKS)”元件栏内容

(5) 在“放置信号源”系列栏里选中“电压控源(CONTROLLED_VOLTAGE_SOURCES)”，则其元件栏下的内容如图 3.10 所示。

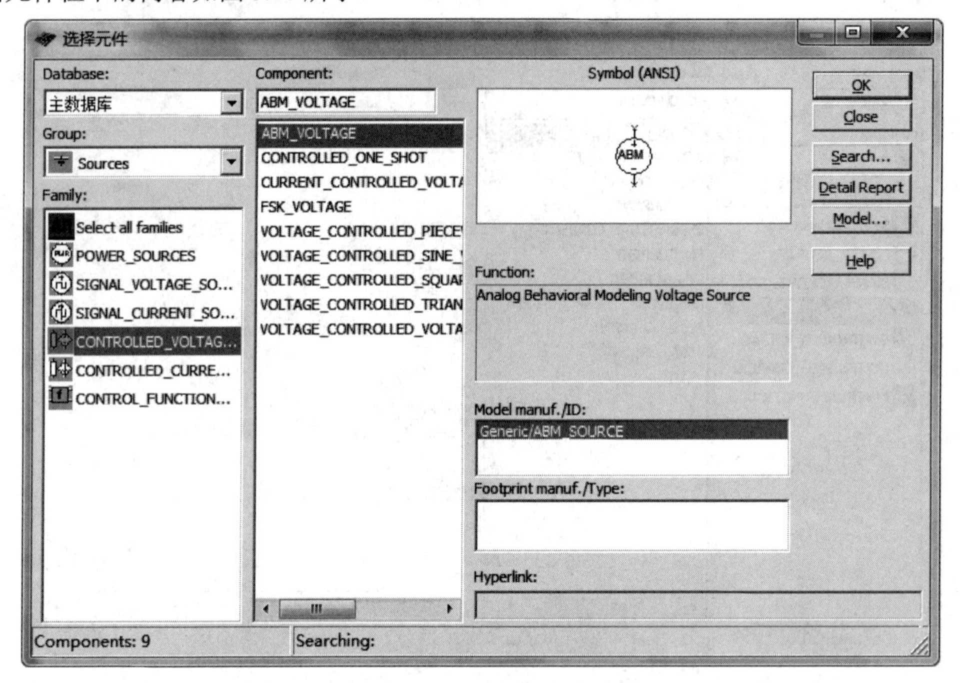

图 3.10 “电压控源(CONTROLLED_VOLTAGE_SOURCES)”元件栏内容

(6) 在“放置信号源”系列栏里选中“电流控源(CONTROLLED_CURRENT_SOURCES)”，则其元件栏下的内容如图 3.11 所示。

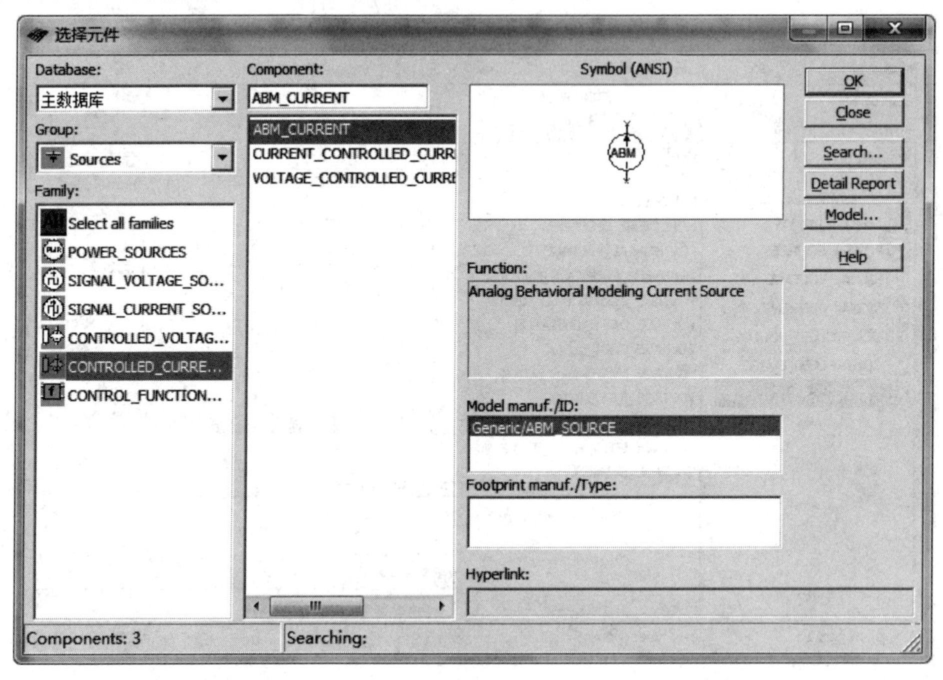

图 3.11 “电流控源(CONTROLLED_CURRENT_SOURCES)”元件栏内容

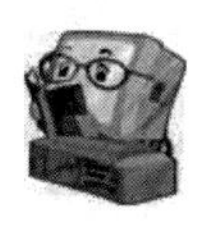

2. 放置模拟元件

在 Multisim 软件元件库中点击“放置模拟元件”按钮，则弹出如图 3.12 所示的系列栏对话框。

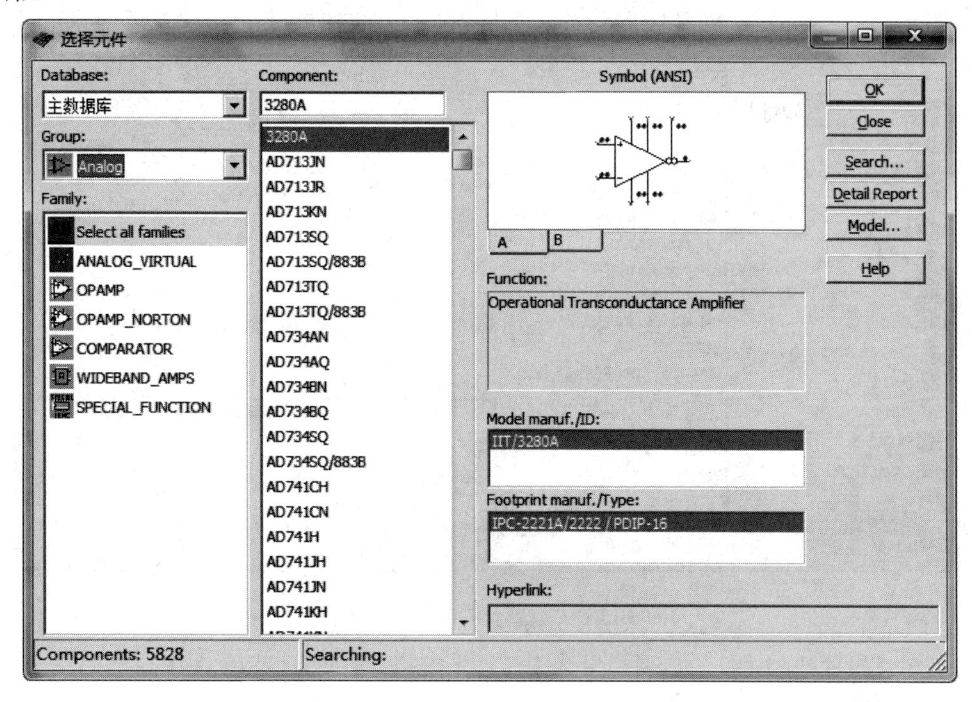

图 3.12　“放置模拟元件”系列栏

(1) 在“放置模拟元件”系列栏里选中“模拟虚拟元件(ANALOG_VIRTUAL)”，则其元件栏中仅有虚拟比较器、三端虚拟运放和五端虚拟运放这 3 个品种可供调用。

(2) 在“放置模拟元件”系列栏里选中“运算放大器(OPAMP)”，则其元件栏中包括了国外许多公司提供的多达 4243 种的各种规格的运放可供调用。

(3) 在“放置模拟元件”系列栏里选中“诺顿运算放大器(OPAMP_NORTON)”，则其元件栏中有 16 种规格的诺顿运放可供调用。

(4) 在“放置模拟元件”系列栏里选中“比较器(COMPARATOR)“，则其元件栏中有 341 种规格的比较器可供调用。

(5) 在“放置模拟元件”系列栏里选中“宽带运放(WIDEBAND_AMPS)”，则其元件栏中有 144 种规格的宽带运放可供调用。宽带运放典型值达 100 MHz，主要用于视频放大电路。

(6) 在“放置模拟元件”系列栏里选中“特殊功能运放(SPECIAL_FUNCTION)”，则其元件栏中有 165 种规格的特殊功能运放可供调用，主要包括测试运放、视频运放、乘法器/除法器、前置放大器和有源滤波器等。

3. 放置基础元件

在 Multisim 软件元件库中点击“放置基础元件”按钮，则弹出如图 3.13 所示的系列栏对话框。

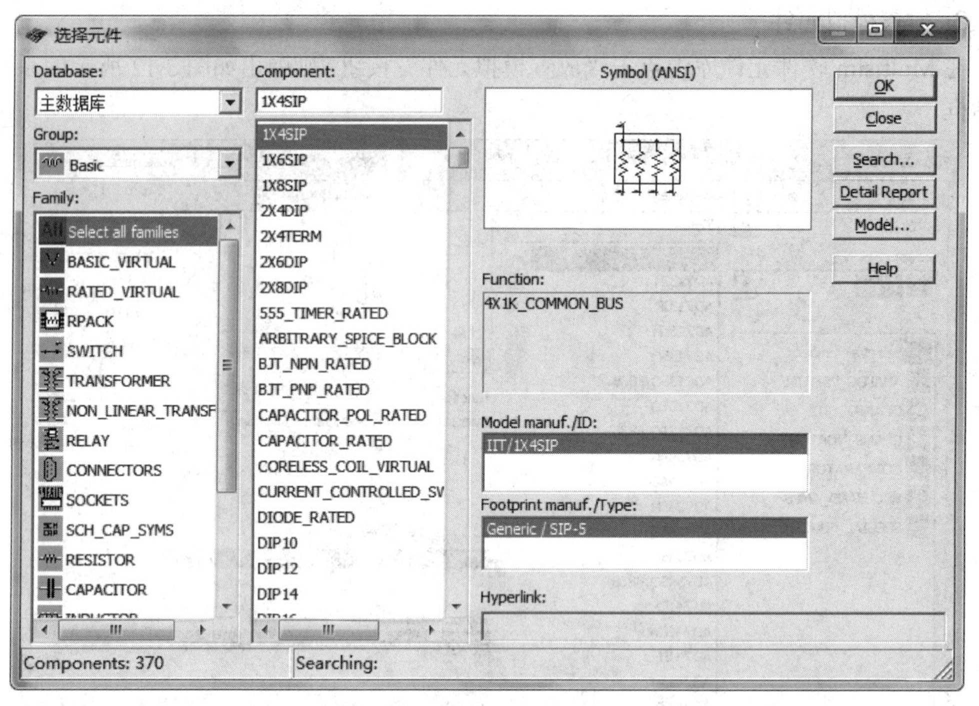

图 3.13 “放置基础元件”系列栏

(1) 在“放置基础元件”系列栏里选中“基本虚拟元件库(BASIC_VIRTUAL)”，则其元件栏下的内容如图 3.14 所示。

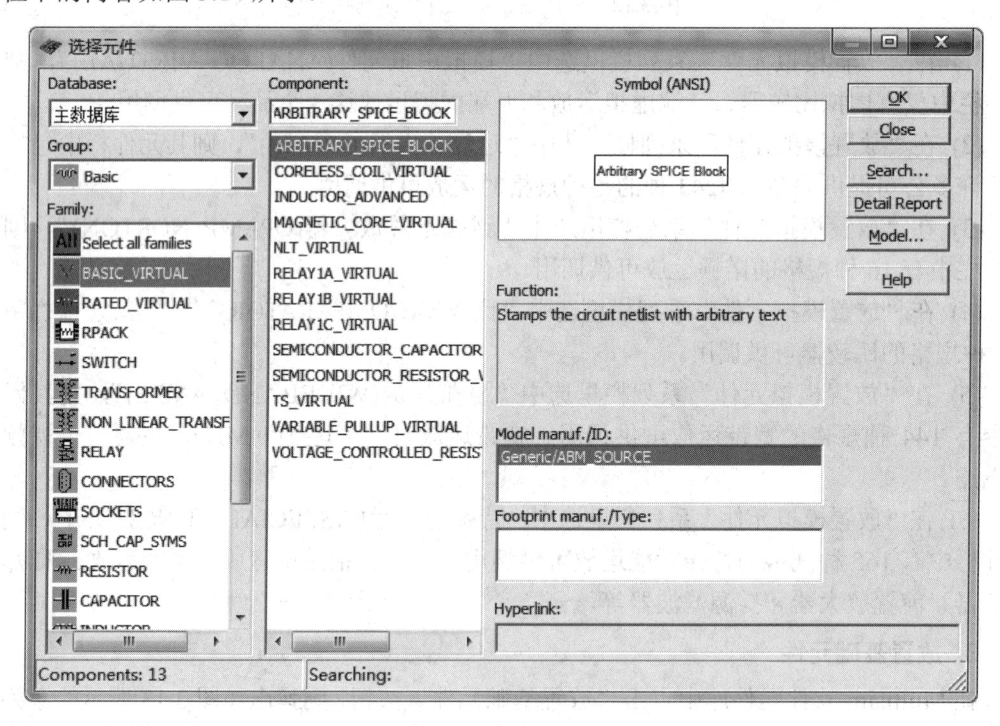

图 3.14 “基本虚拟元件库(BASIC_VIRTUAL)”元件栏内容

(2) 在“放置基础元件”系列栏里选中“额定虚拟元件(RATED_VIRTUAL)”，则其元件栏下的内容如图 3.15 所示。

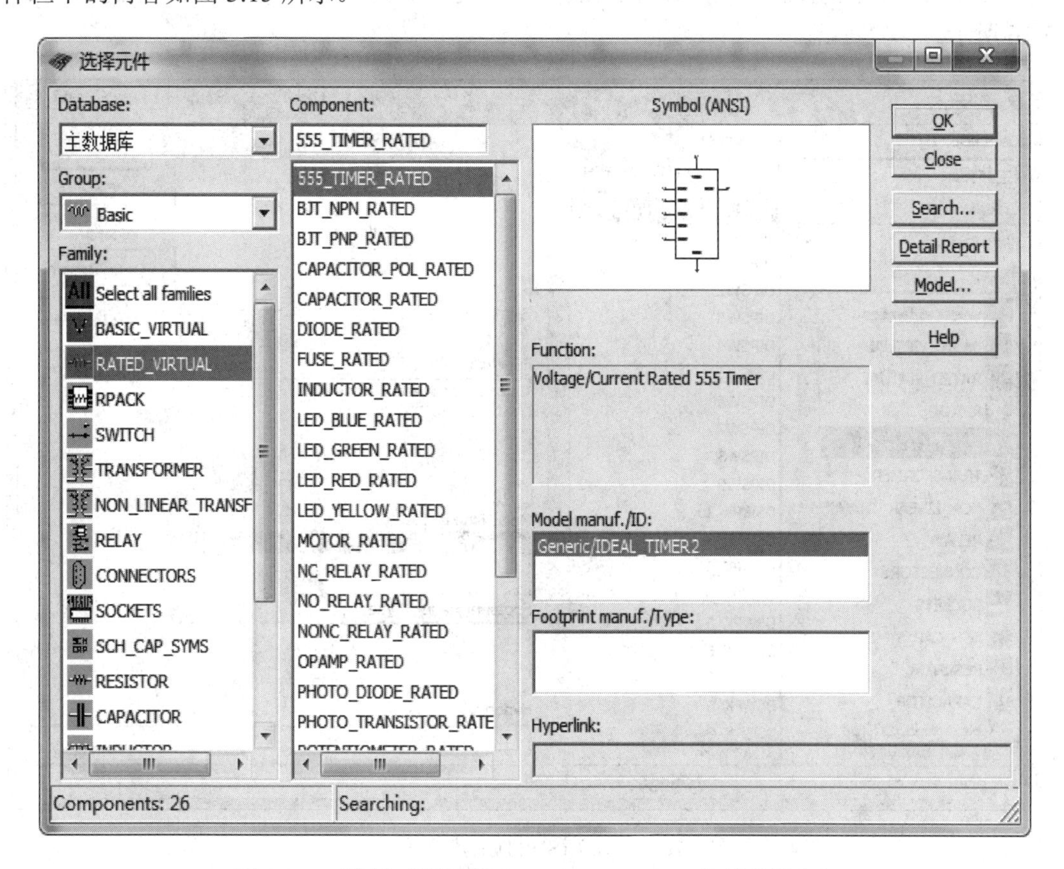

图 3.15　“额定虚拟元件(RATED_VIRTUAL)”元件栏内容

(3) 在“放置基础元件”系列栏里选中“电阻(RESISTOR)”，则其元件栏中有从 1.0 Ω 到 22 MΩ 全系列的电阻可供调用。

(4) 在“放置基础元件”系列栏里选中“排阻(RPACK)”，则其元件栏中共有 7 种排阻可供调用。

(5) 在“放置基础元件”系列栏里选中“电位器(POTENTIOMETER)”，则其元件栏中共有 18 种阻值电位器可供调用。

(6) 在“放置基础元件”系列栏里选中“电容器(CAPACITOR)”，则其元件栏中有从 1.0 pF 到 10 μF 系列的电容可供调用。

(7) 在“放置基础元件”系列栏里选中“电解电容器(CAP_ELECTROLIT)”，则其元件栏中有从 0.1 μF 到 10 F 系列的电解电容器可供调用。

(8) 在“放置基础元件”系列栏里选中“可变电容器(VARIABLE_CAPACITOR)”，则其元件栏中仅有 30 pF、100 pF 和 350 pF 这三种可变电容器可供调用。

(9) 在“放置基础元件”系列栏里选中“电感(INDUCTOR)”，则其元件栏中有从 1.0 μH 到 9.1 H 全系列的电感可供调用。

(10) 在“放置基础元件”系列栏里选中“可变电感器(VARIABLE_ INDUCTOR)”，则其元件栏中仅有三种可变电感器可供调用。

(11) 在“放置基础元件”系列栏里选中“开关(SWITCH)”，则其元件栏下的内容如图 3.16 所示。

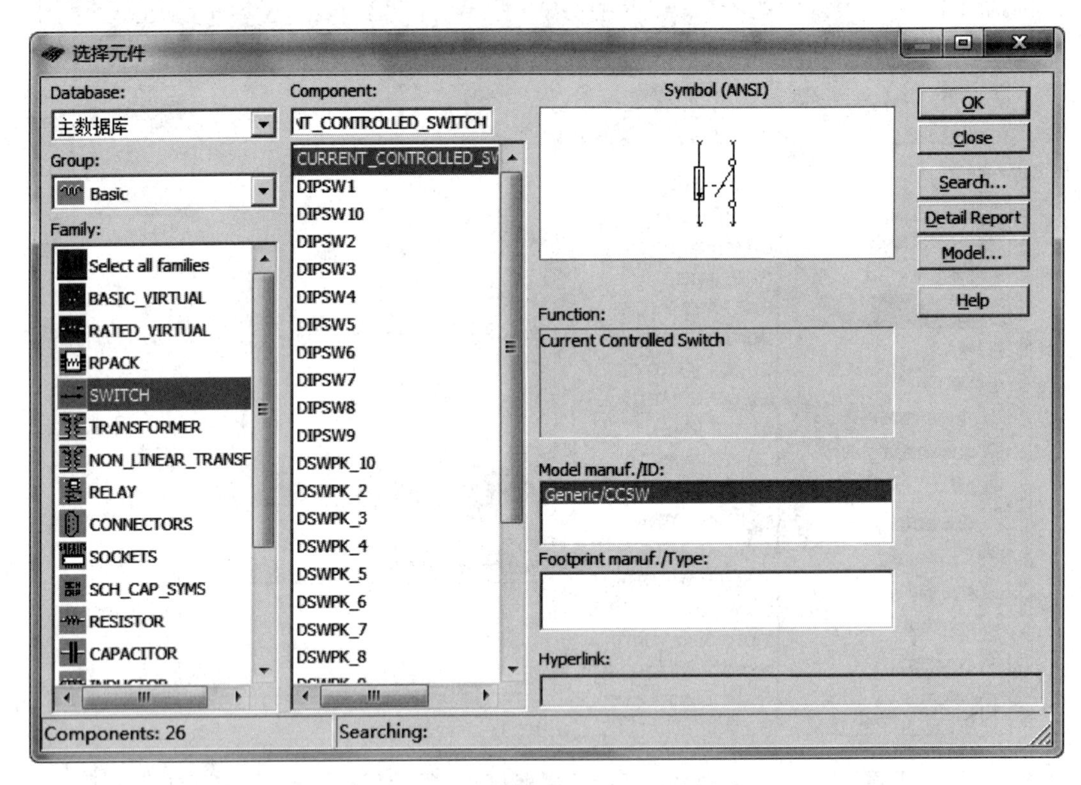

图 3.16 “开关(SWITCH)”元件栏内容

(12) 在“放置基础元件”系列栏里选中“变压器(TRANSFORMER)”，则其元件栏中共有 20 种规格的变压器可供调用。

(13) 在“放置基础元件”系列栏里选中“非线性变压器(NON_LINEAR_TRANSFORMER)”，则其元件栏中共有 10 种规格的非线性变压器可供调用。

(14) 在“放置基础元件”系列栏里选中“负载阻抗(Z_LOAD)”，则其元件栏中共有 10 种规格的负载阻抗可供调用。

(15) 在“放置基础元件”系列栏里选中“继电器(RELAY)”，则其元件栏中共有 96 种各种规格的直流继电器可供调用。

(16) 在“放置基础元件”系列栏里选中“连接器(CONNECTORS)”，则其元件栏中共有 130 种各种规格的连接器可供调用。

(17) 在“放置基础元件”系列栏里选中“双列直插式插座(SOCKETS)”，则其元件栏中共有 12 种各种规格的插座可供调用。

4. 放置三极管

在 Multisim 软件元件库中点击“放置三极管”按钮，则弹出如图 3.17 所示的系列栏对话框。

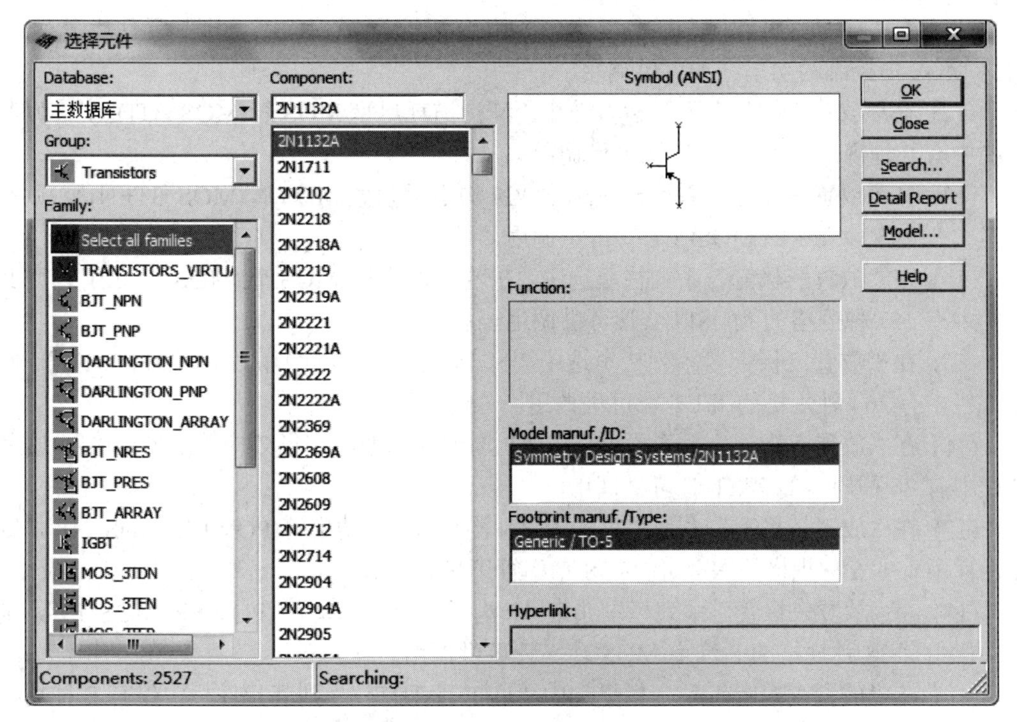

图 3.17　“放置三极管”系列栏

(1) 在“放置三极管”系列栏里选中“虚拟晶体管(TRANSISTORS_VIRTUAL)”，则其元件栏中共有 16 种规格的虚拟晶体管可供调用，其中包括 NPN 型、PNP 型晶体管，JFET 和 MOSFET 等。

(2) 在“放置三极管”系列栏里选中“双极型 NPN 型晶体管(BJT_NPN)”，则其元件栏中共有 658 种规格的晶体管可供调用。

(3) 在“放置三极管”系列栏里选中“双极型 PNP 型晶体管(BJT_PNP)”，则其元件栏中共有 409 种规格的晶体管可供调用。

(4) 在“放置三极管”系列栏里选中“达林顿 NPN 型晶体管(DARLINGTON_NPN)”，则其元件栏中有 46 种规格的达林顿管可供调用。

(5) 在“放置三极管”系列栏里选中“达林顿 PNP 型晶体管(DARLINGTON_PNP)”，则其元件栏中有 13 种规格的达林顿管可供调用。

(6) 在“放置三极管”系列栏里选中“集成达林顿管阵列(DARLINGTON_ARRAY)”，则其元件栏中有 8 种规格的集成达林顿管可供调用。

(7) 在“放置三极管”系列栏里选中“带阻 NPN 型晶体管(BJT_NRES)”，则其元件栏中有 71 种规格的带阻 NPN 型晶体管可供调用。

(8) 在“放置三极管”系列栏里选中“带阻 PNP 型晶体管(BJT_PRES)”，则其元件栏中有 29 种规格的带阻 PNP 型晶体管可供调用。

(9) 在“放置三极管”系列栏里选中“晶体管阵列(BJT_ARRAY)”，则其元件栏中有 10 种规格的晶体管阵列可供调用。

(10) 在“放置三极管”系列栏里选中“绝缘栅双极型三极管(IGBT)”，则其元件栏中有 98 种规格的绝缘栅双极型三极管可供调用。

(11) 在“放置三极管”系列栏里选中“MOS 门控开关(MOS)”，则其元件栏中有 98 种规格 MOS 门控制的功率开关可供调用。

(12) 在“放置三极管”系列栏里选中“N 沟道耗尽型 MOS 管(MOS_3TDN)”，则其元件栏中有 9 种规格的 MOSFET 管可供调用。

(13) 在“放置三极管”系列栏里选中“N 沟道增强型 MOS 管(MOS_3TEN)”，则其元件栏中有 545 种规格的 MOSFET 管可供调用。

(14) 在“放置三极管”系列栏里选中“P 沟道增强型 MOS 管(MOS_3TEP)”，则其元件栏中有 157 种规格的 MOSFET 管可供调用。

(15) 在“放置三极管”系列栏里选中“N 沟道耗尽型结型场效应管(JFET_N)”，则其元件栏中有 263 种规格的 JFET 管可供调用。

(16) 在“放置三极管”系列栏里选中“P 沟道耗尽型结型场效应管(JFET_P)”，则其元件栏中有 26 种规格的 JFET 管可供调用。

(17) 在“放置三极管”系列栏里选中“N 沟道 MOS 功率管(POWER_MOS_N)”，则其元件栏中有 116 种规格的 N 沟道 MOS 功率管可供调用。

(18) 在“放置三极管”系列栏里选中“P 沟道 MOS 功率管 (POWER_MOS_P)”，则其元件栏中有 38 种规格的 P 沟道 MOS 功率管可供调用。

(19) 在“放置三极管”系列栏里选中“UJT 管(UJT)”，则其元件栏中仅有 2 种规格的 UJT 管可供调用。

(20) 在“放置三极管”系列栏里选中“带有热模型的 NMOSFET 管(THERMAL_MODELS)”，则其元件栏中仅有一种规格的 NMOSFET 管可供调用。

5. 放置二极管

在 Multisim 软件元件库中点击“放置二极管”按钮，则弹出如图 3.18 所示的系列栏对话框。

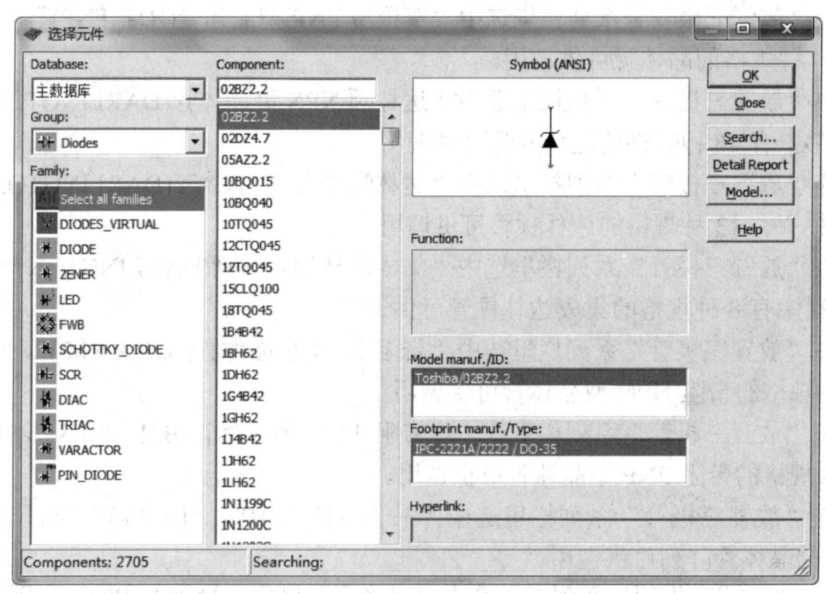

图 3.18 “放置二极管”系列栏

(1) 在“放置二极管”系列栏里选中“虚拟二极管元件(DIODES_VIRTUAL)”，则其元件栏中仅有 2 种规格的虚拟二极管元件可供调用，一种是普通虚拟二极管，另一种是齐纳击穿虚拟二极管。

(2) 在“放置二极管”系列栏里选中“普通二极管(DIODE)”，则其元件栏中包括了国外许多公司提供的 807 种各种规格的二极管可供调用。

(3) 在“放置二极管”系列栏里选中“齐纳击穿二极管(即稳压管)(ZENER)”，则其元件栏中包括了国外许多公司提供的 1266 种各种规格的稳压管可供调用。

(4) 在“放置二极管”系列栏里选中“发光二极管(LED)”，则其元件栏中有 8 种颜色的发光二极管可供调用。

(5) 在“放置二极管”系列栏里选中“全波桥式整流器(FWB)”，则其元件栏中有 58 种规格的全波桥式整流器可供调用。

(6) 在“放置二极管”系列栏里选中“肖特基二极管(SCHOTTKY_DIODE)”，则其元件栏中有 39 种规格的肖特基二极管可供调用。

(7) 在“放置二极管”系列栏里选中“单向晶体闸流管(SCR)”，则其元件栏中共有 276 种规格的单向晶体闸流管可供调用。

(8) 在“放置二极管”系列栏里选中“双向开关二极管(DIAC)”，则其元件栏中共有 11 种规格的双向开关二极管(相当于两只肖特基二极管并联)可供调用。

(9) 在“放置二极管”系列栏里选中“双向晶体闸流管(TRIAC)”，则其元件栏中共有 101 种规格的双向晶体闸流管可供调用。

(10) 在“放置二极管”系列栏里选中“变容二极管(VARACTOR)”，则其元件栏中共有 99 种规格的变容二极管可供调用。

(11) 在“放置二极管”系列栏里选中“PIN 结二极管(PIN_DIODE)”即 Positive-Intrinsic-Negetive 结二极管，则其元件栏中共有 19 种规格的 PIN 结二极管可供调用。

6. 放置晶体管-晶体管逻辑(TTL)

在 Multisim 软件元件库中点击“放置晶体管-晶体管逻辑(TTL)”按钮，则弹出如图 3.19 所示的系列栏对话框。

(1) 在“放置晶体管-晶体管逻辑(TTL)”系列栏里选中“74STD 系列”，则其元件栏中有 126 种规格的数字集成电路可供调用。

(2) 在“放置晶体管-晶体管逻辑(TTL)”系列栏里选中“74S 系列”，则其元件栏中有 111 种规格的数字集成电路可供调用。

(3) 在“放置晶体管-晶体管逻辑(TTL)”系列栏里选中“低功耗肖特基 TTL 型数字集成电路(74LS)”，则其元件栏中有 281 种规格的数字集成电路可供调用。

(4) 在“放置晶体管-晶体管逻辑(TTL)”系列栏里选中“74F 系列”，则其元件栏中有 185 种规格的数字集成电路可供调用。

(5) 在“放置晶体管-晶体管逻辑(TTL)”系列栏里选中“74ALS 系列”，则其元件栏中有 92 种规格的数字集成电路可供调用。

(6) 在“放置晶体管-晶体管逻辑(TTL)”系列栏里选中“74AS 系列”，则其元件栏中有 50 种规格的数字集成电路可供调用。

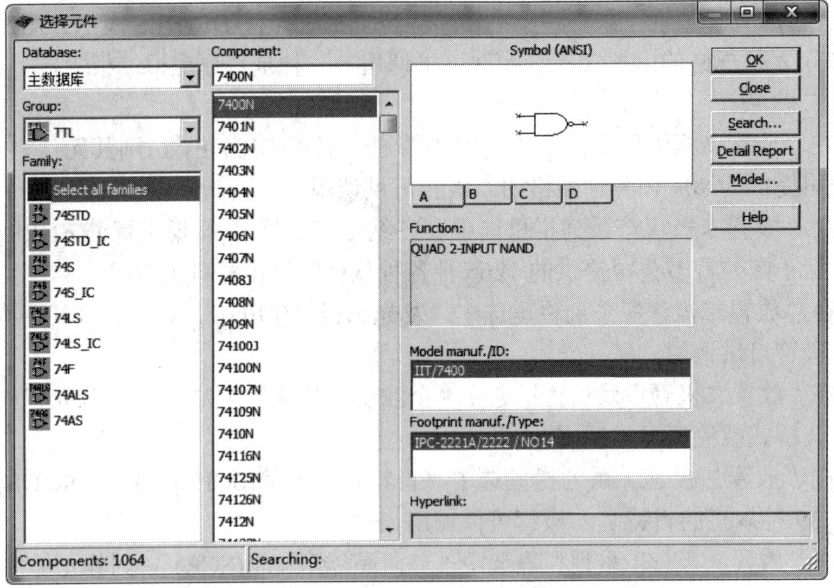

图 3.19 “放置晶体管-晶体管逻辑(TTL)”系列栏

7. 放置互补金属氧化物半导体(CMOS)

点击“放置互补金属氧化物半导体(CMOS)”按钮，则弹出如图 3.20 所示的系列栏对话框。

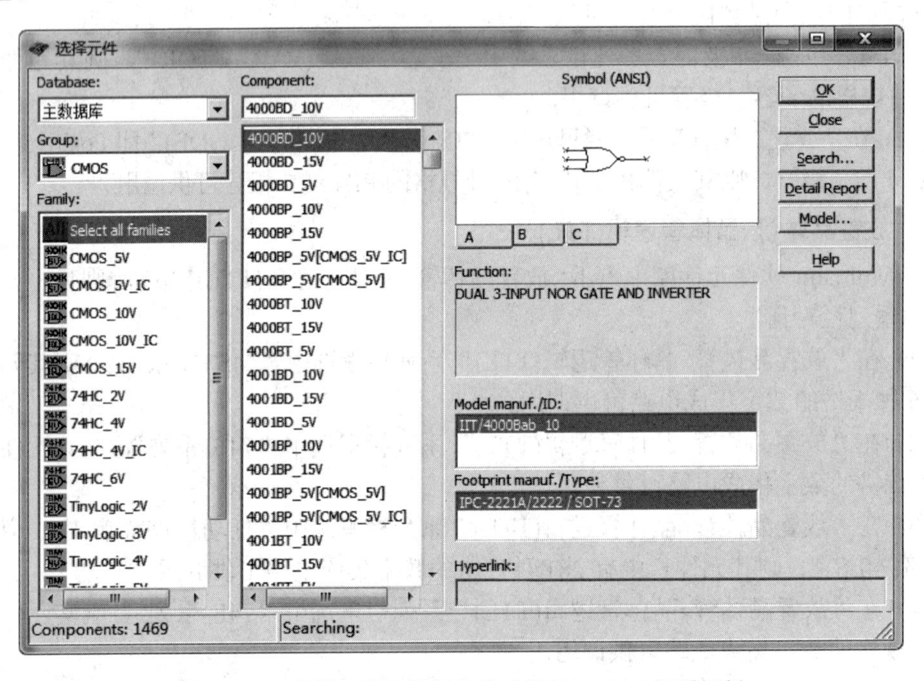

图 3.20 “放置互补金属氧化物半导体(CMOS)”系列栏

(1) 在“放置互补金属氧化物半导体(CMOS)”系列栏里选中“CMOS_5V 系列”，则其元件栏中有 265 种数字集成电路可供调用。

(2) 在“放置互补金属氧化物半导体(CMOS)”系列栏里选中“74HC_2V 系列”，则其

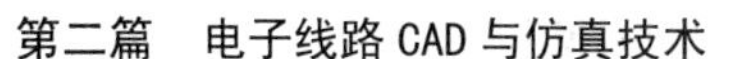

元件栏中有 176 种数字集成电路可供调用。

(3) 在“放置互补金属氧化物半导体(CMOS)”系列栏里选中“CMOS_10V 系列”，则其元件栏中有 265 种数字集成电路可供调用。

(4) 在“放置互补金属氧化物半导体(CMOS)”系列栏里选中“74HC_4V 系列”，则其元件栏中有 126 种数字集成电路可供调用。

(5) 在“放置互补金属氧化物半导体(CMOS)”系列栏里选中“CMOS_15V 系列”，则其元件栏中有 172 种数字集成电路可供调用。

(6) 在“放置互补金属氧化物半导体(CMOS)”系列栏里选中“74HC_6V 系列”，则其元件栏中有 176 种数字集成电路可供调用。

(7) 在“放置互补金属氧化物半导体(CMOS)”系列栏里选中“TinyLogic_2V 系列”，则其元件栏中有 18 种数字集成电路可供调用。

(8) 在“放置互补金属氧化物半导体(CMOS)”系列栏里选中“TinyLogic_3V 系列”，则其元件栏中有 18 种数字集成电路可供调用。

(9) 在“放置互补金属氧化物半导体(CMOS)”系列栏里选中“TinyLogic_4V 系列”，则其元件栏中有 18 种数字集成电路可供调用。

(10) 在“放置互补金属氧化物半导体(CMOS)”系列栏里选中“TinyLogic_5V 系列”，则其元件栏中有 24 种数字集成电路可供调用。

(11) 在“放置互补金属氧化物半导体(CMOS)”系列栏里选中“TinyLogic_6V 系列”，则其元件栏中有 7 种数字集成电路可供调用。

8. 放置机电元件

在 Multisim 软件元件库中点击“放置机电元件”按钮，则弹出如图 3.21 所示的系列栏对话框。

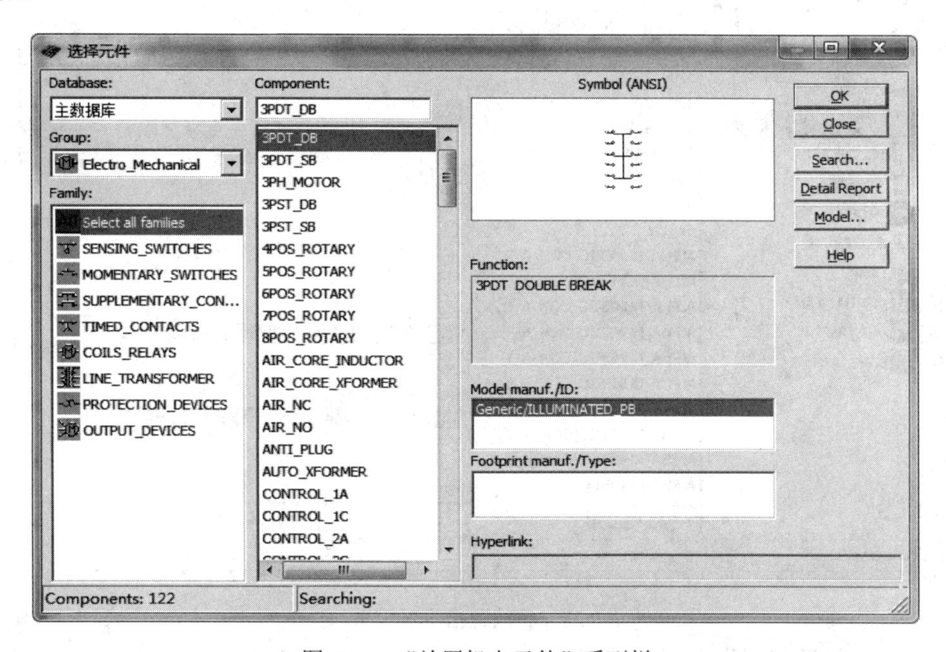

图 3.21　“放置机电元件”系列栏

(1) 在“放置机电元件”系列栏里选中“检测开关(SENSING_SWITCHES)”，则其元件栏中有 17 种开关可供调用，并可用键盘上的相关键来控制开关的开或合。

(2) 在“放置机电元件”系列栏里选中“瞬时开关(MOMENTARY_SWITCHES)”，则其元件栏中有 6 种开关可供调用，动作之后会很快恢复到原来的状态。

(3) 在“放置机电元件”系列栏里选中“接触器(SUPPLEMENTARY_CONTACTS)”，则其元件栏中有 21 种接触器可供调用。

(4) 在“放置机电元件”系列栏里选中“定时接触器(TIMED_CONTACTS)”，则其元件栏中有 4 种定时接触器可供调用。

(5) 在“放置机电元件”系列栏里选中“线圈与继电器(COILS_RELAYS)”，则其元件栏中有 55 种线圈与继电器可供调用。

(6) 在“放置机电元件”系列栏里选中“线性变压器(LINE_TRANSFORMER)”，则其元件栏中有 11 种线性变压器可供调用。

(7) 在“放置机电元件”系列栏里选中“保护装置(PROTECTION_DEVICES)”，则其元件栏中有 4 种保护装置可供调用。

(8) 在“放置机电元件”系列栏里选中“输出设备(OUTPUT_DEVICES)”，则其元件栏中有 6 种输出设备可供调用。

9. 放置指示器

在 Multisim 软件元件库中点击“放置指示器”按钮，则弹出如图 3.22 所示系列栏对话框。

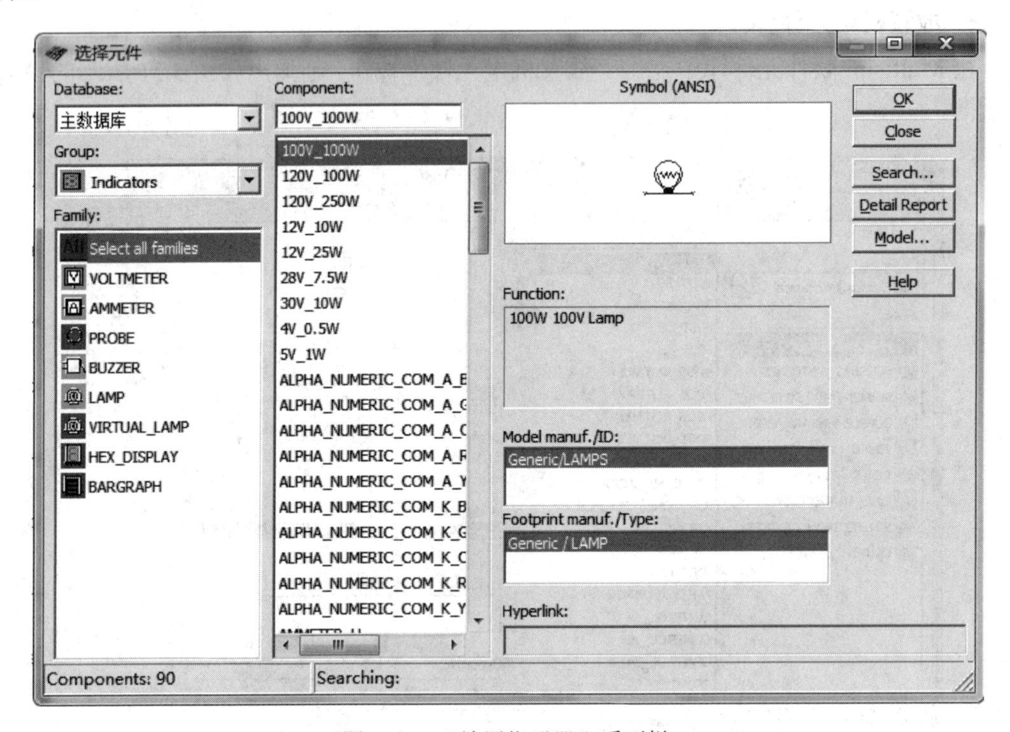

图 3.22 “放置指示器”系列栏

(1) 在“放置指示器”系列栏里选中“电压表(VOLTMETER)”，则其元件栏中有 4 种

不同形式的电压表可供调用。

(2) 在“放置指示器”系列栏里选中“电流表(AMMETER)”，则其元件栏中也有 4 种不同形式的电流表可供调用。

(3) 在“放置指示器”系列栏里选中“探测器(PROBE)”，则其元件栏中有 5 种颜色的探测器可供调用。

(4) 在“放置指示器”系列栏里选中“蜂鸣器(BUZZER)”，则其元件栏中仅有 2 种蜂鸣器可供调用。

(5) 在“放置指示器”系列栏里选中“灯泡(LAMP)”，则其元件栏中有 9 种不同功率的灯泡可供调用。

(6) 在“放置指示器”系列栏里选中“虚拟灯泡(VIRTUAL_LAMP)”，则其元件栏中只有 1 种虚拟灯泡可供调用。

(7) 在“放置指示器”系列栏里选中“十六进制显示器(HEX_DISPLAY)”，则其元件栏中有 33 种十六进制显示器可供调用。

(8) 在“放置指示器”系列栏里选中“条形光柱(BARGRAPH)”，则其元件栏中仅有 3 种条形光柱可供调用。

10. 放置杂项元件

在 Multisim 软件元件库中点击“放置杂项元件”按钮，则弹出如图 3.23 所示的系列栏对话框。

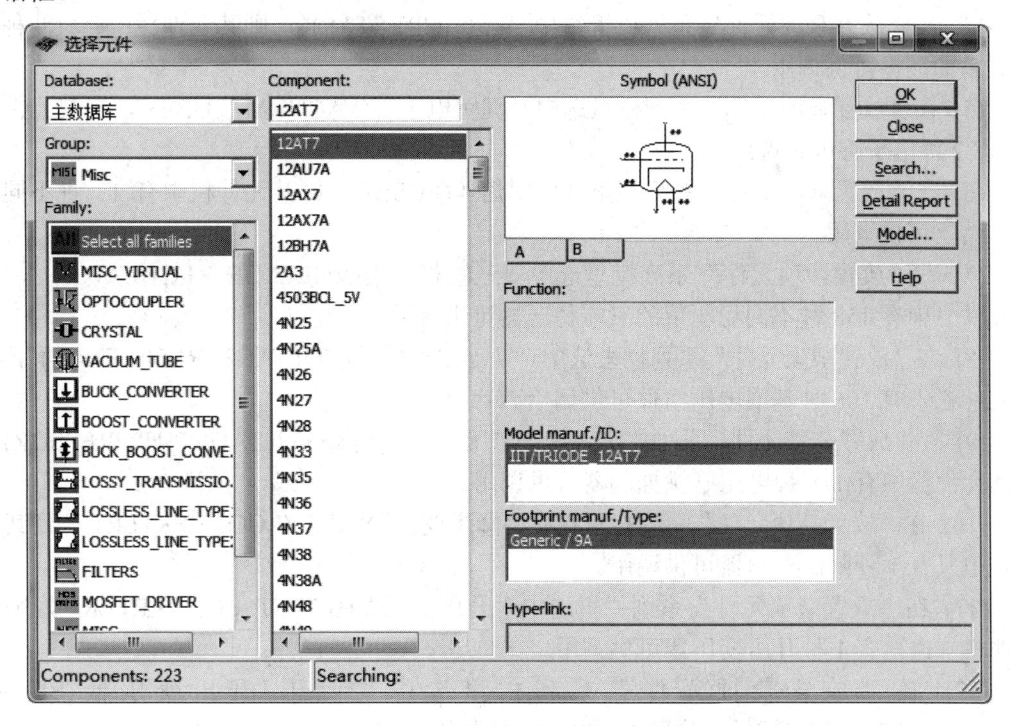

图 3.23　“放置杂项元件”系列栏

(1) 在“放置杂项元件”系列栏里选中“其他虚拟元件(MISC_VIRTUAL)”，则其元件栏下的内容如图 3.24 所示。

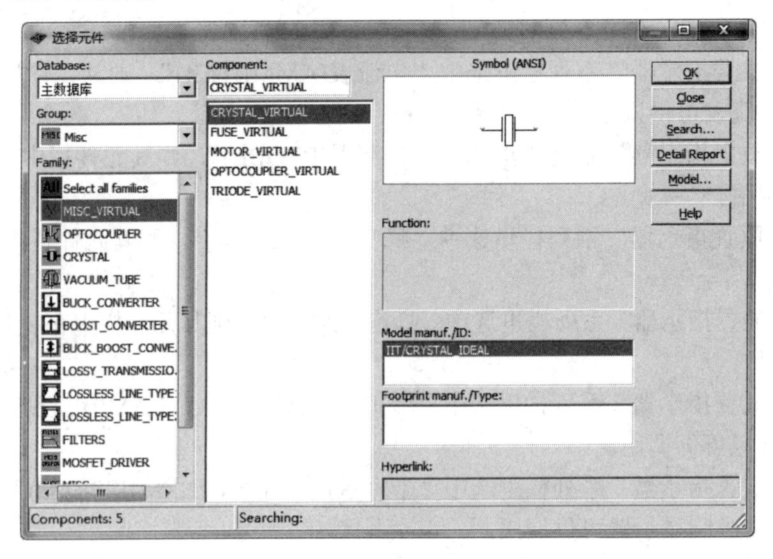

图 3.24　“其他虚拟元件(MISC_VIRTUAL)”元件栏内容

(2) 在“放置杂项元件”系列栏里选中“传感器(TRANSDUCERS)”，则其元件栏中有 70 种传感器可供调用。

(3) 在“放置杂项元件”系列栏里选中“光电三极管型光耦合器(OPTOCOUPLER)”，则其元件栏中有 82 种传感器可供调用。

(4) 在“放置杂项元件”系列栏里选中“晶振(CRYSTAL)”，则其元件栏中有 18 种不同频率的晶振可供调用。

(5) 在“放置杂项元件”系列栏里选中“真空电子管(VACUUM_TUBE)”，则其元件栏中有 22 种电子管可供调用。

(6) 在“放置杂项元件”系列栏里选中“熔丝(FUSE)”，则其元件栏中有 13 种不同电流的熔丝可供调用。

(7) 在“放置杂项元件”系列栏里选中“三端稳压器(VOLTAGE_REGULATOR)”，则其元件栏中有 158 种不同稳压值的三端稳压器可供调用。

(8) 在“放置杂项元件”系列栏里选中“基准电压组件(VOLTAGE_REFERENCE)”，则其元件栏中有 106 种基准电压组件可供调用。

(9) 在“放置杂项元件”系列栏里选中“电压干扰抑制器(VOLTAGE_SUPPRESSOR)”，则其元件栏中有 118 种电压干扰抑制器可供调用。

(10) 在“放置杂项元件”系列栏里选中“降压变压器(BUCK_CONVERTER)”，则其元件栏中只有 1 种降压变压器可供调用。

(11) 在“放置杂项元件”系列栏里选中“升压变压器(BOOST_CONVERTER)”，则其元件栏中也只有 1 种升压变压器可供调用。

(12) 在“放置杂项元件”系列栏里选中“降压/升压变压器(BUCK_BOOST_CONVERTER)”，则其元件栏中有 2 种降压/升压变压器可供调用。

(13) 在“放置杂项元件”系列栏里选中“有损耗传输线(LOSSY_TRANSMISSION_LINE)”、“无损耗传输线 1(LOSSLESS_LINE_TYPE1)”和“无损耗传输线 2(LOSSLESS

_LINE_TYPE2)”，则其元件栏中都只有 1 个品种可供调用。

(14) 在“放置杂项元件”系列栏里选中“滤波器(FILTERS)”，则其元件栏中有 34 种滤波器可供调用。

(15) 在“放置杂项元件”系列栏里选中“场效应管驱动器(MOSFET_DRIVER)”，则其元件栏中有 29 种场效应管驱动器可供调用。

(16) 在“放置杂项元件”系列栏里选中“电源功率控制器(POWER_SUPPLY_CONTROLLER)”，则其元件栏中有 3 种电源功率控制器可供调用。

(17) 在“放置杂项元件”系列栏里选中“混合电源功率控制器(MISCPOWER)”，则其元件栏中有 32 种混合电源功率控制器可供调用。

(18) 在“放置杂项元件”系列栏里选中“网络(NET)”，则其元件栏中有 11 个品种可供调用。

(19) 在“放置杂项元件”系列栏里选中“其他元件(MISC)”，则其元件栏中有 14 个品种可供调用。

11. 放置杂项数字电路

在 Multisim 软件元件库中点击“放置杂项数字电路”按钮，则弹出如图 3.25 所示的系列栏对话框。

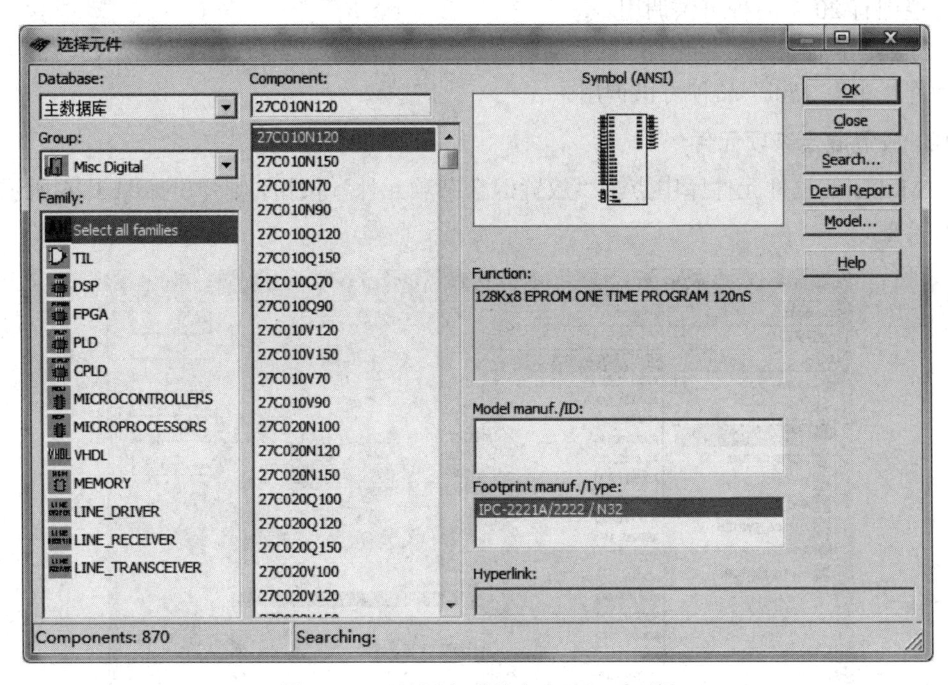

图 3.25　“放置杂项数字电路”系列栏

(1) 在“放置杂项数字电路”系列栏里选中“TIL 系列器件(TIL)”，则其元件栏中有 103 个品种可供调用。

(2) 在“放置杂项数字电路”系列栏里选中“数字信号处理器件(DSP)”，则其元件栏中有 117 个品种可供调用。

(3) 在“放置杂项数字电路”系列栏里选中“现场可编程器件(FPGA)”，则其元件栏中有 83 个品种可供调用。

(4) 在“放置杂项数字电路”系列栏里选中“可编程逻辑电路(PLD)”，则其元件栏中有 30 个品种可供调用。

(5) 在“放置杂项数字电路”系列栏里选中“复杂可编程逻辑电路(CPLD)”，则其元件栏中有 20 个品种可供调用。

(6) 在“放置杂项数字电路”系列栏里选中“微处理控制器(MICROCONTROLLERS)”，则其元件栏中有 70 个品种可供调用。

(7) 在“放置杂项数字电路”系列栏里选中“微处理器(MICROPROCESSORS)”，则其元件栏中有 60 个品种可供调用。

(8) 在“放置杂项数字电路”系列栏里选中“用 VHDL 编程器件(VHDL)”，则其元件栏中有 119 个品种可供调用。

(9) 在“放置杂项数字电路”系列栏里选中“存储器(MEMORY)”，则其元件栏中有 87 个品种可供调用。

(10) 在“放置杂项数字电路”系列栏里选中“线路驱动器件(LINE_DRIVER)”，则其元件栏中有 16 个品种可供调用。

(11) 在“放置杂项数字电路”系列栏里选中“线路接收器件(LINE_RECEIVER)”，则其元件栏中有 20 个品种可供调用。

(12) 在“放置杂项数字电路”系列栏里选中“无线电收发器件(LINE_TRANSCEIVER)”，则其元件栏中有 150 个品种可供调用。

12. 放置混合杂项元件

在 Multisim 软件元件库中点击“放置混合杂项元件”按钮，则弹出如图 3.26 所示的系列栏对话框。

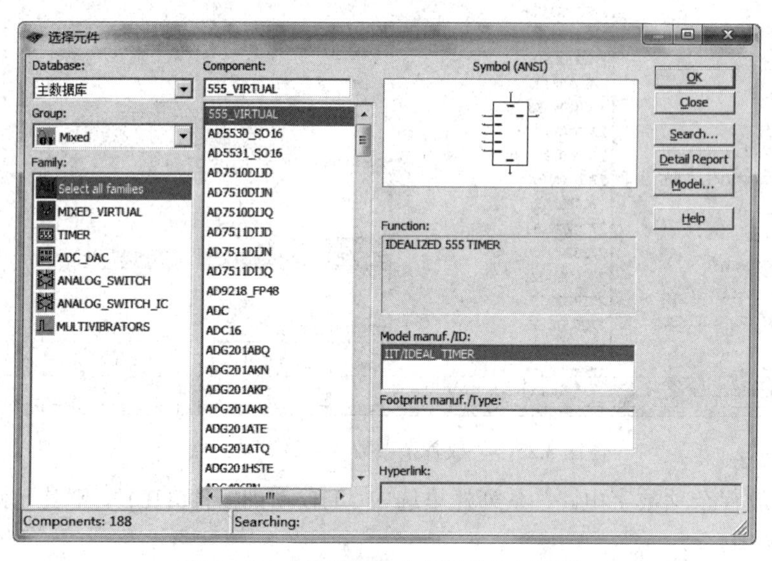

图 3.26 “放置混合杂项元件”系列栏

(1) 在“放置混合杂项元件”系列栏里选中“混合虚拟器件(MIXED_VIRTUAL)”，则其元件栏如图 3.27 所示。

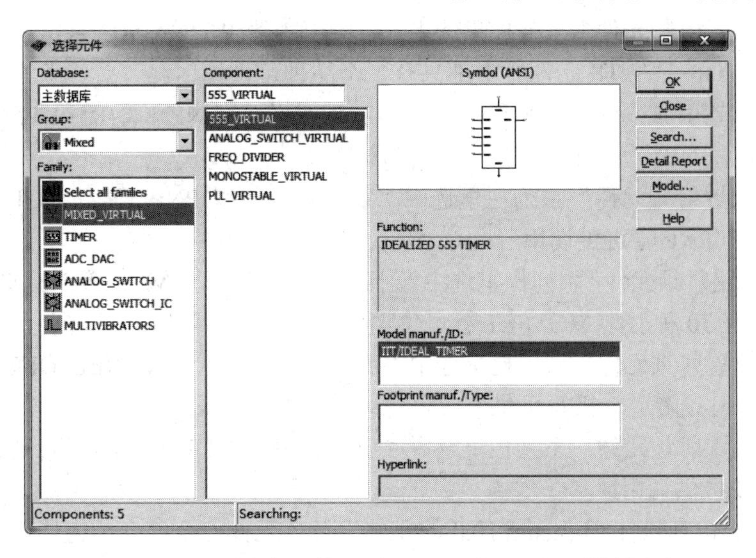

图 3.27　“混合虚拟器件(MIXED_VIRTUAL)”元件栏内容

(2) 在“放置混合杂项元件”系列栏里选中“555 定时器(TIMER)”，则其元件栏中有 8 种 LM555 电路可供调用。

(3) 在“放置混合杂项元件”系列栏里选中“A/D、D/A 转换器(ADC_DAC)”，则其元件栏中有 39 种转换器可供调用。

(4) 在“放置混合杂项元件”系列栏里选中“模拟开关(ANALOG_SWITCH)”，则其元件栏中有 127 种模拟开关可供调用。

(5) 在“放置混合杂项元件”系列栏里选中“多频振荡器(MULTIVIBRATORS)”，则其元件栏中有 8 种振荡器可供调用。

13. 放置射频元件

在 Multisim 软件元件库中点击“放置射频元件”按钮，则弹出如图 3.28 所示的系列栏对话框。

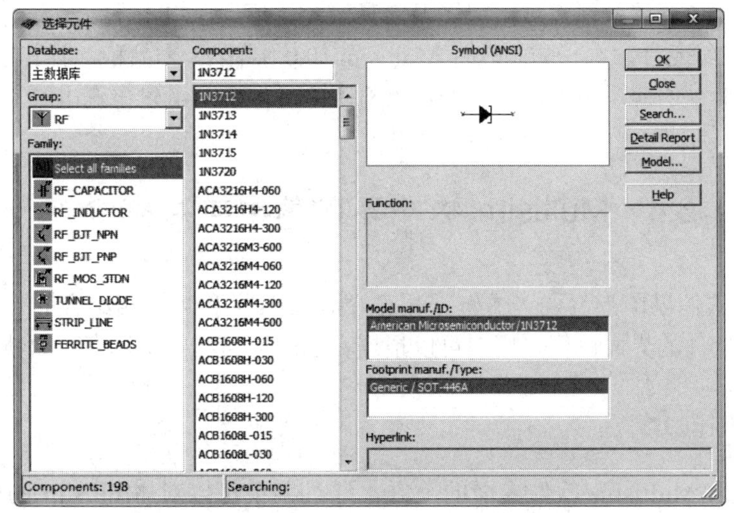

图 3.28　“放置射频元件”系列栏

(1) 在“放置射频元件”系列栏里选中“射频电容器(RF_CAPACITOR)”和“射频电感器(RF_INDUCTOR)”，则其元件栏中都只有 1 个品种可供调用。

(2) 在“放置射频元件”系列栏里选中“射频双极结型 NPN 管(RF_BJT_NPN)”，则其元件栏中有 84 种 NPN 管可供调用。

(3) 在“放置射频元件”系列栏里选中“射频双极结型 PNP 管(RF_BJT_PNP)”，则其元件栏中有 7 种 PNP 管可供调用。

(4) 在“放置射频元件”系列栏里选中“射频 N 沟道耗尽型 MOS 管(RF_MOS_3TDN)”，则其元件栏中有 30 种射频 MOSFET 管可供调用。

(5) 在“放置射频元件”系列栏里选中“射频隧道二极管(TUNNEL_DIODE)”，则其元件栏中有 10 种射频隧道二极管可供调用。

(6) 在“放置射频元件”系列栏里选中“射频传输线(STRIP_LINE)”，则其元件栏中有 6 种射频传输线可供调用。

至此，电子仿真软件 Multisim 10.0 的元件库及各元件已全部介绍完毕，以对读者在创建仿真电路寻找元件时提供一定的帮助。这里还有几点说明：

(1) 关于虚拟元件，这里指的是现实中不存在的元件，也可以理解为它们的元件参数可以任意修改和设置的元件。比如要一个 1.034 Ω 电阻、2.3 μF 电容等不规范的特殊元件，就可以选择虚拟元件通过设置参数达到。但仿真电路中的虚拟元件不能链接到制板软件 Ultiboard 8.0 的 PCB 文件中进行制板，这一点则不同于其他元件。

(2) 与虚拟元件相对应，我们把现实中可以找到的元件称为真实元件或现实元件。比如电阻的元件栏中就列出了从 1.0 Ω 到 22 MΩ 的全系列现实中可以找到的电阻。现实电阻只能调用，但不能修改它们的参数(极个别可以修改，比如晶体管的 β 值)。凡仿真电路中的真实元件都可以自动链接到 Ultiboard 8.0 中进行制板。

(3) 电源虽列在现实元件栏中，但它属于虚拟元件，可以任意修改和设置它的参数；电源和地线也都不会进入 Ultiboard 8.0 的 PCB 界面进行制板。

(4) 关于额定元件，是指它们允许通过的电流、电压、功率等的最大值都是有限制的，超过它们的额定值，该元件将被击穿烧毁。其他元件都是理想元件，没有定额限制。

(5) 关于三维元件，电子仿真软件 Multisim 10.0 中有 23 个品种，且其参数不能修改，只能搭建一些简单的演示电路，但它们可以与其他元件混合组建仿真电路。

3.4 Multisim 软件界面菜单工具栏介绍

Multisim 软件以图形界面为主，采用菜单、工具栏和热键相结合的方式，具有一般 Windows 应用软件的界面风格，用户可以根据自己的习惯和熟悉程度自如使用。

3.4.1 菜单栏简介

菜单栏位于 Multisim 软件界面的上方，通过菜单可以对 Multisim 的所有功能进行操作。

不难看出菜单中有一些与大多数 Windows 平台上的应用软件一致的功能选项，如文件、编辑、视图、选项、帮助等。此外，还有一些 EDA 软件专用的选项，如放置、仿真、转换以及工具等。

1. 文件

文件命令中包含了对文件和项目的基本操作以及打印等命令，具体如图 3.29 所示。

2. 编辑

编辑命令提供了类似于图形编辑软件的基本编辑功能，用于对电路图进行编辑，具体如图 3.30 所示。

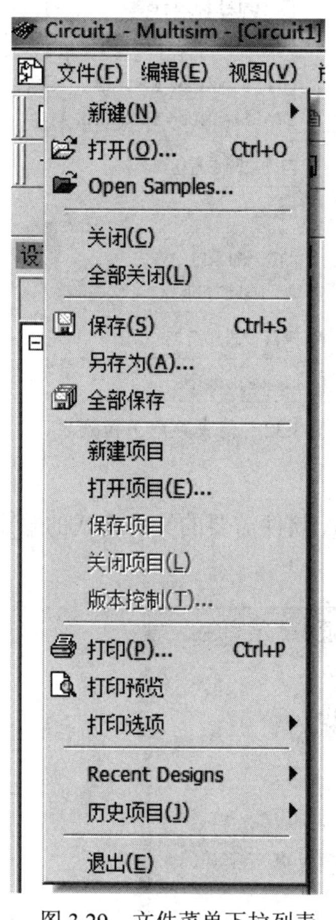

图 3.29　文件菜单下拉列表

图 3.30　编辑菜单下拉列表

3. 视图

通过视图菜单可以决定使用软件时的视图，对一些工具栏和窗口进行控制，具体如图 3.31 所示。

4. 仿真

仿真菜单执行仿真分析命令，具体如图 3.32 所示。

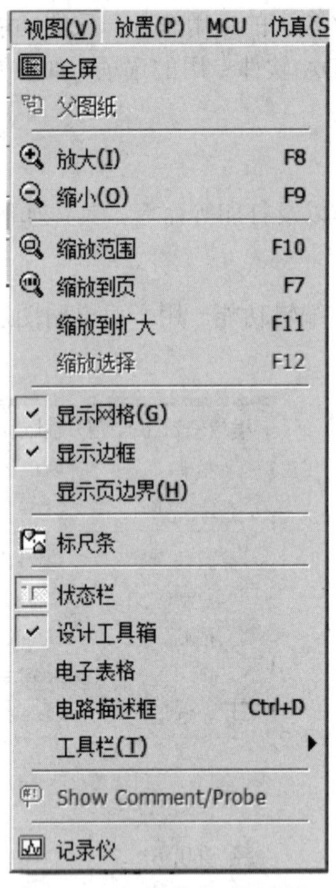

图 3.31 视图菜单下拉列表

图 3.32 仿真菜单下拉列表

5. 转换

转换菜单提供的命令可以完成仿真对其他 EDA 软件需要的文件格式的输出，具体如图 3.33 所示。

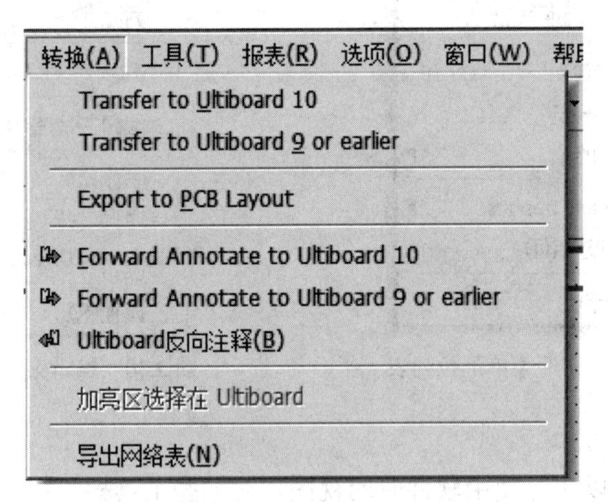

图 3.33 转换菜单下拉列表

6. 工具

工具菜单主要针对元件的编辑与管理的命令，具体如图 3.34 所示。

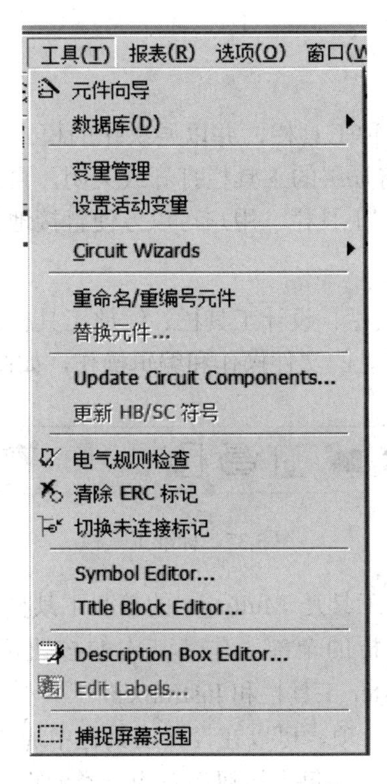

图 3.34　工具菜单下拉列表

7. 选项

通过选项菜单可以对软件的运行环境进行定制和设置，具体如图 3.35 所示。

图 3.35　选项菜单下拉列表

8. 帮助

帮助菜单提供了对 Multisim 软件的在线帮助和辅助说明，具体如图 3.36 所示。

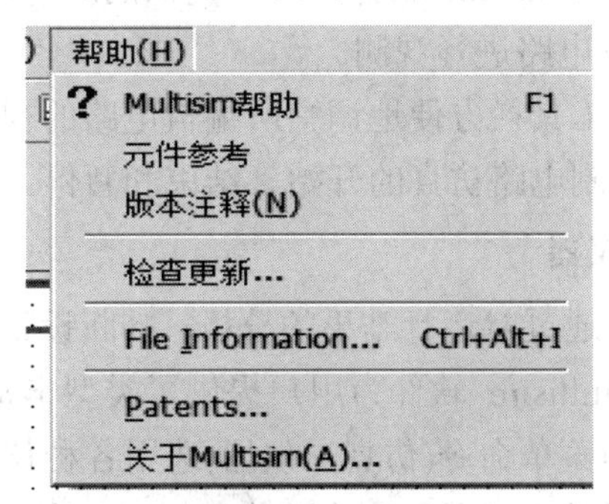

图 3.36　帮助菜单下拉列表

3.4.2 工具栏简介

Multisim 10.0 提供了多种工具栏，并以层次化的模式加以管理。用户可以通过视图(View)菜单中的选项方便地将顶层的工具栏打开或关闭，再通过顶层工具栏中的按钮来管理和控制下层的工具栏。通过工具栏，用户可以方便直接地使用软件的各项功能。

1. 顶层工具栏

顶层工具栏包括标准工具栏、设计工具栏、缩放工具栏、仿真工具栏。

(1) 标准工具栏包含了常见的文件操作和编辑操作，如图 3.37 所示。

图 3.37 标准工具栏

(2) 设计工具栏作为设计工具是 Multisim 的核心工具栏，通过对该工具栏按钮的操作可以完成对电路从设计到分析的全部工作，其中的按钮可以直接开关下层的工具栏：Component 中的 Multisim Master 工具栏和 Instrument 工具栏。

① 作为元件工具栏中的一项，可以在设计工具栏中通过按钮来开关 Multisim Master 工具栏。该工具栏有 14 个按钮，每个按钮都对应一类元件，其分类方式和 Multisim 元件数据库中的分类相对应，通过按钮上的图标就可大致清楚该类元件的类型。具体的内容可以从 Multisim 软件的在线文档中获取。

这个工具栏作为元件的顶层工具栏，每一个按钮又可以开关下层的工具栏。下层工具栏是对该类元件更细致的分类工具栏。以第一个按钮 ÷ 为例，通过这个按钮可以开关电源和信号源类的 Sources 工具栏，如图 3.38 所示。

图 3.38 Sources 工具栏

② 仪器工具栏集中了 Multisim 软件为用户提供的所有虚拟仪器仪表，用户可以通过按钮选择自己需要的仪器对电路进行观测。

(3) 用户可以通过缩放工具栏方便地调整所编辑电路的视图大小。

(4) 仿真工具栏可以控制电路仿真的开始、结束和暂停。

2. Multisim 软件虚拟仪器

对电路进行仿真运行，通过对运行结果的分析，判断设计是否正确合理，是 EDA 软件的一项主要功能。为此，Multisim 软件为用户提供了类型丰富的虚拟仪器，可以从设计工具栏中的仪器工具栏，或用菜单命令(仿真→仪器)选用各种仪器，如图 3.39 所示。在选用后，各种虚拟仪表都以面板的方式显示在电路中。

图 3.39　虚拟仪器工具栏

3.5　Multisim 软件的实际应用

(1) 打开 Multisim 10.0 软件设计环境，选择“文件→新建→原理图”，即弹出一个新的电路图编辑窗口，工程栏同时出现一个新的名称，单击“保存”，将该文件命名后保存到指定的文件夹下。

这里需要说明的是：

① 文件的名字要能体现电路的功能，要让自己以后看到该文件名时就能想起该文件实现了什么功能。

② 在电路图的编辑和仿真过程中，要养成随时保存文件的习惯，以免由于没有及时保

存而导致文件的丢失或损坏。

③ 最好是用一个专门的文件夹来保存所有基于 Multisim 10.0 的例子，这样便于管理。

(2) 在绘制电路图之前，需要先熟悉一下元件栏和仪器栏的内容，看看 Multisim 10.0 都提供了哪些电路元件和仪器。由于我们安装的是汉化版的，所以直接把鼠标放到元件栏和仪器栏相应的位置，系统便会自动弹出元件或仪表的类型。详细描述这里不再讲述，大家可以自己体会。说明：这个汉化版本汉化的不彻底，并且还有错别字(如“放置基础元件”被译成“放置基楚元件”)，目前只能将就使用。

(3) 首先放置电源，点击元件栏的放置信号源选项，出现如图 3.40 所示的对话框。

① “数据库”选项里选择“主数据库”。

② “组”选项里选择“Sources”。

③ “系列”选项里选择“POWER_SOURCES”。

④ “元件”选项里选择“DC_POWER”。

⑤ 图 3.40 右边的“符号”、“功能”等对话框里，会根据所选项目列出相应的说明。

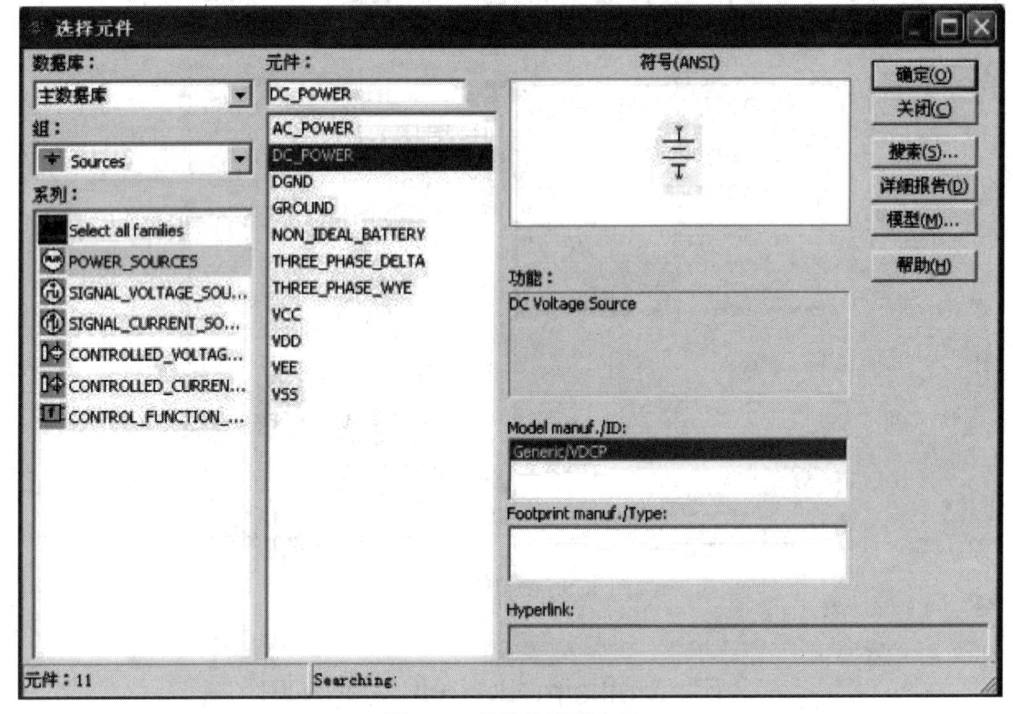

图 3.40　放置信号源选项

(4) 选择好电源符号后，点击“确定”按钮，移动鼠标到电路编辑窗口，选择放置位置后，点击鼠标左键即可将电源符号放置于电路编辑窗口中。放置完成后，还会弹出元件选择对话框，可以继续放置，若点击关闭按钮则可以取消放置。

(5) 放置的电源符号一般是 12 V，但可能需要的不是 12 V 电源，那怎么来修改呢？双击该电源符号，在图 3.41 所示的属性对话框里可以更改该元件的属性。在这里，我们将电压改为 3 V，当然也可以更改元件的序号、引脚等属性，读者可以点击各个参数项进行体验。

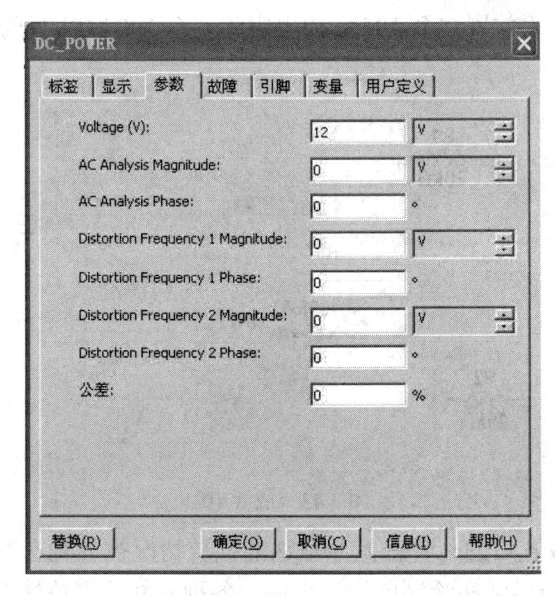

图 3.41　放置电源属性对话框

(6) 接下来放置电阻。点击“放置基础(楚)元件”(注意这个错别字，为了一致，括号中给出汉化的字，便于大家查找)，弹出如图 3.42 所示的对话框。

① “数据库”选项里选择“主数据库”。

② “组”选项里选择“Basic”。

③ “系列”选项里选择“RESISTOR”。

④ “元件”选项里选择“20K”。

⑤ 图 3.42 右边的“符号”、“元件类型”等对话框里，会根据所选项目列出相应的说明。

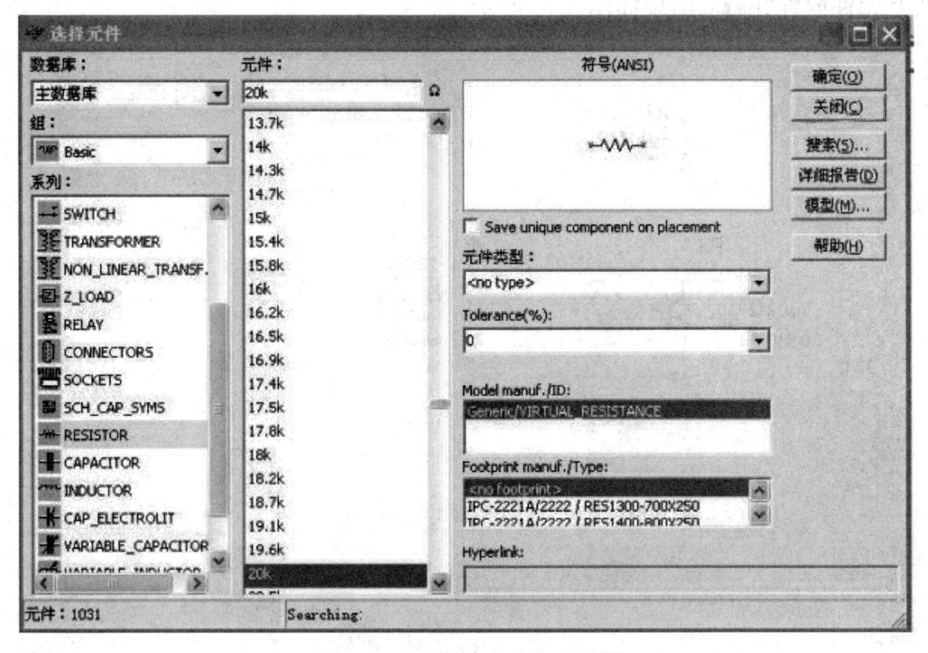

图 3.42　放置基础元件对话框

(7) 按上述方法，再放置一个 10 kΩ 的电阻和一个 100 kΩ 的可调电阻。放置完毕后结果如图 3.43 所示。

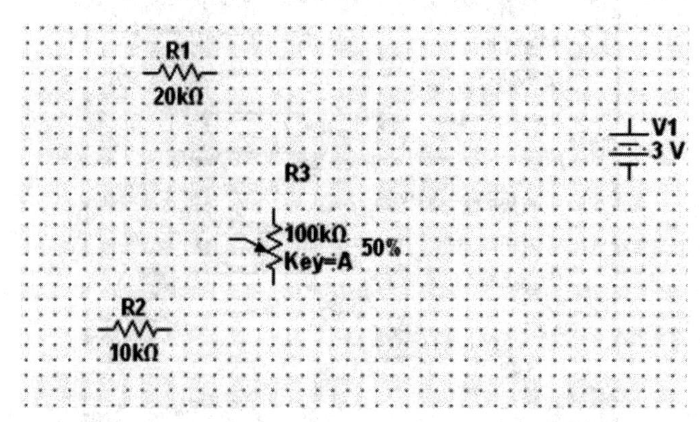

图 3.43　放置电阻

(8) 可以看到，放置后的元件都按照默认的摆放情况被放置在编辑窗口中。例如电阻是默认横着摆放的，但实际在绘制电路过程中，各种元件的摆放情况是不一样的。比如我们想把电阻 R1 变成竖直摆放，那该怎样操作呢？我们可以通过这样的步骤来操作：将鼠标放在电阻 R1 上，然后右键点击，这时会弹出一个对话框，在对话框中可以选择让元件顺时针或者逆时针旋转 90°；如果元件摆放的位置不合适，想移动一下元件的摆放位置，则将鼠标放在元件上，按住鼠标左键，即可拖动元件到合适位置。

(9) 放置电压表。在仪器栏选择“万用表”，将鼠标移动到电路编辑窗口内，这时可以看到，鼠标上跟随着一个万用表的简易图形符号，点击鼠标左键，将电压表放置在合适位置。电压表的属性同样可以通过双击鼠标左键进行查看和修改。

所有元件放置好后，结果如图 3.44 所示。

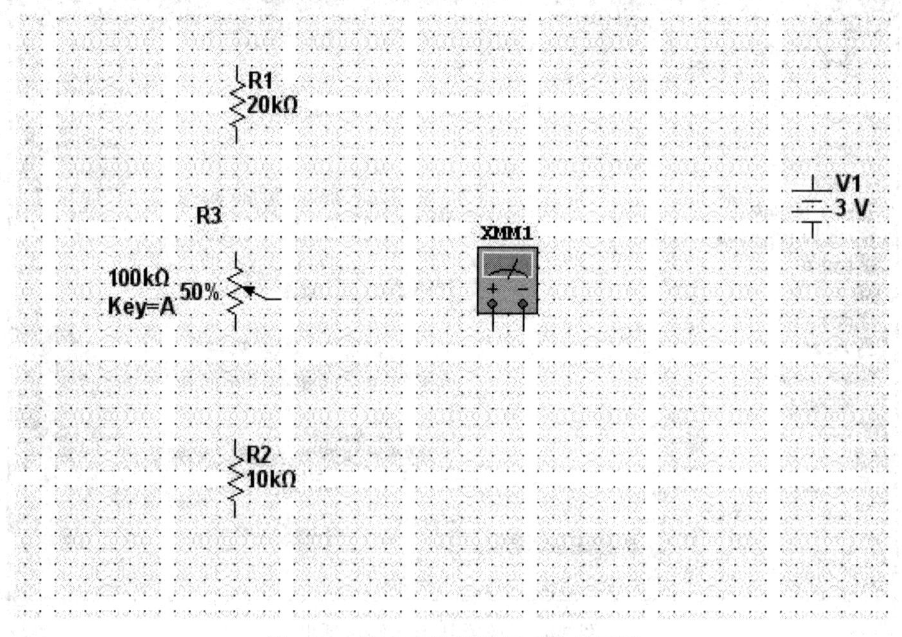

图 3.44　所有元件放置好后的结果图

(10) 下面将进入连线步骤。将鼠标移动到电源的正极，当鼠标指针变成 ✦ 时，表示导线已经和正极连接起来，单击鼠标将该连接点固定，然后移动鼠标到电阻 R1 的一端，出现小红点后，表示正确连接到 R1，单击鼠标左键固定，这样一根导线就连接好了，如图 3.45 所示。如果想要删除这根导线，将鼠标移动到该导线的任意位置，点击鼠标右键，选择“删除”即可将该导线删除；或者选中导线，直接按 Delete 键进行删除。

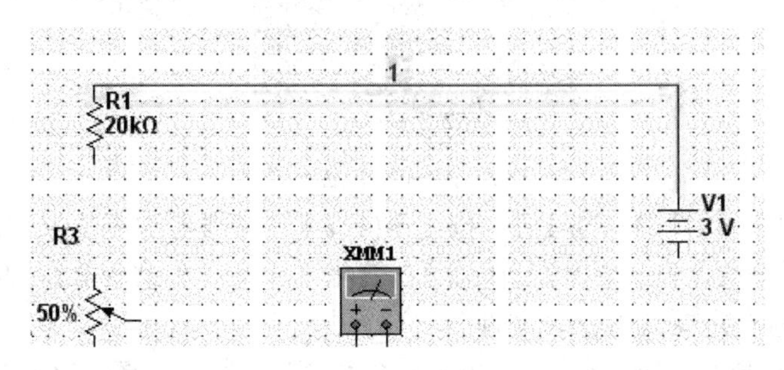

图 3.45　连接导线

(11) 按照前面第(3)步的方法，放置一个公共地线，然后如图 3.46 所示，将各连线连接好。

注意：在电路图的绘制中，公共地线是必需的。

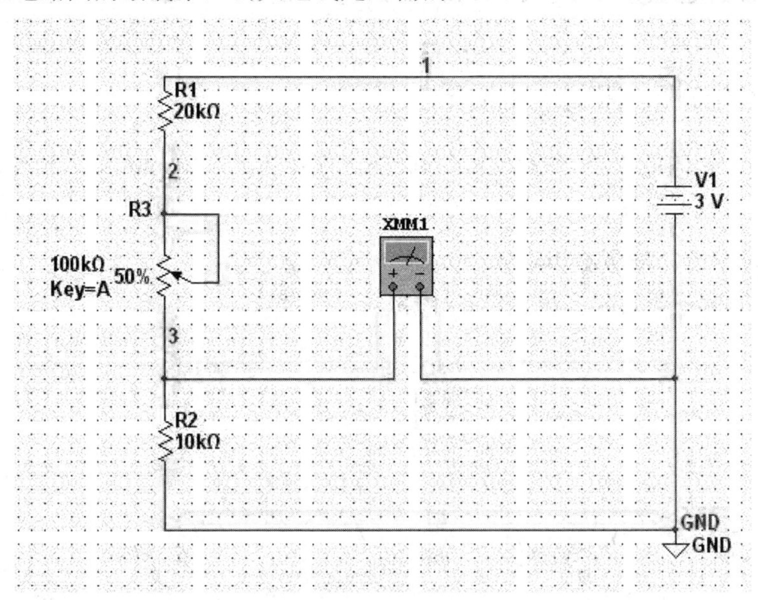

图 3.46　放置公共地线

(12) 电路连接完毕检查无误后，就可以进行仿真了。点击仿真栏中的绿色开始按钮 ▶，电路进入仿真状态。双击图中的万用表符号，即可弹出如图 3.47 所示的对话框，在这里显示了电阻 R2 上的电压。对于显示的电压值是否正确，可以进行验算：根据电路图可知，R2 上的电压值应为(电源电压 × R2 的阻值)/(R1, R2, R3 的阻值之和)，即计算结果为(3.0*10*1000) / ((10+20+50)*1000) = 0.375 V。经验证电压表显示的电压正确。R3 的阻值是如何得来的呢？从图 3.47 中可以看出，R3 是一个 100 kΩ 的可调电阻，其调节百分比为 50%，则在这个电路中，R3 的阻值为 50 kΩ。

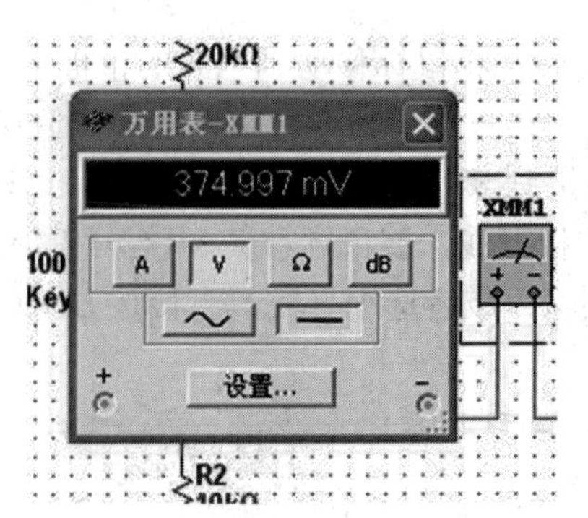

图 3.47　万用表上电压值显示

(13) 关闭仿真，改变 R2 的阻值，按照第(12)步的步骤再次观察 R2 上的电压值，会发现随着 R2 阻值的变化，其上的电压值也随之变化。注意：在改变 R2 阻值的时候，最好关闭仿真。千万注意一定要及时保存文件。

这样我们大致熟悉了如何利用 Multisim 10.0 来进行电路仿真。以后我们就可以利用电路仿真来学习模拟电路和数字电路了。

3.6　利用 Multisim 软件进行电阻、电容、电感的电原理性分析

3.6.1　电阻的分压、限流电阻演示

我们知道，电阻的作用主要是分压、限流。现在我们利用 Multisim 软件对这些特性进行演示和验证。

1. 电阻的分压特性演示和验证

(1) 首先创建一个如图 3.48 所示的电路。

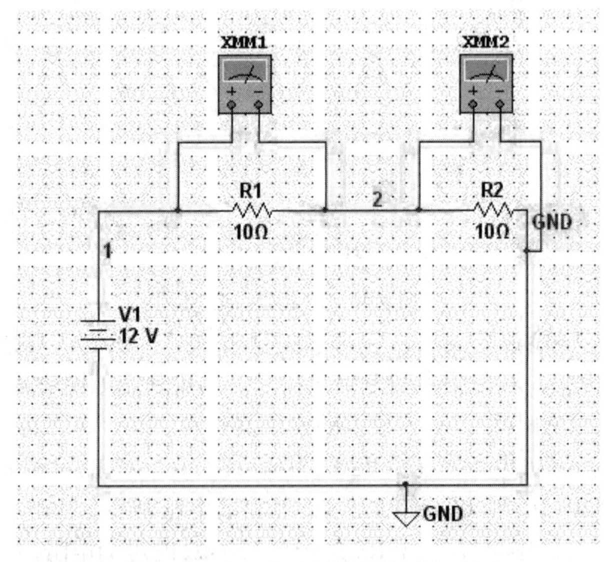

图 3.48　电阻的分压特性演示电路图

(2) 打开仿真，我们来观察一下两个电压表各自测得的电压值，如图 3.49 所示。可以看到，两个电压表测得的电压都是 6 V。根据这个电路的原理，同样可以计算出电阻 R1 和 R2 上的电压均为 6 V。在这个电路中，电源和两个电阻构成了一个回路，根据电阻分压原理，电源的电压被两个电阻分担了，根据两个电阻的阻值，可以计算出每个电阻上分担的电压是多少。

同理，我们可以改变这两个电阻的阻值，进一步验证电阻分压的特性。

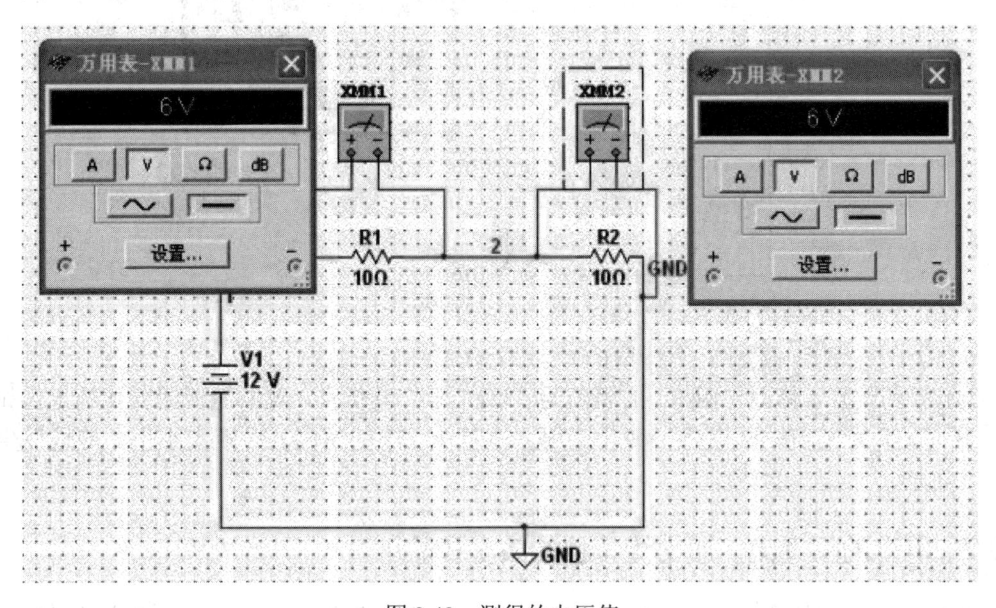

图 3.49　测得的电压值

2. 电阻的限流特性演示和验证

(1) 首先创建一个如图 3.50 所示的电路。

(2) 这时需要将万用表作为电流表使用，双击万用表将弹出万用表的属性对话框，如图 3.51 所示，点击按钮“A”，则万用表相当于被拨到了电流挡。

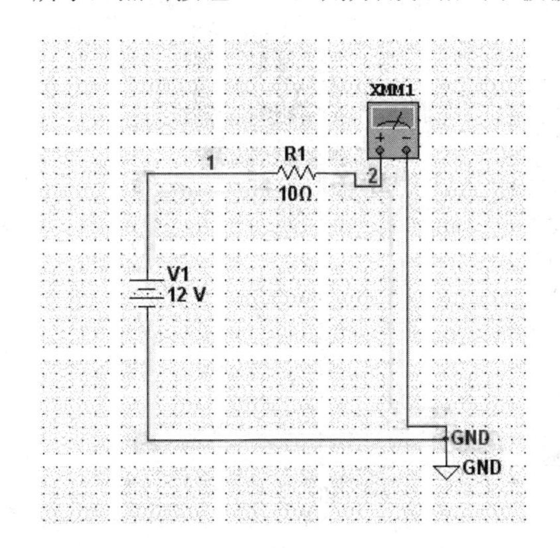

图 3.50　电阻的限流特性演示和验证

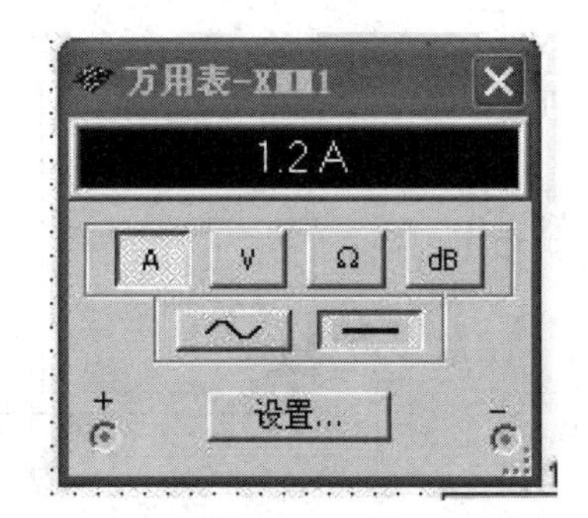

图 3.51　测得的电流值

(3) 开始仿真，双击万用表，弹出电流值显示对话框，在这里可以查看电阻 R1 上的电流，如图 3.52 所示。

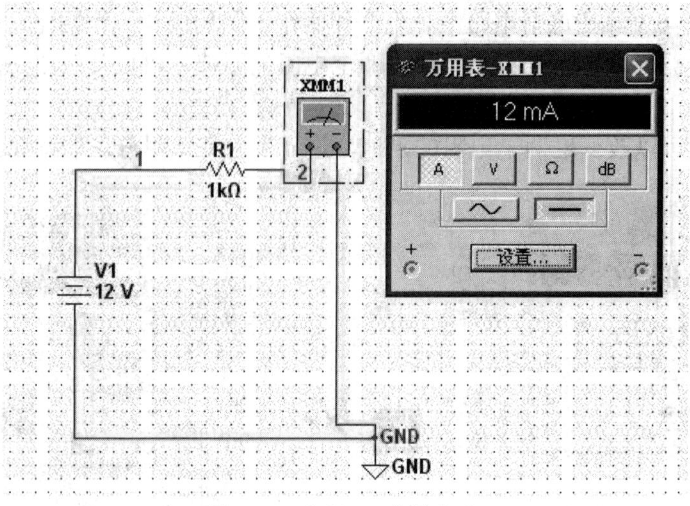

图 3.52　电阻 R1 上的电流

(4) 关闭仿真，修改电阻 R1 的阻值为 1 kΩ，再打开仿真，观察电流的变化情况，如图 3.52 所示，可以看到电流发生了变化。根据电阻值大小的不同，电流大小也相应地发生变化，从而验证了限流的特性。

3.6.2　电容的隔直流、通交流特性的演示和验证

我们知道电容的特性是隔直流、通交流，也就是说电容两端只允许交流信号通过，直流信号是不能通过电容的。下面我们就来演示和验证一下。

1. 电容的隔直流特性的演示和验证

(1) 首先创建如图 3.53 所示的电路图。在这个电路中，我们用直流电源加到电容的两端，通过示波器观察电路中的电压变化。

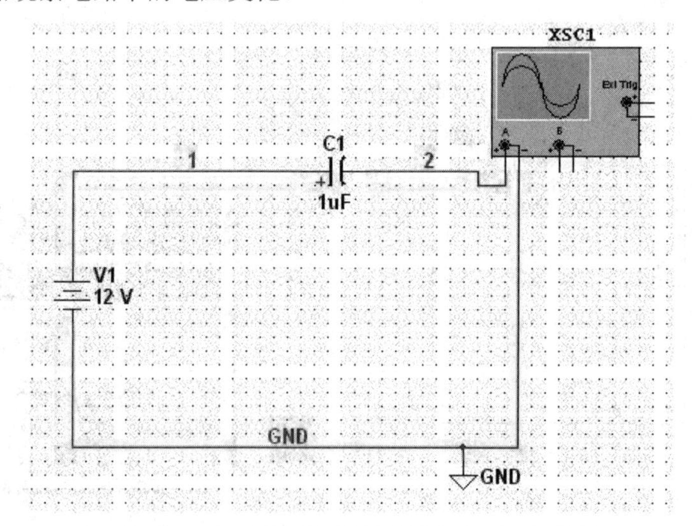

图 3.53　电容的隔直流特性的演示和验证电路图

(2) 由于我们已经知道，在这个电路中是没有电流通过的，所以用示波器只能看到电压为 0，测量出来的电压波形跟示波器的 0 点标尺重合了，不便于观察。为此，我们双击示波器，如图 3.54 所示，将 Y 轴的位置参数改为 1，这样就便于观察了。

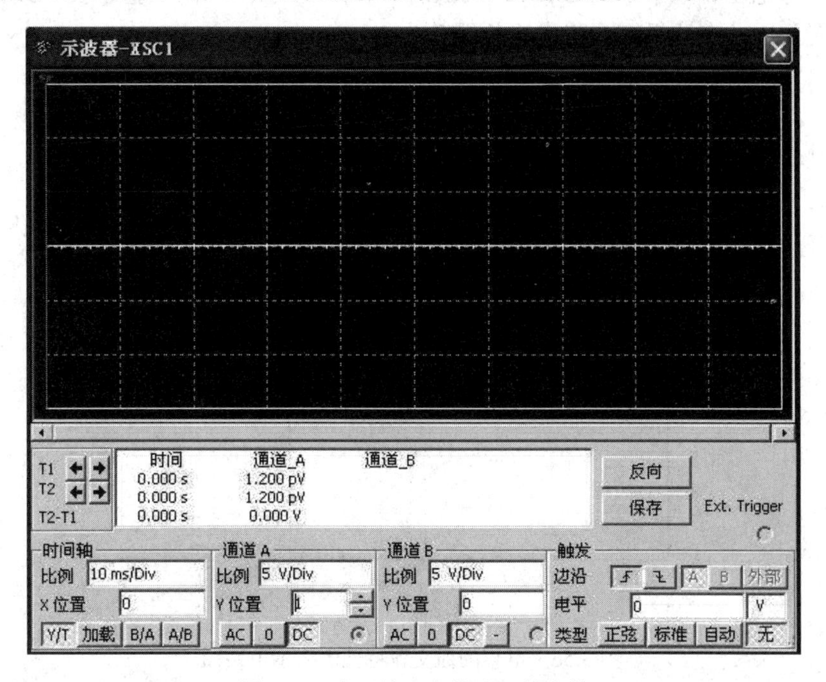

图 3.54　在示波器中修改 Y 轴参数

(3) 打开仿真，如图 3.55 所示，(在显示器上)看到的红线就是示波器测得的电压，可以看出这个电压是 0，从而验证了电容的隔直流特性。

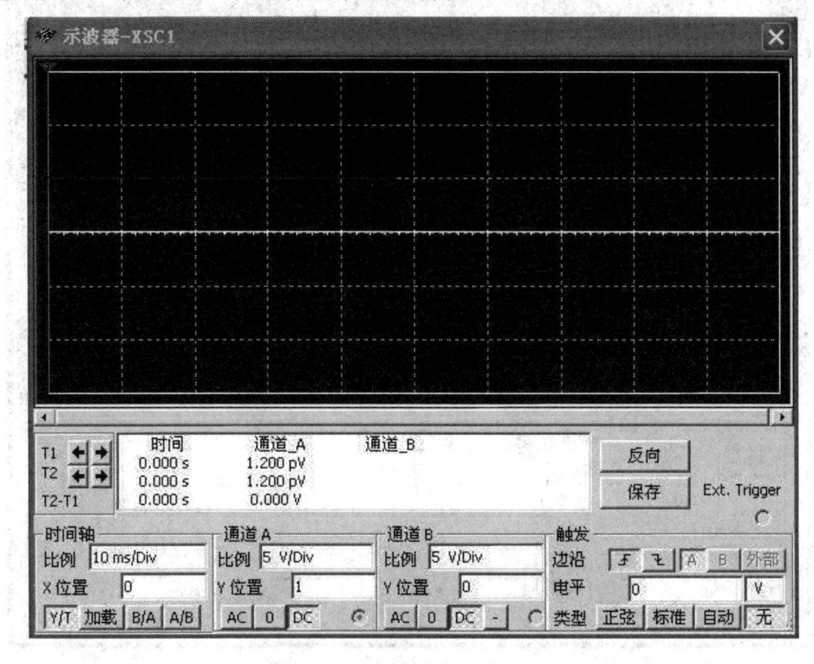

图 3.55　示波器测得的电压

2. 电容的通交流特性的演示

(1) 首先创建如图 3.56 所示的电路图。在本电路图中，我们将电源由直流电源换为交流电源，电源电压和频率分别为 6 V，50 Hz。同时，由于上面的试验中我们改变了示波器的水平位置，因此在这里需要将水平位置改为 0。

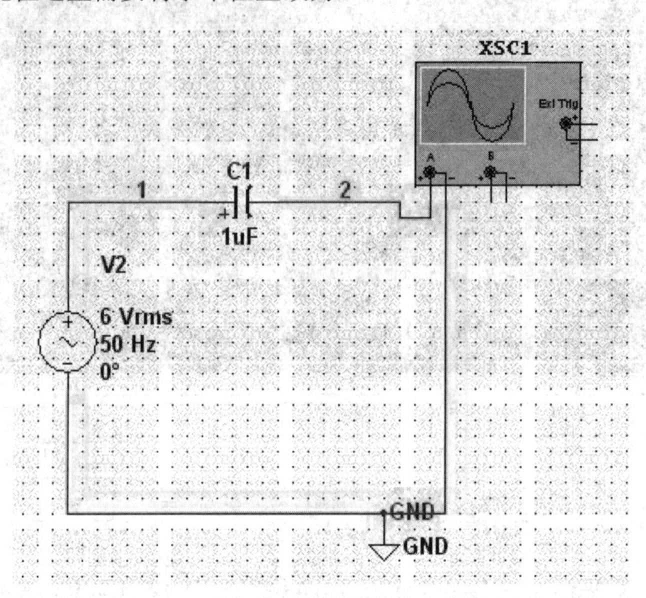

图 3.56 电容的通交流特性的演示电路图

(2) 打开仿真，双击示波器，观察电路中的电压变化，如图 3.57 所示，从图中可以看出，电路中有了频率为 50 Hz 的电压变化，从而验证了电容的通交流的特性。

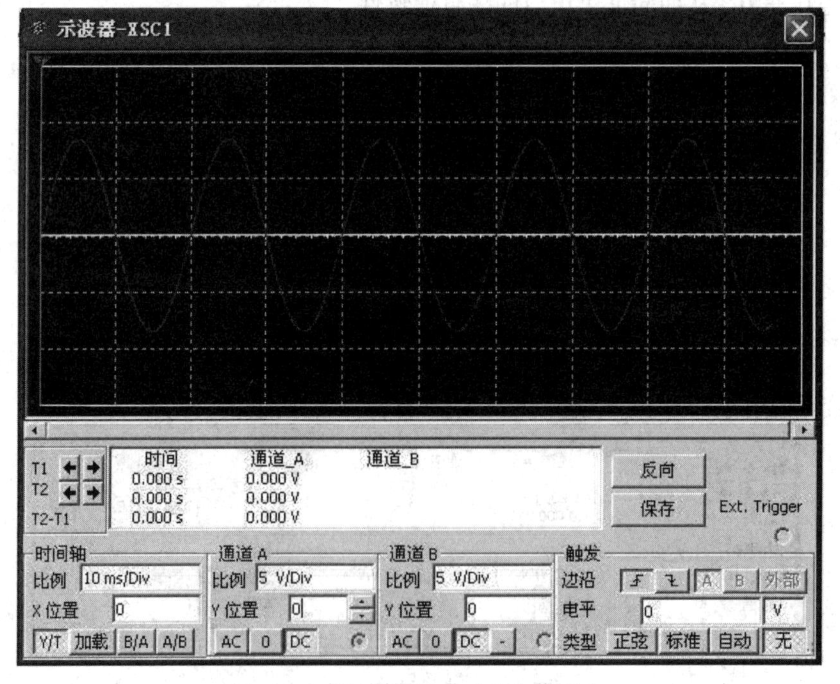

图 3.57 示波器观察电路中电压变化

3.6.3　电感的隔交流、通直流的特性演示与验证

1. 电感的通直流的特性演示与验证

(1) 首先创建一个如图 3.58 所示的电路。为了有更好的演示效果，在电感的两端分别连接示波器的一个通道。通道 A 测量电源经过电感后的电压变化情况，通道 B 连接电源，观察电源两端的电源情况。为了便于观察，示波器两个通道的水平位置进行了不同设置。这是因为直流电源通过电感后，其电压情况没有发生变化，示波器两个通道的波形会重叠在一起。通过调整两个通道的水平位置，将这两个波形分开，这样能够比较直观地看到两个通道的波形。

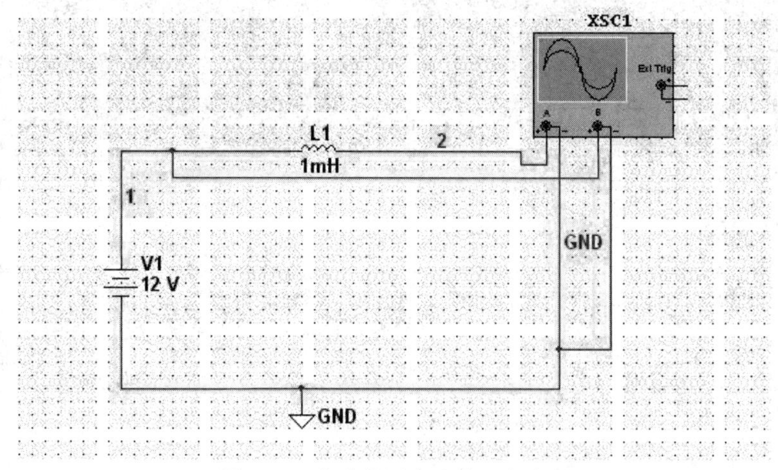

图 3.58　电感的通直流演示电路图

(2) 打开仿真，双击示波器，就可以看到 A、B 两个通道上都有电压，这就验证了电感的通直流特性。

2. 电感隔交流特性分析

(1) 首先创建一个如图 3.59 所示的电路，将电源变为交流电源，频率为 50 MHz。

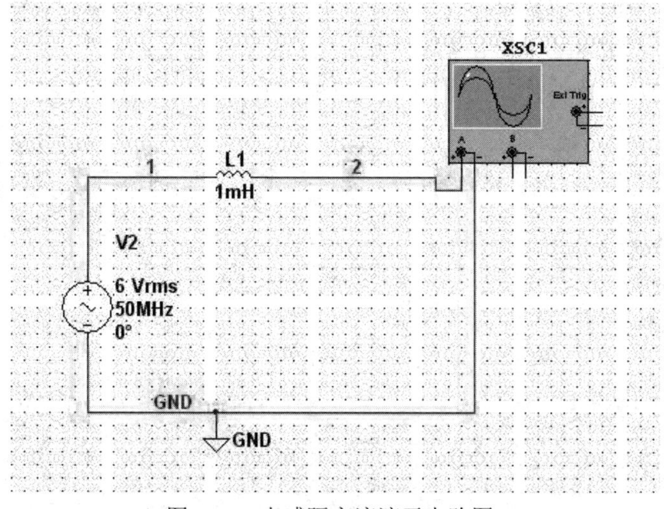

图 3.59　电感隔交流演示电路图

(2) 打开仿真，双击示波器，可以看到示波器上没有电压(见图 3.60)，说明电感将交流电隔断了。试着改变频率的大小，可以发现，在频率较低的时候，电压是能够通过电感的，但是随着频率的提高，电压逐渐就被完全隔断了，这跟电感的频率特性是一致的。

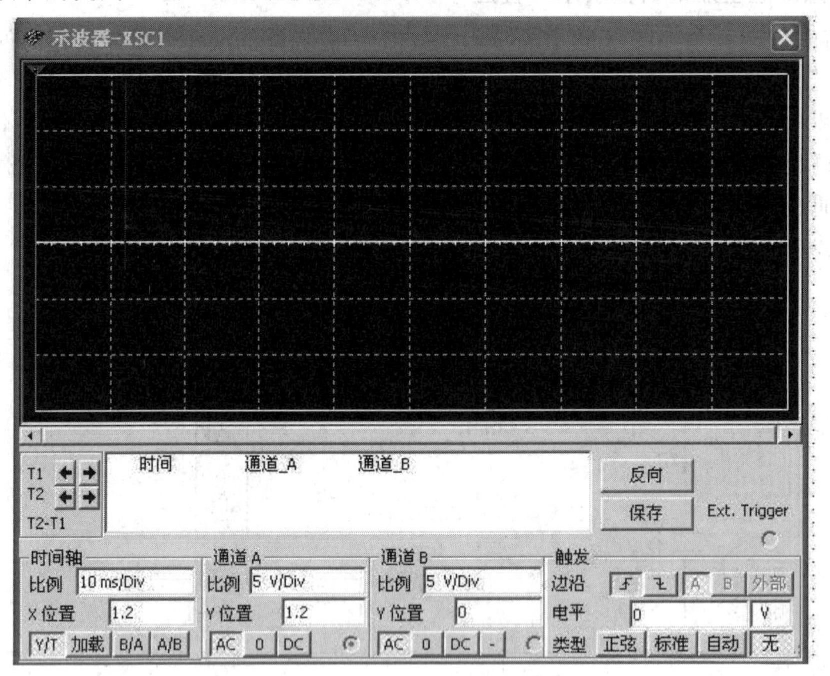

图 3.60　示波器显示无电压

3.6.4　二极管特性的演示与验证

(1) 二极管单向导电性的演示与验证。首先创建如图 3.61 所示的电路，这里我们用到了一个新的虚拟仪器——函数信号发生器。顾名思义，函数信号发生器是一个可以发生各种信号的仪器，它的信号是根据函数值来变化的，它可以产生幅值、频率、占空比都可调的波形，可以是正弦波、三角波、方波等。这里我们利用函数发生器来产生电路的输入信号。仿真前应设置好函数信号发生器的幅值、频率、占空比、偏移量以及波形形式。示波器的两个通道，一路用来检测信号发生器波形，另一路用来监视信号经过二极管后的波形变化情况。

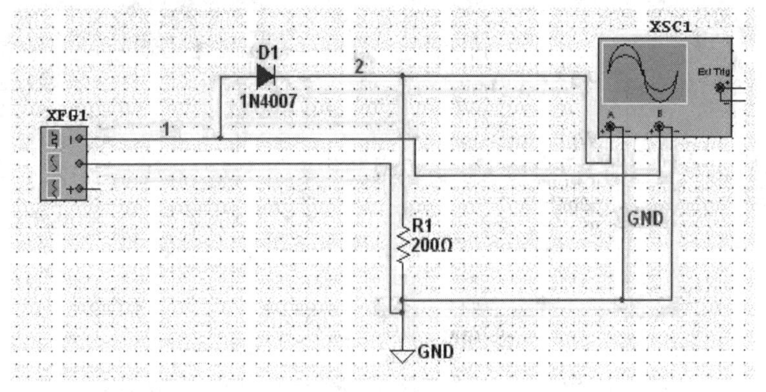

图 3.61　二极管单向导电性演示电路图

(2) 打开仿真，双击示波器查看示波器两个通道的波形。如图 3.62 所示，可以看到，在信号经过二极管前是完整的正弦波，经过二极管后，正弦波的负半周消失了。这样就证明了二极管的单向导电性。试着把信号发生器的波形改为三角波、矩形波，然后再观察输出效果，可以得出同样的结论：二极管正向偏置时，电流通过；反向偏置时，电流截止。

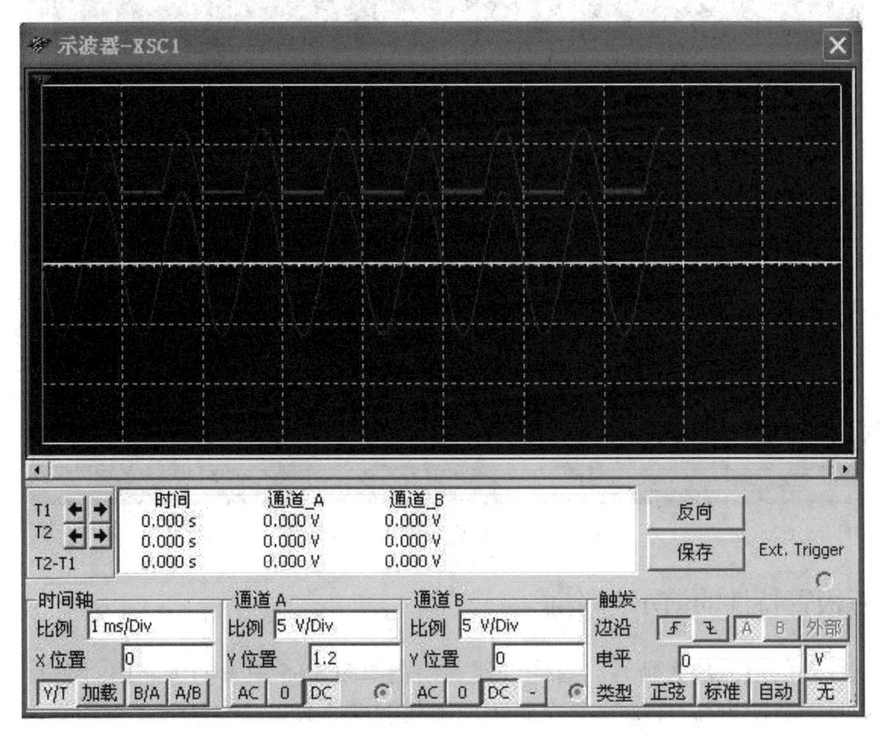

图 3.62　示波器两个通道的波形

(3) 尝试在电路中将二极管反过来安装，然后观察仿真效果。我们会发现，二极管反向安装后，其输出波形与正向安装时的波形刚好相反，电路图和波形如图 36.3 和图 3.64 所示。

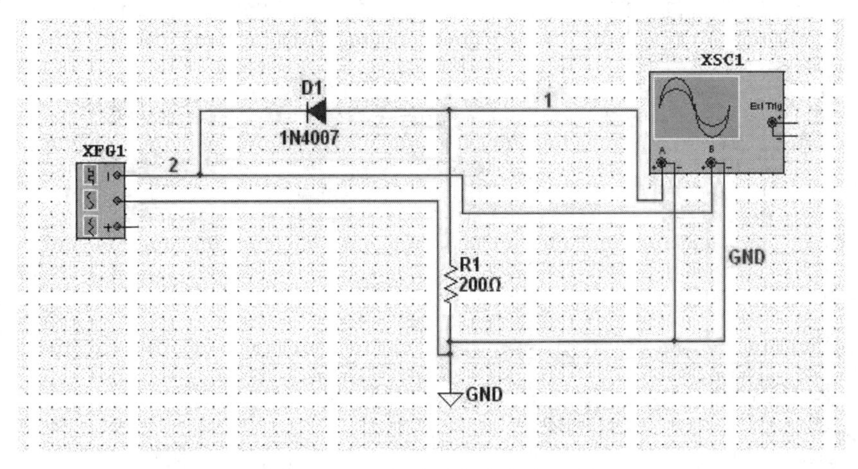

图 3.63　二极管反向安装电路图

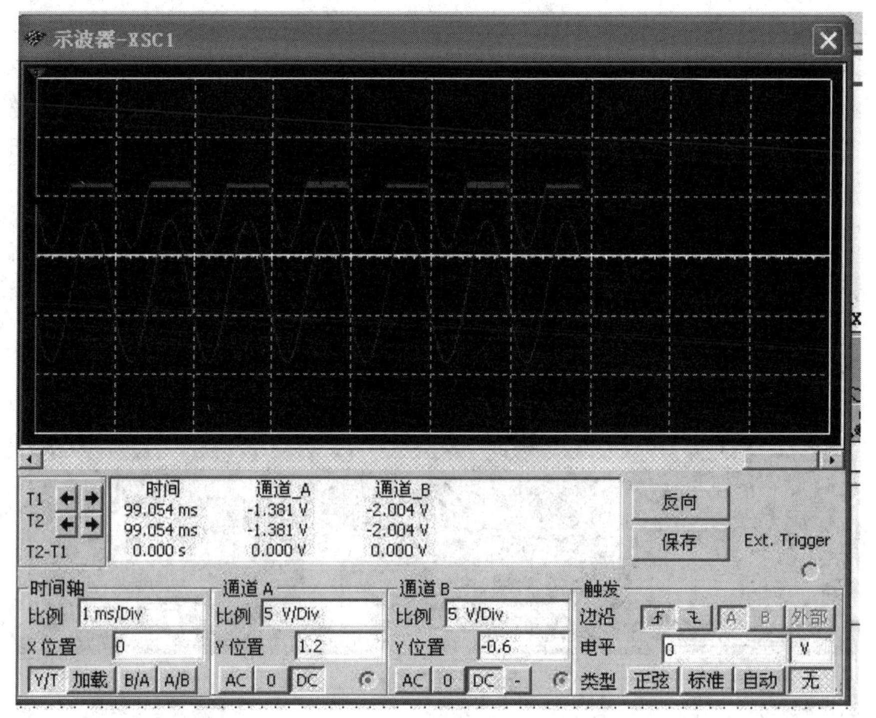

图 3.64　二极管反向安装波形图

3.6.5　三极管特性的演示与验证

(1) 三极管的电流放大特性。首先创建并绘制如图 3.65 所示的电路图。在图 3.65 中，使用 NPN 型三极管 2N1711 来进行试验，采用共射极放大电路接法，基极和集电极分别连接电流表。另外注意，基极和集电极的电压是不一样的。

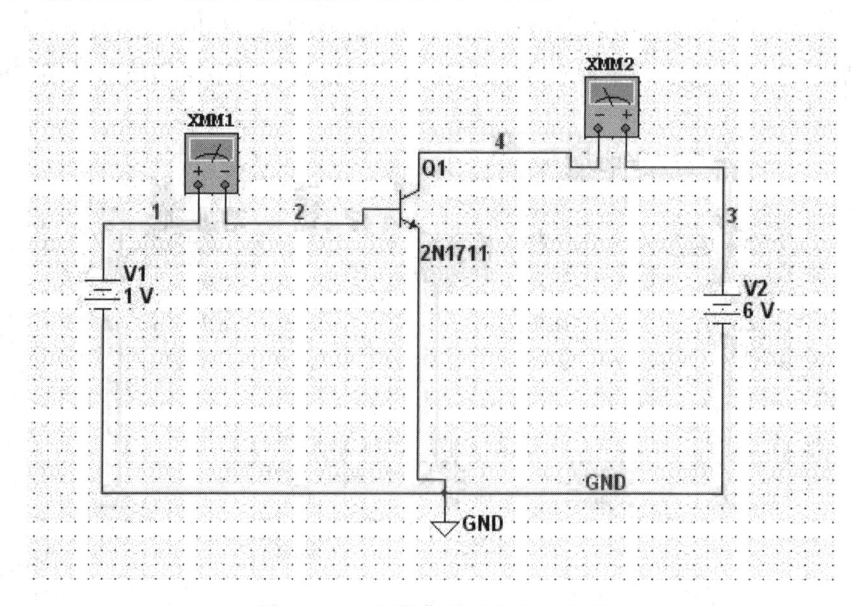

图 3.65　三极管电流放大演示电路

(2) 打开仿真，双击两个万用表(注意选择电流挡)，可以看到，连接在基极的电流表和连接在集电极的电流表显示的电流值差别很大，如图3.66所示。这说明在基极用一个很小的电流，就可以在集电极获得比较大的电流，从而验证了三极管的电流放大特性。

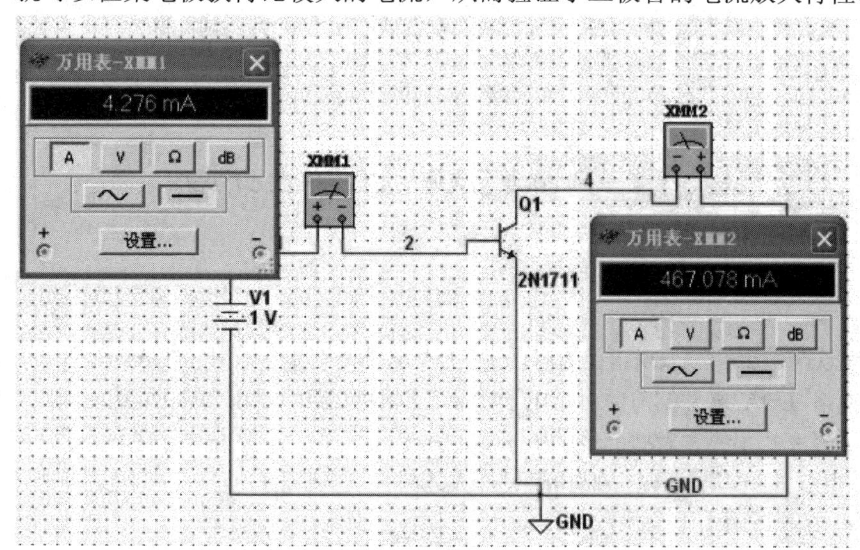

图3.66　连接在基极和集电极的电流表显示

第 4 章　电子线路 CAD 技术

4.1　Protel DXP 软件平台介绍

4.1.1　Protel DXP 概述

Protel 软件是 20 世纪 80 年代末出现的 EDA 软件，在电子行业的 CAD 软件中，它当之无愧地排在众多 EDA 软件的前面，是电子设计工程师的首选软件。它很早就在国内开始使用，在国内的普及率也最高，有些高校的电子专业还专门开设了课程来学习它，几乎所有的电子公司都要用到它，许多大公司在招聘电子设计人才时在其条件栏上常会注明要求应聘者要会使用 Protel 软件。

2005 年底，Protel 软件的原生产商 Altium 公司推出了 Protel 系列的最新高端版本 Altium Designer 6.0。Altium Designer 6.0 是完全一体化电子产品开发系统的一个新版本，是业界第一款也是唯一一种完整的板级设计解决方案。Altium Designer 6.0 是业界首例将设计流程、集成化 PCB 设计、可编程器件(如 FPGA)设计和基于处理器设计的嵌入式软件开发功能整合在一起的产品，一种同时进行 PCB 和 FPGA 设计以及嵌入式设计的解决方案，具有将设计方案从概念转变为最终成品所需的全部功能。

在国内，Protel 99Se 作为一个经典版本被广泛应用，但随着 Protel DXP 2004 的出现已被逐步取代。尽管 Altium Designer 6.0 的功能强大，但对计算机的硬件资源要求较高，部分功能相比其他软件并不普及，所以本章只介绍如何用 Protel DXP 2004 设计原理图和 PCB 图。

4.1.2　Protel DXP 界面

Protel DXP 系统主界面如图 4.1 所示，其中包含主菜单、常用工具条、任务选择区、任务管理栏等部分。

1. 主菜单

主菜单包含 DXP、File、View、Favorites、Project、Windows 和 Help 等 7 个部分。

(1) DXP 菜单：主要实现对系统的设置管理及仿真。

(2) File 菜单：实现对文件管理。

(3) View：显示管理菜单、工具栏等。

(4) Favorites：收藏菜单。

(5) Project：项目管理菜单。

(6) Windows：窗口布局管理菜单。

(7) Help：帮助文件管理菜单。

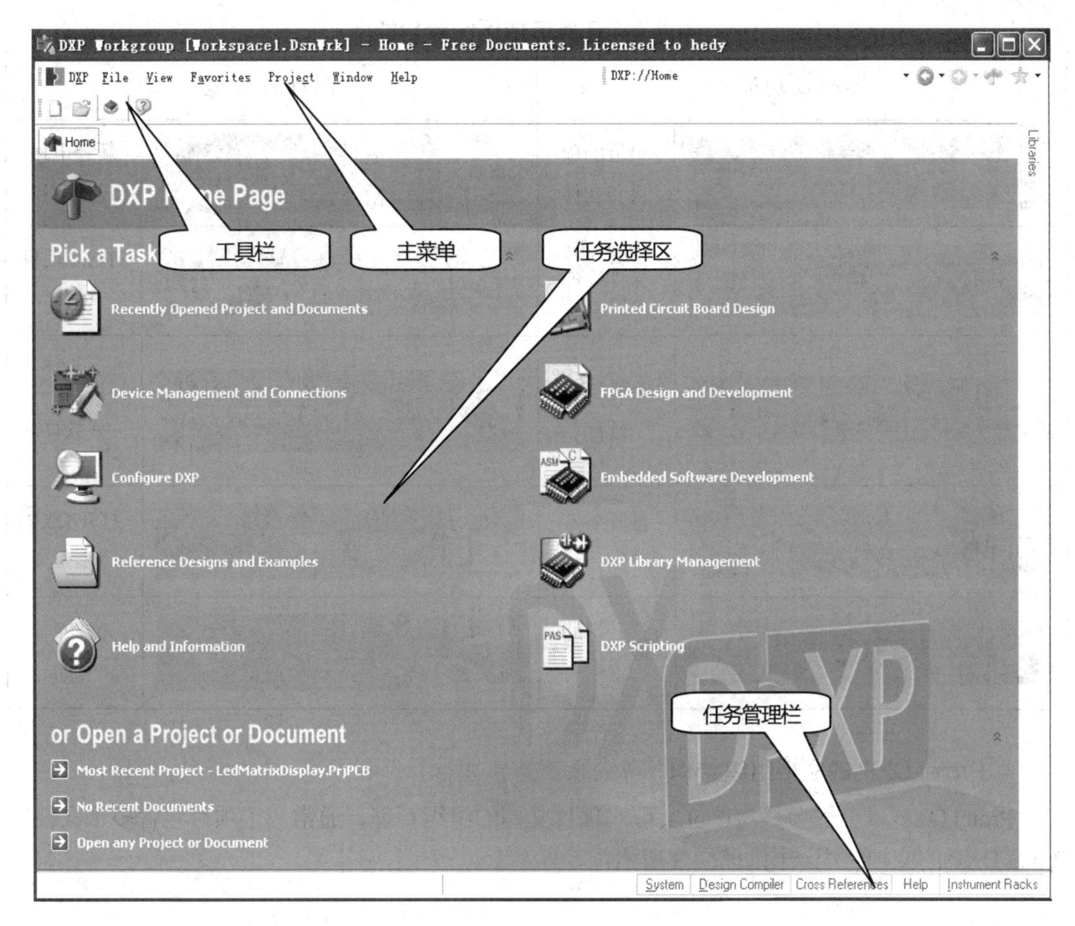

图 4.1　Protel DXP 主界面

2. 工具栏

工具栏是菜单的快捷键，如图 4.2 所示，主要用于快速打开或管理文件。

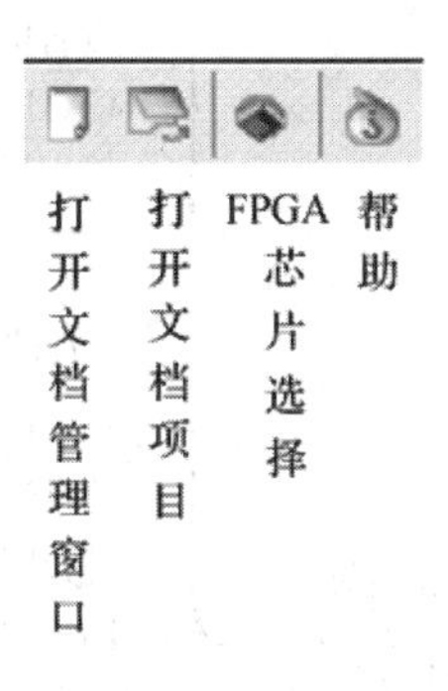

图 4.2　工具栏简介

3. 任务选择区

任务选择区包含多个图标，点击对应的图标便可启动相应的功能。任务选择区图标的说明如表 4.1 所示。

表 4.1　任务选择区图标功能

图标及功能		图标及功能	
Recently Opened Project and Documents	最近的项目和文件	Printed Circuit Board Design	新建电路设计项目
Device Management and Connections	元件管理	FPGA Design and Development	FPGA 项目创建
Configure DXP	配置 DXP 软件	Embedded Software Development	打开嵌入式软件
Reference Designs and Examples	打开参考例程	DXP Scripting	打开 DXP 脚本
Help and Information	打开帮助索引	DXP Library Management	元件库管理

4. Protel DXP 的文档组织结构

Protel DXP 以工程项目为单位实现对项目文档的组织管理，通常一个项目包含多个文件。Protel DXP 的文档组织结构如图 4.3 所示。

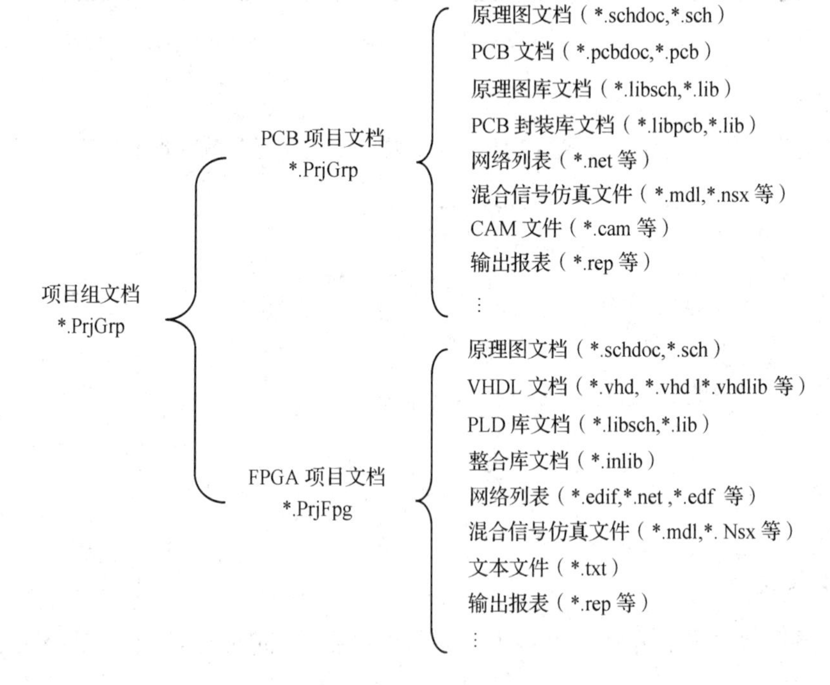

图 4.3　Protel DXP 的文档组织结构

4.2　Protel DXP 电路原理图的绘制

4.2.1　电路原理图的绘制流程

原理图设计是电路设计的基础，只有在设计好原理图的基础上才可以进行印刷电路板的设计和电路仿真等。本章详细介绍了如何设计电路原理图、编辑修改原理图。通过本章的学习，掌握原理图设计的过程和技巧。电路原理图的设计流程(见图 4.4)，包含以下 8 个具体的设计步骤：

(1) 新建工程项目。新建一个 PCB 工程项目，PCB 设计中的文件都包含在该项目下。

(2) 新建原理图文件。在进入 SCH 设计系统之前，首先要构思好原理图，即必须知道所设计的项目需要哪些电路来完成，然后用 Protel DXP 画出电路原理图。

(3) 设置工作环境。根据实际电路的复杂程度来设置图纸的大小。在电路设计的整个过程中，图纸的大小都可以不断地调整，设置合适的图纸大小是完成原理图设计的第一步。

(4) 放置元件。从组件库中选取组件，布置到图纸的合适位置，并对元件的名称、封装进行定义和设定，根据组件之间的走线等联系对元件在工作平面上的位置进行调整和修改使得原理图美观而且易懂。

(5) 原理图布线。根据实际电路的需要，利用 SCH 提供的各种工具、指令进行布线，将工作平面上的元件用具有电气意义的导线、符号连接起来，构成一幅完整的电路原理图。

(6) 原理图电气检查。当完成原理图布线后，需要设置项目选项来编译当前项目，利用 Protel DXP 提供的错误检查报告修改原理图。

(7) 编译和修改。如果原理图已通过电气检查，可以生成网表，则完成原理图的设计。对于一般电路设计而言，尤其是较大的项目，通常需要对电路的多次修改才能够通过电气检查。

(8) 生成网络表及文件。完成上面的步骤以后，可以看到一张完整的电路原理图，但是要

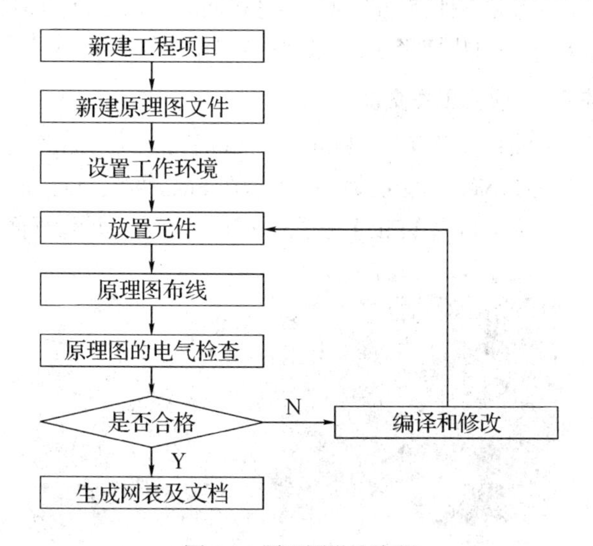

图 4.4　原理图设计流程

完成电路板的设计，就需要生成一个网络表文件。网络表是电路板和电路原理图之间的重要纽带。Protel DXP 提供了利用各种报表工具生成的报表(如网络表、组件清单等)，同时可以对设计好的原理图和各种报表进行存盘和输出打印，为印刷板电路的设计做好准备。

4.2.2 新建工程设计项目

在 Protel DXP 中，一个项目包括所有文件夹的链接和与设计有关的设置。一个项目文件，例如 xxx.PrjPCB，是一个 ASCII 文本文件，用于列出在项目里有哪些文件以及有关输出的配置，例如打印和输出 CAM。那些与项目没有关联的文件称做“自由文件(free documents)”。与原理图纸和目标输出的连接，例如 PCB、FPGA、VHDL 或封装库，将添加到项目中。一旦项目被编辑，设计验证、同步和对比就会产生。

本章通过如图 4.5 所示的一个由多谐振荡器组成的电子彩灯电路原理图的绘制及 PCB 设计为例，讲授 Protel DXP 元件的使用。

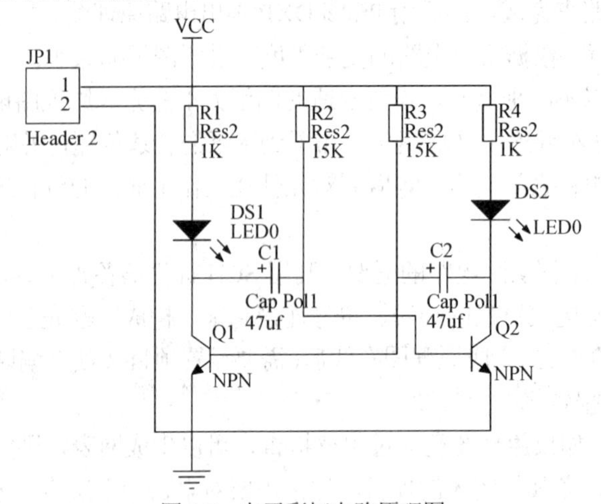

图 4.5　电子彩灯电路原理图

建立一个新项目的步骤对各种类型的项目都是相同的。以 PCB 项目为例，首先要创建一个项目文件，然后创建一个空的原理图图纸以添加到新的项目中。

1. 创建一个新的 PCB 项目工程文件

在设计窗口的 Pick a Task 区中点击“Printed Circuit Board Design”，弹出如图 4.6 所示的界面，单“击 New Blank PCB Project”即可(另外，可以在 Files 面板中的 New 区点击 Blank Project (PCB)。如果这个面板未显示，选择【File】→【New】，或点击设计管理面板底部的 Files 标签)。

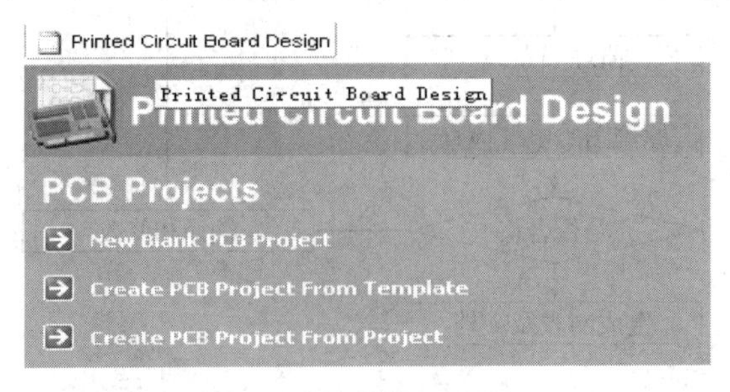

图 4.6　PCB 项目创建界面

Projects 面板出现新的项目文件：PCB Project1.PrjPCB，与“No Documents Added”文件夹一起列出，如图 4.7 所示。

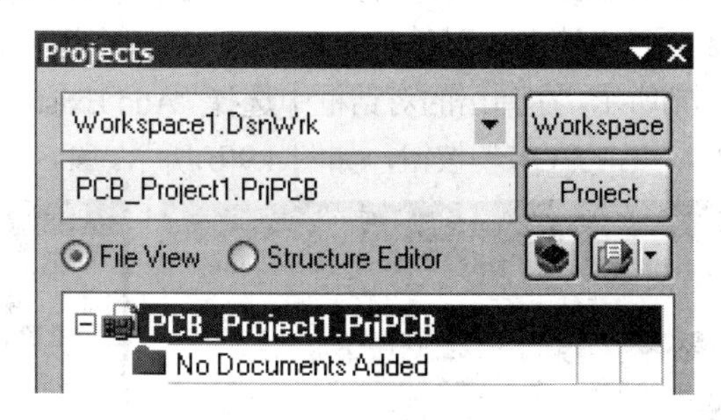

图 4.7　新的工程项目文件

2. 新建项目重命名

通过选择【File】→【Save Project As】将新项目重命名(扩展名为 *.PrjPCB)。指定把这个项目保存在硬盘上的位置，在文件名栏里键入文件名 zdqPCB.PrjPCB 并点击“Save”按钮。

4.2.3　新建原理图文件

为项目创建一个新的原理图图纸，按照以下步骤来完成：

(1) 在 Files 面板的 New 单元选择【File】→【New】并点击“Schematic Sheet”。

如图 4.8 所示，一个名为 Sheet1.SchDoc 的原理图图纸出现在设计窗口中，并且原理图文件自动地添加(连接)到项目。

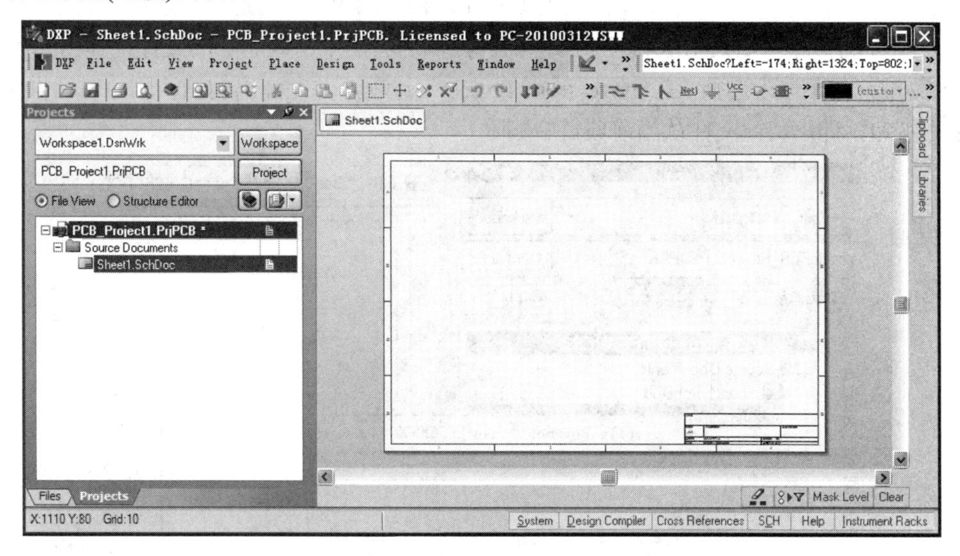

图 4.8　新建原理图文件界面

(2) 通过选择【File】→【Save As】将新原理图文件重命名(扩展名为 *.SchDoc)。指定把这个原理图保存在硬盘中的位置，在文件名栏键入“zdq.SchDoc”，并点击“Save”按钮。

现在可以自定义工作区的许多模样。例如，可以重新放置浮动的工具栏，单击并拖动工具栏的标题区，然后移动鼠标重新定位工具栏，可以将其移动到主窗口区的左边、右边、上边或下边。

(3) 项目文件的添加及删除。

① 将原理图图纸添加到项目中。如果要把一个现有的原理图文件 sheet2.SCHDOC 添加到现有的 zdqPCB_Projiect2 项目文件中，则可在 Projects 项目管理栏中，选中 zdqPCB_Projiect2 项目，点击右键，如图 4.9(a)所示，在弹出的对话框中选择“Add Existing to Project”。找到 sheet2 所在的位置，选中该文件，点击“OK”按钮，如图 4.9(b)所示，sheet2 就添加到项目中了。

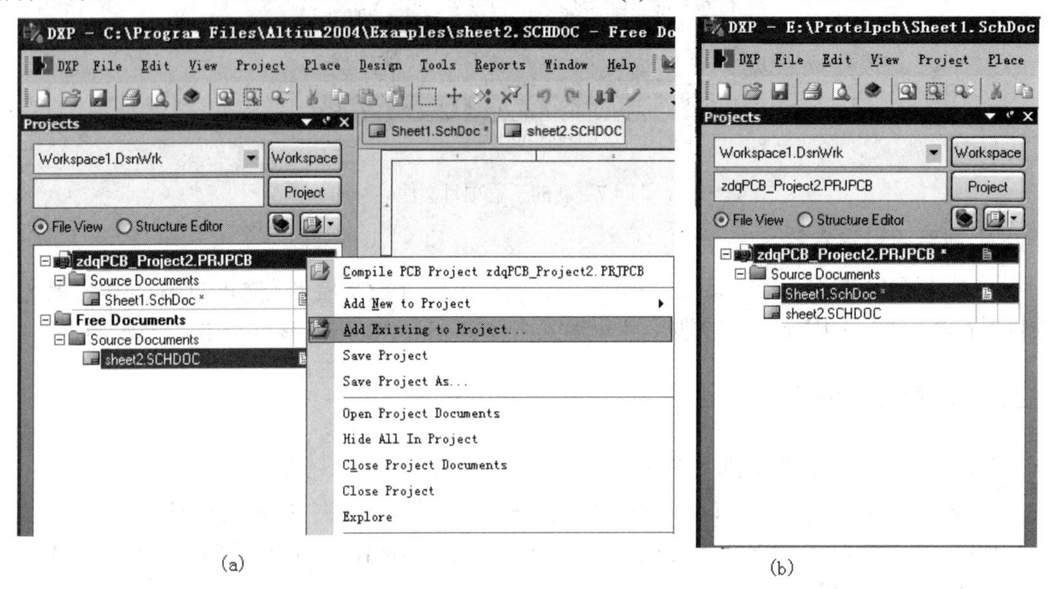

图 4.9　添加已有文件到项目中

② 文件的移除。如果想从项目中移除文件，则用右键单击欲删除的文件，弹出如图 4.10 所示的菜单，在菜单中选择“Remove from Project”选项，并在弹出的确认删除对话框中单击“Yes”按钮，即可将此文件从当前项目中删除。

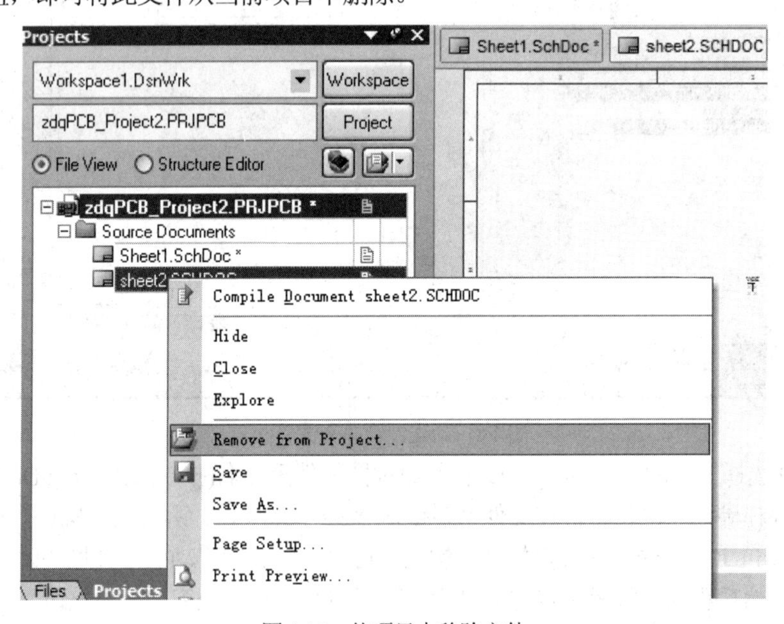

图 4.10　从项目中移除文件

4.2.4　原理图图纸的设置

在开始绘制电路图之前首先要做的是设置正确的文件选项。从菜单选择【设计】→【Document Options】文件选项，则弹出图纸设置对话框(见图 4.11)。

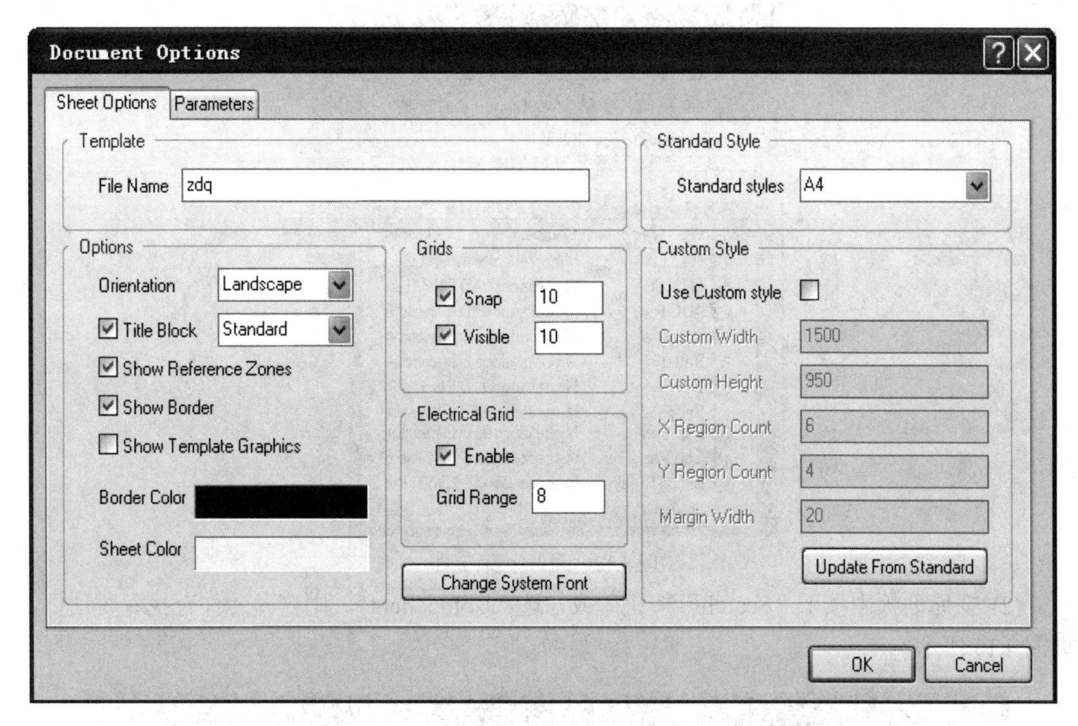

图 4.11　图纸属性设置对话框

(1) 设置原理图文档的纸张大小，在 Sheet Options 标签中找到 Standard Styles 下拉列表，在此将图纸大小(sheet size)设置为标准 A4 格式，点击“OK”按钮关闭对话框，即更新了图纸大小。

(2) Grids 标签下可以设置图纸网格是否可见。在 Visible 打勾为可见每一格的大小；鼠标步进网格 Snap 的大小，一般将可见网格大小和鼠标步进网格大小设为相等。此处，格大小的单位为英制 mil。

为将文件全部显示在可视区，选择【View】→【Fit Document】。

4.2.5　放置元件

1. 定位元件和加载元件库

数以千计的原理图符号包括在 Protel DXP 中，尽管完成例子所需要的元件已经在默认的安装库中，但掌握通过库搜索来找到元件还是很重要的。通过以下步骤的操作来定位并添加本书电路所要用到的库。

(1) 首先要查找晶体管，两个均为 NPN 三极管。点击主界面右侧的 Libraries 标签，显示元件库工作区面板，如图 4.12 所示。

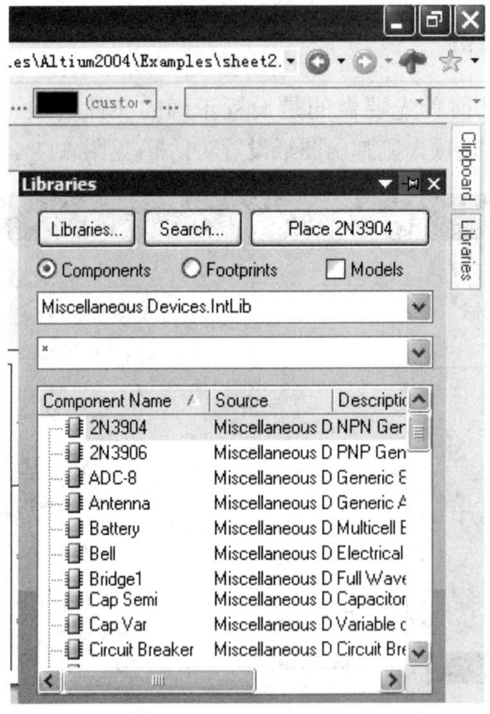

图 4.12　元件库窗口(1)

(2) 在库面板中按下“Search”按钮，或勾选“Component”，则打开元件查找库对话框，如图 4.13 所示。

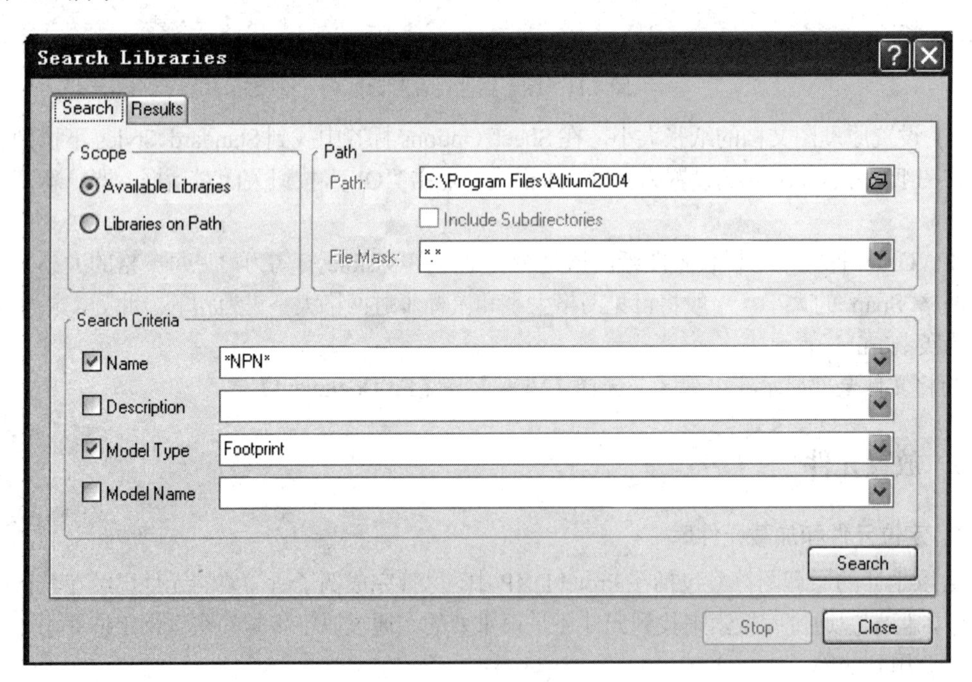

图 4.13　元件查找库对话框

(3) 确认 Scope 区被设置为“Libraries on Path”，Path 区含有指向库的正确路径“C:\Program

Files\Altium2004\Library\”且确认“Include Subdirectories”未被选择(未被勾选)。

(4) 想要查找所有与NPN有关的库，则在Search Criteria区的Name文本框内键入“*NPN*”，点击“Search”按钮开始查找。当查找进行时 Results 标签将显示。如果输入的规则正确，一个库将被找到并显示在查找库对话框(见图 4.14)。

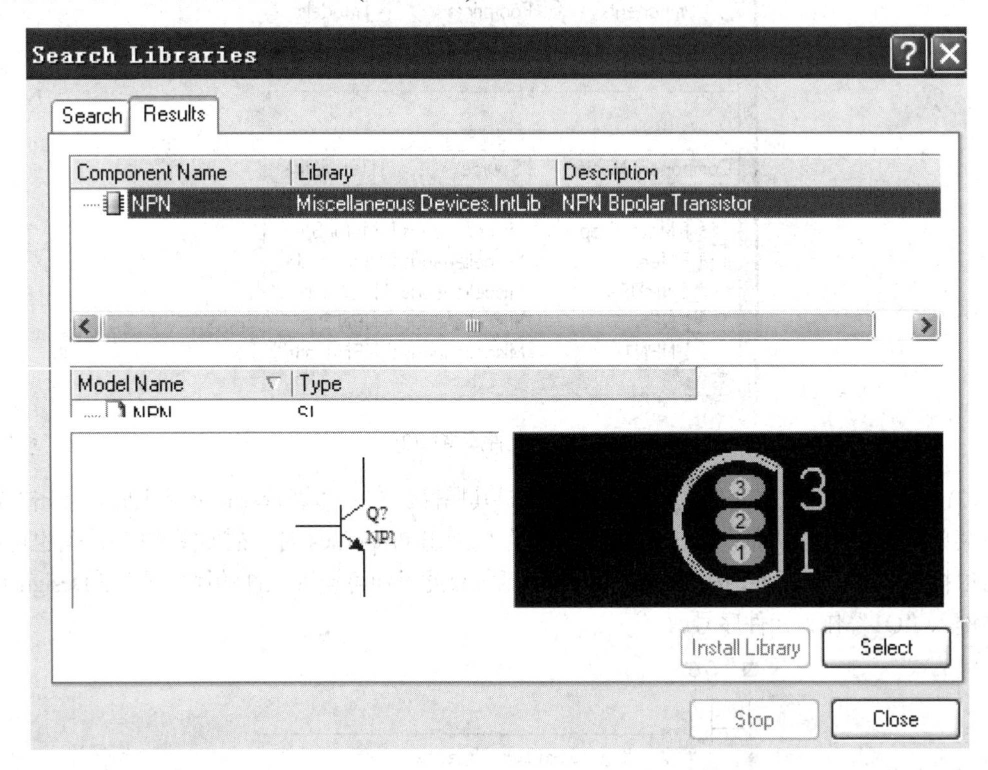

图 4.14　查找 NPN 的结果

(5) 点击“Miscellaneous Devices.IntLib”库以选择它(如果该库不在项目中，则点击“Install Library”按钮使这个库在你的原理图中可用)。

(6) 关闭 Search Libraries 对话框。

常用的元件库有：

(1) Miscellaneous Devices.IntLib。该元件库包括常用的电路分立元件，如电阻 RES*、电感 Induct*、电容 Cap*等。

(2) Miscellaneous Connectors.IntLib。该元件库包括常用的连接器等，如 Header*。另外，其他集成电路元件包含于以元件厂家命名的元件库中，因此要根据元件性质、厂家到对应库中寻找或用搜索的方法加载元件库(如果已经知道元件所在的库文件，则可直接安装对应元件库，选取元件)。

2. 元件的选取放置

(1) 在原理图中首先要放置的元件是两个晶体管(transistors)，Q1 和 Q2。如图 4.15 所示，在列表中点击“NPN”以选择它，然后点击“Place”按钮，或者也可以双击元件名，则光标将变成十字状，并且在光标上“悬浮”着一个晶体管的轮廓，此时便处于元件的放置状态。如果移动光标，晶体管轮廓也会随之移动。

如果已经知道元件所在的库文件，则可直接选取对应元件库，输入元件名选取器件。

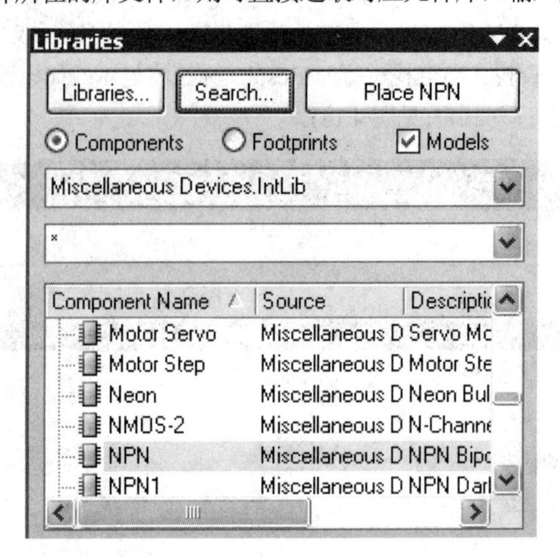

图 4.15　元件库窗口(2)

(2) 在原理图上放置元件之后，首先要编辑其属性。在晶体管悬浮在光标上时，点击右键弹出菜单，如图 4.16 所示，点击“Properties”，则弹出 Properties 对话框如图 4.17 所示(也可以单击鼠标不放选中此元件，按 Tab 键弹出此对话框)。此时便可设置元件的属性了，在 Designator 栏中键入“Q1”作为元件序号。

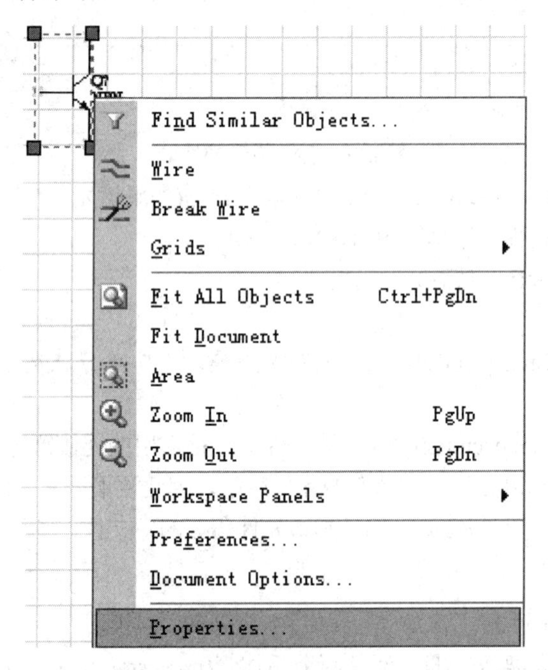

图 4.16　右键菜单项

检查元件的 PCB 封装。在本实例中由于使用了集成库(Miscellaneous Devices.IntLib)，故该库已经包括了封装和电路仿真的模型。三极管的封装在模型列表中已自动含有，模型名为

BCY-W3/E4、类型为 Footprint，保留其余栏为默认值。如果没有封装则根据类型为元件选择封装。

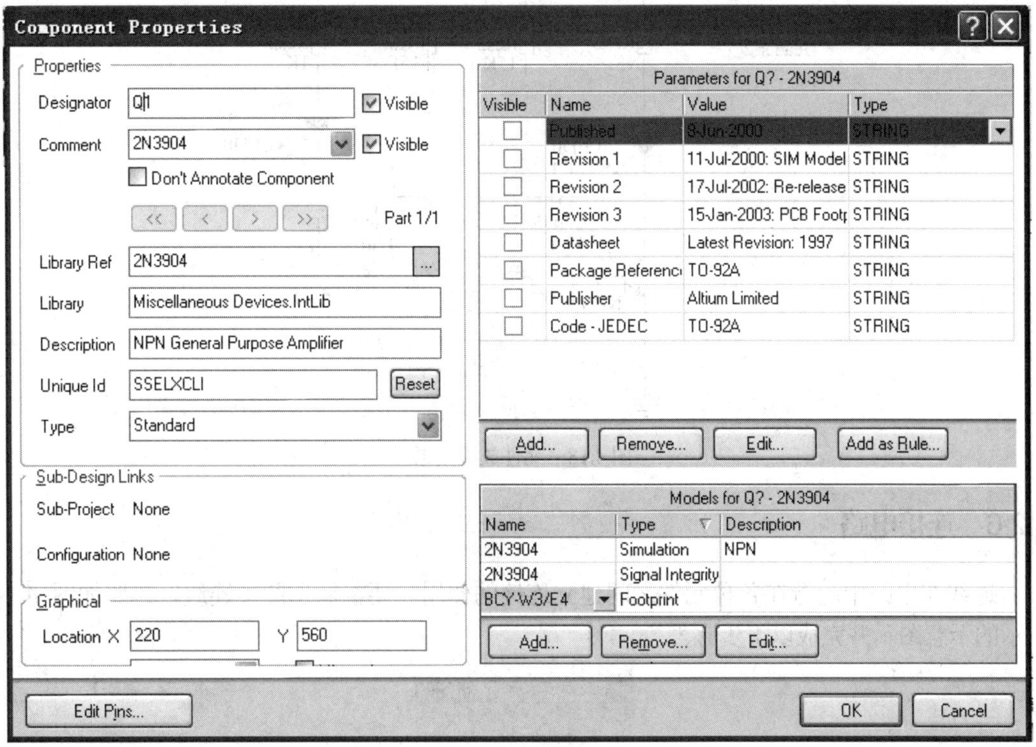

图 4.17　元件属性对话框

(3) 放置第二个晶体管。这个晶体管同前一个相同，因此在放之前没必要再编辑它的属性。放置的第二个晶体管标记为 Q2。

通过观察图 4.18，发现 Q2 与 Q1 是镜像的。要将悬浮在光标上的晶体管翻过来，则按 X 键，这样可以使元件水平翻转。同样，若要将元件上下翻转，则按 Y 键；按 Space(空格)键可实现每次 90° 逆时针旋转。

(4) 同样的操作完成电阻(Res2)、电容(cap pol1)、Led(Led0)的放置。

(5) 最后要放置的元件是连接器(connector)在 Miscellaneous Connectors.IntLib 库里(为了使图纸更易读，可放置对应的电源、地符号，这两个元件仅代表电气符号，没有实际的电路封装，所以要放置一个 Header2 产生实际的电气连接)。

需要的连接器是两个引脚的插座，所以设置过滤器为 *2* (或者 Header)。在元件列表中选择“HEADER2”并点击“Place”按钮。按 TAB 键编辑其属性并设置 Designator 为 Y1，检查 PCB 封装模型为 HDR1X2。由于在仿真电路时将把这个元件作为电路，所以不需要做规则设置。点击“OK”键关闭对话框。

放置连接器之前，按 X 键做水平翻转。在原理图中放下连接器，右击或按 ESC 键退出放置模式。

(6) 如图 4.18 所示放置完所有的元件，从菜单选择【File】→【Save】保存原理图。如果需要移动元件，则点击并拖动元件体重新放置即可。

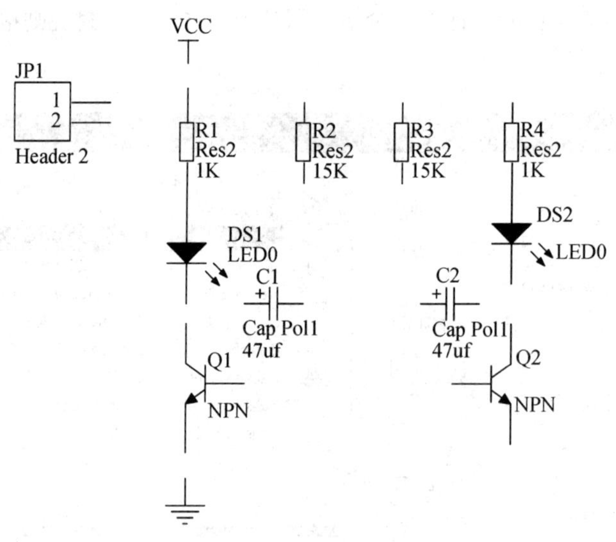

图 4.18　元件放置结果

4.2.6　连接电路

连线在电路中起着在各种元件之间建立连接的作用。要在原理图中连线，参照如图 4.19 所示的示意图示并完成以下步骤。

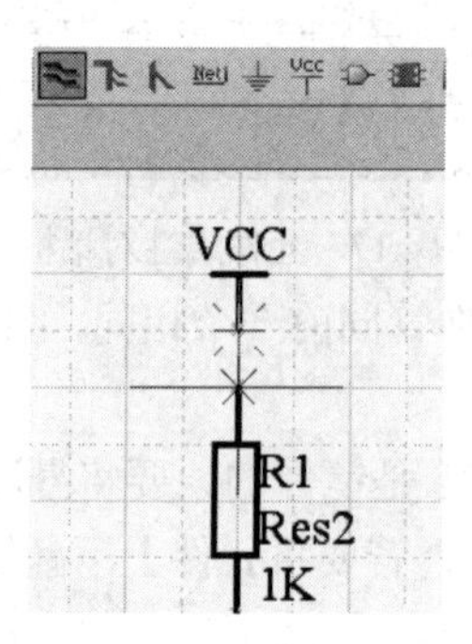

图 4.19　连线示意图

注意：为使原理图图纸有一个好的视图，从菜单选择【View】→【 Fit All Objects】。

(1) 用以下方法将电阻 R3 与晶体管 Q1 的基极连接起来。从菜单选择【Place】→【Wire】或从 Wiring Tools(连线工具)工具栏点击 Wire 工具进入连线模式，光标将变为十字形状。

(2) 将光标放在 VCC 的下端。放对位置时，一个红色的连接标记(大的星形标记)会出现在光标处，这表示光标处在元件的一个电气连接点上。

(3) 左击或按 Enter 键固定第一个导线点。移动光标会看见一根导线从光标处延伸到固定点，将光标移到 R1 上端的水平位置上，左击鼠标或按 Enter 键在该点固定导线。这样，在第一个和第二个固定点之间的导线就放好了。

(4) 将光标移到 R2 的对应端上，仍会看见光标变为一个红色连接标记。左击鼠标或按 Enter 键连接到 R2 的上端，完成这部分导线的放置。注意光标仍然为十字形状，表示准备放置其他导线。

要完全退出放置模式，恢复箭头光标，应该再一次右击鼠标或按 ESC 键(退出后再连线则要重复前面的步骤，不退出就可以继续连线)。

(5) 将 R1 连接到 DS1 上。将光标放在 R1 下端的连接点上，左击鼠标或按 Enter 键开始新的连线。左击鼠标或按 Enter 键用来放置导线段，然后右击鼠标或按 ESC 键表示已经完成该导线的放置。

参照图 4.20(b)连接电路中的剩余部分，绘制结果如图 4.20(a)所示。在完成所有的导线连接之后，右击鼠标或按 ESC 键退出放置模式，光标则恢复为箭头形状。

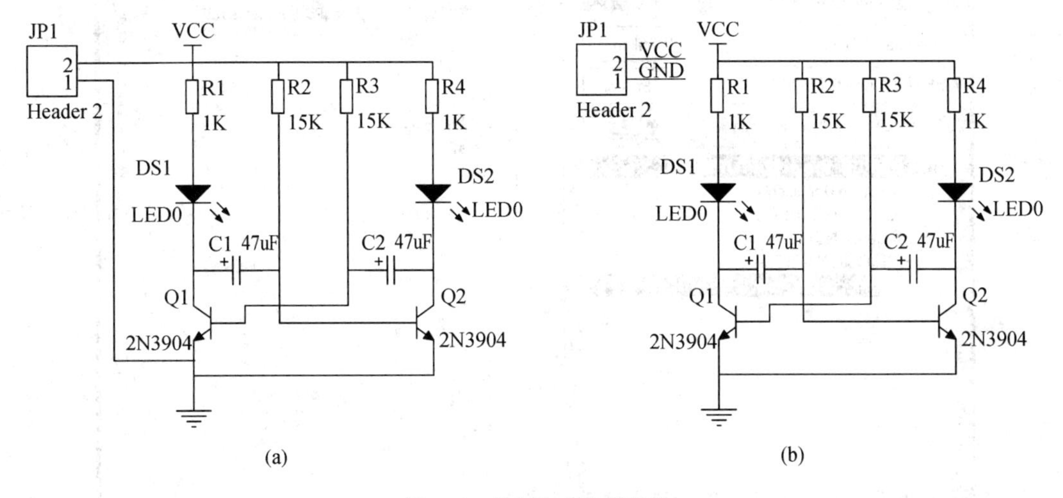

图 4.20 绘制完成的原理图

4.2.7 网络与网络标签

彼此连接在一起的一组元件引脚称为网络(Net)。例如，一个网络包括 Q1 的基极、R3 的一个引脚和 C2 的一个引脚。在设计中添加网络是很容易的，添加网络标签(Net Label)即可。

在 Header 的两个引脚上放置网络标签的步骤如下：

(1) 选择主菜单→【Place】→【Net Label】，则一个虚线框将悬浮在光标上，将其放在 Header2 的 2 脚上。

(2) 单击 Header 2 的 2 脚后显示 Net Label(网络标签)对话框。在 Net 栏键入“VCC”，然后点击“OK”按钮关闭对话框。

(3) 同样将一个 Net Label 放在 Header2 的 1 脚上，单击显示 Net Label(网络标签)对话框，在 Net 栏键入“GND”，点击“OK”按钮关闭对话框并放置网络标签。

(4) 放置好的电路如图 4.20(b)所示，图 4.20(b)中 Header 2 的两个引脚尽管没有导线连接，但有了网络连接，因此和图 4.20(a)的效果是一样的。

4.2.8 生成 PCB 网表

在原理图生成的各种报表中，网络表(Netlist)最为重要。绘制原理图最主要的目的就是为了将原理图转化为一个网表，以供后续工作中使用。

网络表的主要内容为原理图中各个元件的数据(元件标号、元件信息、封装信息)以及元件之间网络连接的数据。

点击主菜单中【设计】→【Netlist For Project】→【Protel】，生成如图 4.21 所示的网表文件。

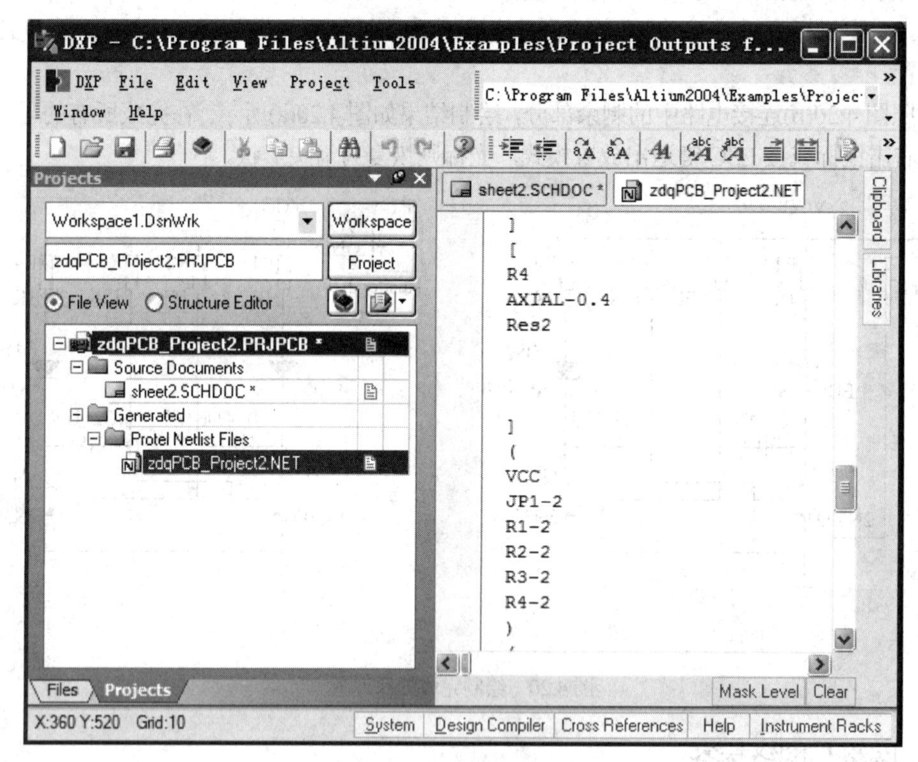

图 4.21 网表文件信息

说明：Protel 网表包含两个部分的内容，各个元件的数据(元件标号、元件信息、封装信息)和元件之间网络连接的数据，具体格式如图 4.22 所示。

[	1.一个元件信息的开始
R4	2.元件标号
AXIAL-0.4	3.元件封装信息
Res2	4.元件注释
]	5.一个元件信息的结束
(	6. 一个网络信息的开始
VCC	7.网络的名称
JP1-2	8.网络连接的元件及引脚号
R1-2	9.网络连接的元件及引脚号
R2-2	10.网络连接的元件及引脚号
R3-2	11.网络连接的元件及引脚号
R4-2	12.网络连接的元件及引脚号
)	13. 一个网络信息的结束

图 4.22 网表说明

4.3　PCB 文件的设计

4.3.1　PCB 的相关概念

PCB 是 Printed Circuit Board 的缩写，即印制电路板的意思。传统的电路板都采用印刷蚀刻阻剂(涂油漆、贴线路保护膜、热转印)的方法，做出电路的线路及图面，所以被称为印刷电路板。印制电路板是由绝缘基板、连接导线和装配焊接电子元件的焊盘组成的，具有导线和绝缘底板的双重作用，用来连接实际的电子元件。通常都使用相关的软件进行 PCB 的设计和制作。本小节介绍 Protel DXP 进行 PCB 设计的过程。

1. Protel 设计中 PCB 的层

Protel DXP 提供有多种类型的工作层，只有在了解了这些工作层的功能之后，才能准确、可靠地进行印制电路板的设计。Protel DXP 所提供的工作层大致可以分为 7 类：Signal Layer (信号层)、Internal Planes(内部电源/接地层)、Mechanical Layers(机械层)、Masks(阻焊层)、Silkscreen(丝印层)、Others(其他工作层)及 System(系统工作层)。

2. 元件封装

元件封装是指实际的电子元件或集成电路的外型尺寸、管脚的直径及管脚的距离等，它是使元件引脚和印刷电路板上的焊盘一致的保证。元件封装可以分成针脚式封装和表面粘着式(SMT)封装两大类。

3. 铜膜导线

铜膜导线也称铜膜走线，简称导线。它用于连接各个焊盘，是印制电路板最重要的部分。与导线有关的另外一种线常称为飞线，即预拉线。飞线是在引入网络表后，系统根据规则生成的，是用来指引布线的一种连线。飞线与导线有本质的区别，飞线只是一种形式上的连线，它只是在形式上表示出各个焊盘的连接关系，没有电气的连接意义。

4. 焊盘(Pad)

焊盘的作用是放置焊锡，连接导线和元件引脚。选择元件的焊盘类型要综合考虑该元件的形状、大小、布置形式、振动和受热情况、受力方向等因素。

Protel 在封装库中给出了一系列大小和形状不同的焊盘，如圆、方、八角、圆方和定位焊盘等，但有时还不够用，需要自己编辑。例如：对发热且受力较大、电流较大的焊盘，可自行设计成“泪滴状”。

5. 过孔(Via)

为连通各层之间的线路，在各层需要连通的导线的交汇处钻上一个公共孔，这就是过孔。过孔有三种，即从顶层贯通到底层的穿透式过孔、从顶层通到内层或从内层通到底层的盲过孔以及内层间的隐藏过孔。

过孔从上面看上去有两个尺寸，即通孔直径(Hole Size)和过孔直径(Diameter)，如图 4.23 所示。通孔和过孔之间的孔壁由与导线相同的材料构成，用于连接不同层的导线。

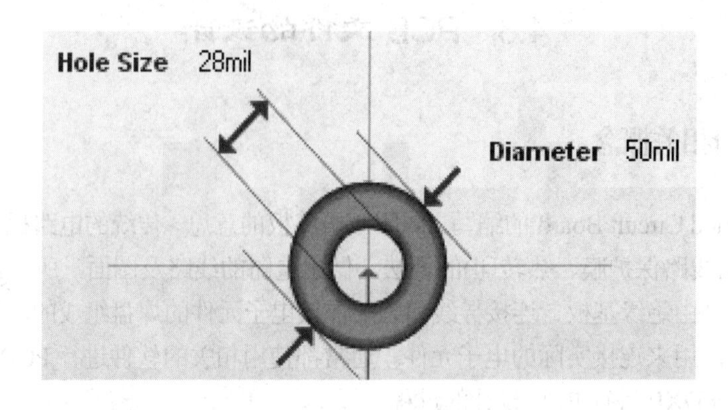

图 4.23 过孔尺寸

一般而言，设计线路时对过孔的处理有以下原则：

(1) 尽量少用过孔，一旦选用了过孔，务必处理好它与周边各实体的间隙，特别是容易被忽视的中间各层与过孔不相连的线与过孔的间隙。

(2) 需要的载流量越大，所需的过孔尺寸就越大，如电源层、地线与其他层连接所用的过孔就要大一些。

6. 敷铜

对于抗干扰要求比较高的电路板，需要在 PCB 上敷铜。敷铜可以有效地实现电路板信号的屏蔽作用，提高电路板信号的抗电磁干扰能力。

4.3.2 PCB 设计的流程和原则

1. PCB 板的设计流程

PCB 板是所有设计过程的最终产品。PCB 图设计的好坏直接决定了设计结果是否能满足要求。PCB 图设计过程中主要有以下几个步骤：

(1) 创建 PCB 文件。在正式绘制之前，要规划好 PCB 板的尺寸。这包括 PCB 板的边沿尺寸和内部预留的用于固定的螺丝孔，也包括其他一些需要挖掉的空间和预留的空间。

(2) 设置 PCB 的设计环境。

(3) 将原理图信息传输到 PCB 中。规划好 PCB 板之后，就可以将原理图信息传输到 PCB 中了。

(4) 元件布局。元件布局要完成的工作是把元件在 PCB 板上摆放好。布局可以是自动布局，也可以是手动布局。

(5) 布线。根据网络表，在 Protel DXP 提示下完成布线工作，这是最需要技巧的工作部分，也是最复杂的一部分工作。

(6) 检查错误。布线完成后，最终检查 PCB 板有没有错误，并为这块 PCB 板撰写相应的文档。

(7) 打印 PCB 图纸。

2. PCB 设计的基本原则

印制电路板设计首先需要完全了解所选用元件及各种插座的规格、尺寸、面积等，并合理地、仔细地考虑各部件的位置安排，主要是从电磁兼容性、抗干扰性的角度，以及走线要短、交叉要少、电源和地线的路径及去耦等方面进行考虑。

印制电路板上各元件之间的布线应遵循以下基本原则：

(1) 印制电路中不允许有交叉电路，对于可能交叉的线条，可以用“钻”、“绕”两种办法解决。

(2) 电阻、二极管、管状电容器等元件有“立式”和“卧式”两种安装方式。

(3) 同一级电路的接地点应尽量靠近，并且本级电路的电源滤波电容也应接在该级接地点上。

(4) 总地线必须严格按高频、中频、低频一级级从弱电到强电的顺序排列，切不可随便乱接。

(5) 强电流引线(公共地线、功放电源引线等)应尽可能宽些，以降低布线电阻及其电压降，减小寄生耦合而产生的自激。

(6) 阻抗高的走线应尽量短，阻抗低的走线可长一些，因为阻抗高的走线容易发射和吸收信号，引起电路不稳定。

(7) 各元件排列、分布要合理和均匀，力求整齐、美观、结构严谨。电阻、二极管的放置方式分为平放和竖放两种，在电路中元件数量不多，而且电路板尺寸较大的情况下，一般采用平放较好。

(8) 电位器的安放位置应当满足整机结构安装及面板布局的要求，因此应尽可能放在板的边缘，旋转柄朝外。

(9) 设计印制板图时，在使用 IC 座的场合下，一定要特别注意 IC 座上定位槽放置的方位是否正确，并注意各个 IC 脚位是否正确。

(10) 进出接线端布置，相关联的两个引线端距离不应太大，一般为 2/10～3/10 英寸左右较合适；进出线端尽可能集中在 1～2 个侧面，不要太过离散。

(11) 要注意管脚排列顺序，元件引脚间距要合理。如：电容两焊盘间距应尽可能与引脚的间距相符。

(12) 在保证电路性能要求的前提下，设计时尽量走线合理，少用外接跨线，并按一定顺序要求走线。走线尽量少拐弯，力求线条简单明了。

(13) 设计应按一定顺序方向进行，例如：可以按从左往右和由上而下的顺序进行。

(14) 导线的宽度决定了导线的电阻值，而在同样大的电流下，导线的电阻值又决定了导线两端的电压降。

4.3.3　PCB 编辑环境

PCB 编辑环境主界面如图 4.24 所示，包含菜单栏、主工具栏、布线工具栏、工作层切换栏、项目管理区、绘图工作区等 6 个部分。

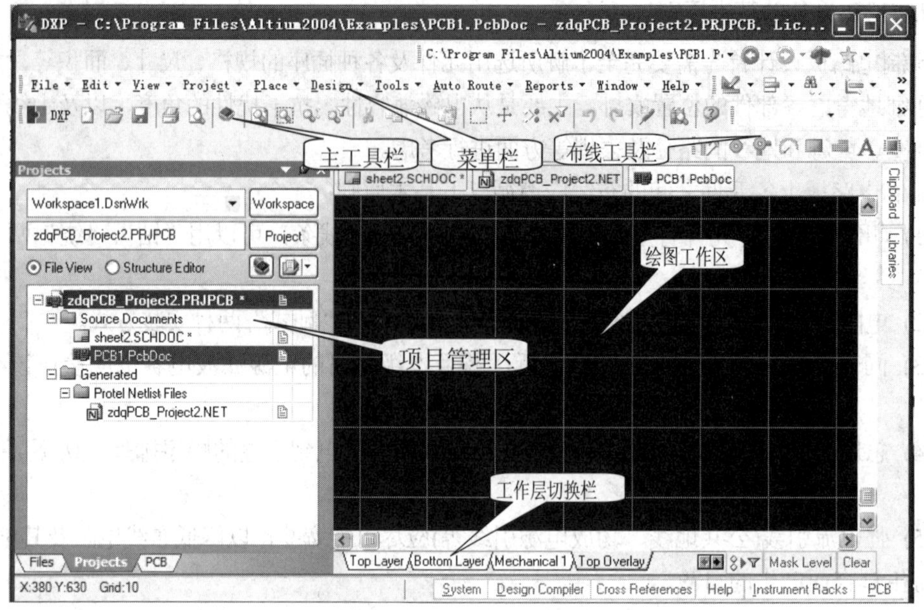

图 4.24　PCB 设计环境主界面

1. 菜单栏

PCB 绘图编辑环境下菜单栏的内容和原理图编辑环境的菜单栏类似，这里只简要介绍以下几个菜单的大致功能。

(1) Design：设计菜单，主要包括一些布局和布线的预处理设置和操作。如加载封装库、设计规则设定、网络表文件的引入和预定义分组等操作。

(2) Tools：工具菜单，主要包括设计 PCB 图以后的后处理操作。如设计规则检查、取消自动布线、泪滴化、测试点设置和自动布局等操作。

(3) Auto Route：自动布线菜单，主要包括自动布线设置和各种自动布线操作。

2. 主工具栏(Main Toolbar)

主工具栏主要为一些常见的菜单操作提供快捷按钮，如缩放、选取对象等命令按钮。

3. 布线工具栏(Placement Tools)

执行菜单命令【View】→【Toolbars】→【Placement】，则显示布线工具栏。该工具栏主要为用户提供各种图形绘制以及布线命令，如图 4.25 所示。

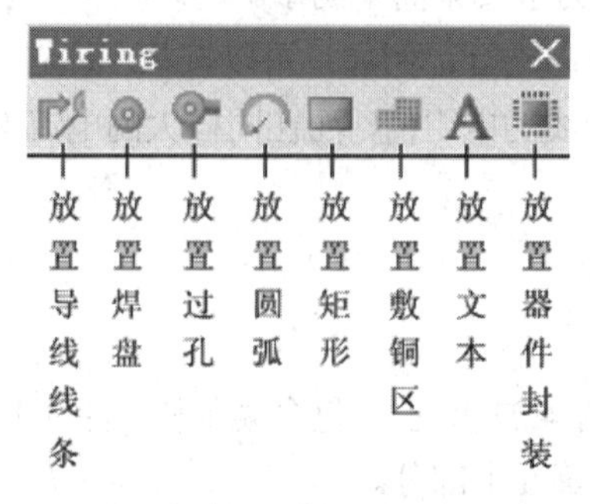

图 4.25　布线工具栏的按钮及其功能

4. 绘图工作区

绘图工作区又称编辑区，是用来绘制 PCB 图的工作区域。启动后，编辑区的显示栅格间为 1000mil。编辑区下面的选项栏显示了当前已经打开的工作层，其中变灰的选项是当前层。几乎所有的放置操作都是相对于当前层而言的，因此在绘图过程中一定要注意当前工作层是哪一层。

5. 工作层切换栏

实现手工布线过程中要根据需要在各层之间切换，因此需用到工作层切换栏。

6. 项目管理区

项目管理区包含多个面板，其中有三个在绘制 PCB 图时很有用，它们分别是“Projects”、“Navigator”和“Libraries”。“Projects”用于文件的管理，类似于资源管理器；“Navigator”用于浏览当前 PCB 图的一些当前信息；“Navigator”的对象有五类，项目浏览区内容如图 4.26 所示。

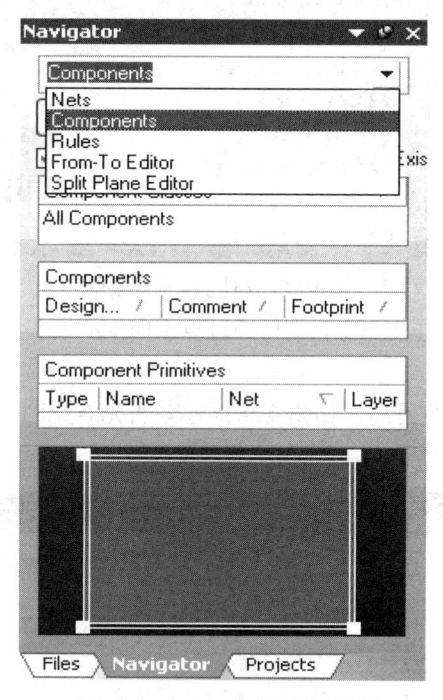

图 4.26　Navigator 项目浏览区

4.3.4　PCB 文件的创建

PCB 文件的创建有两种方法：一种是采用向导创建，在创建文件的过程中，向导会提示用户进行 PCB 板大小、层数等相关参数的设置；另外一种是直接新建 PCB 文件，采用默认设置或手动设置电路板的相关参数。

1. 使用 PCB 向导创建 PCB 文件

(1) 如图 4.27 所示，在 Files 面板底部的“New from Template”单元点击“PCB Board Wizard”创建新的 PCB 文件。

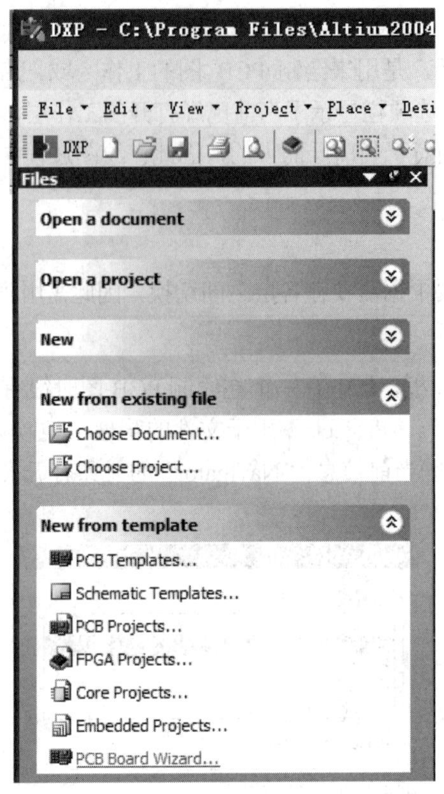

图 4.27　文件创建向导菜单

如果这个选项没有显示在屏幕上，则可通过点击向上的箭头图标来关闭该选项上面的一些单元从而显示该选项。

(2) PCB Board Wizard 打开后，如图 4.28 所示，首先看见的是介绍页，点击“Next”按钮继续。

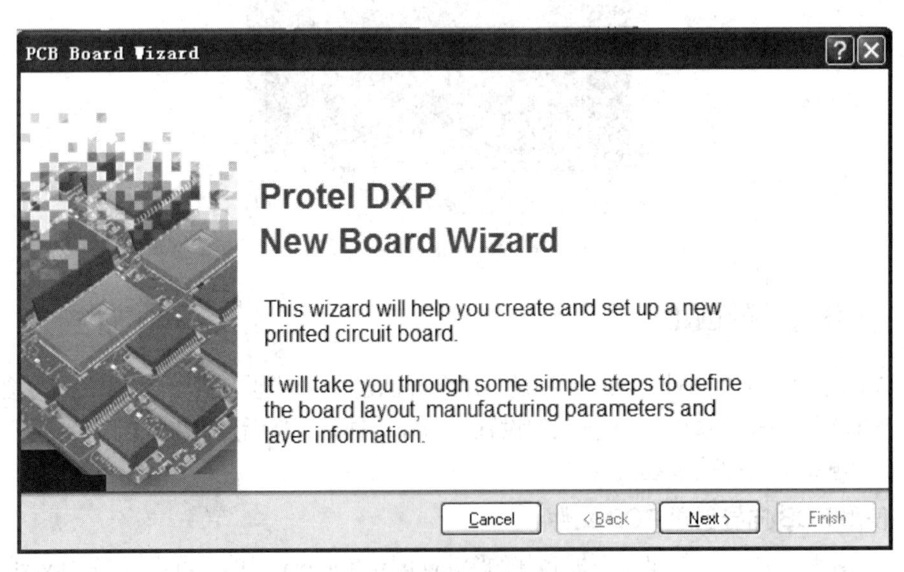

图 4.28　PCB 创建向导起始页

(3) 设置度量单位为英制(Imperial)(见图 4.29)，注意：1000 mils = 1 inch = 2.54 cm。

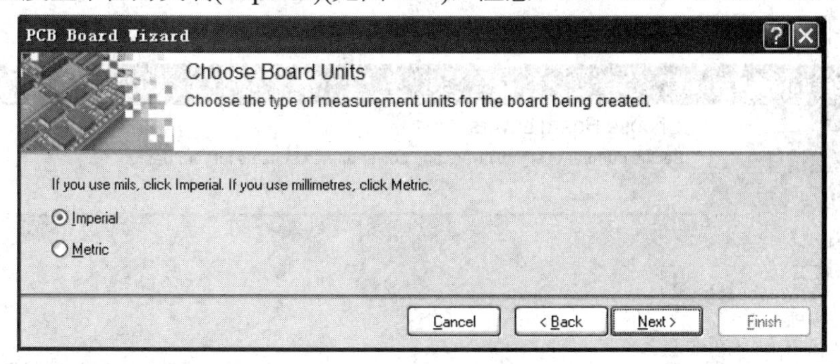

图 4.29　英制、公制选择

(4) 选择要使用的板轮廓，使用自定义的板尺寸，如图 4.30 所示从板轮廓列表中选择“Custom”，点击“Next”按钮。

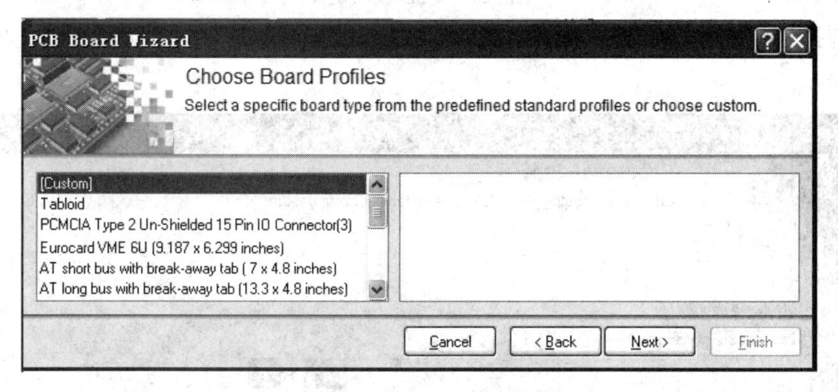

图 4.30　PCB 形状轮廓选择

(5) 进入自定义板选项。之前设计的振荡电路，用一个 2 inch × 2 inch 的板子就足够了。因此，选择“Rectangular”并在 Width 和 Height 栏键入“2000”，取消对“Title Block and Scale”、“Legend String”以及“Corner Cutoff”和“Inner Cutoff”的勾选，点击“Next”按钮继续，如图 4.31 所示。

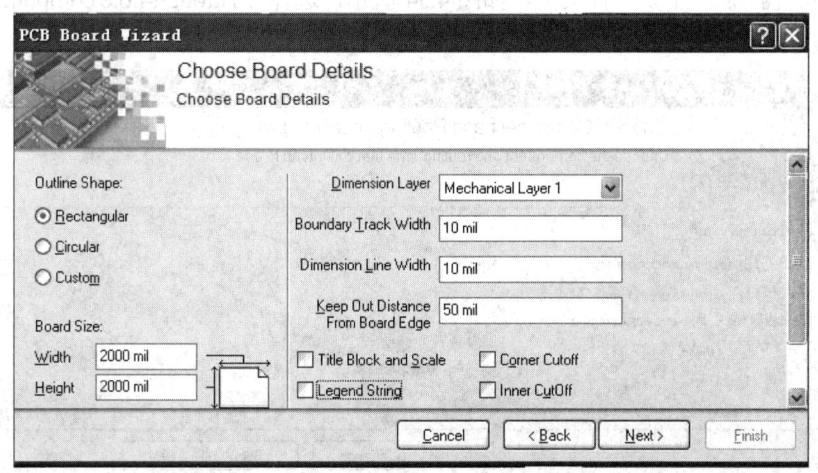

图 4.31　PCB 尺寸定义

(6) 选择PCB板的层数。这里需要两个Signal Layer(即TopLayer 和Bottom Layer)，如图4.32所示，不需要Power Planes，点击“Next”按钮继续。

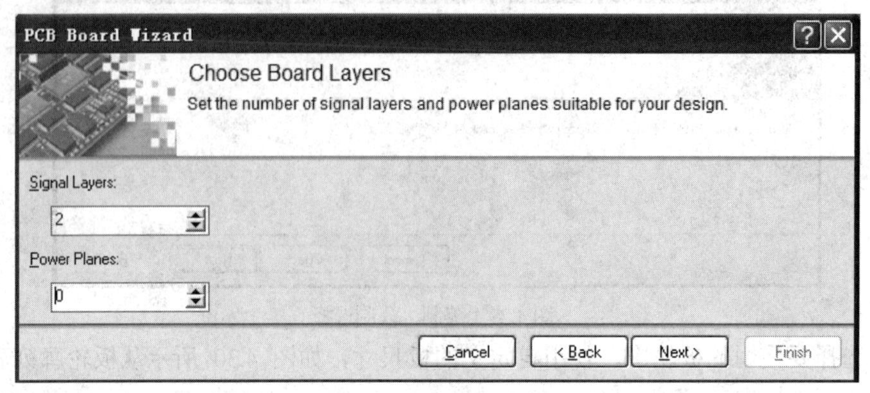

图4.32　PCB板层定义

(7) 选择过孔风格，如图4.33所示，选择“Thruhole Vias only”，过孔为通孔式，点击“Next”按钮继续。

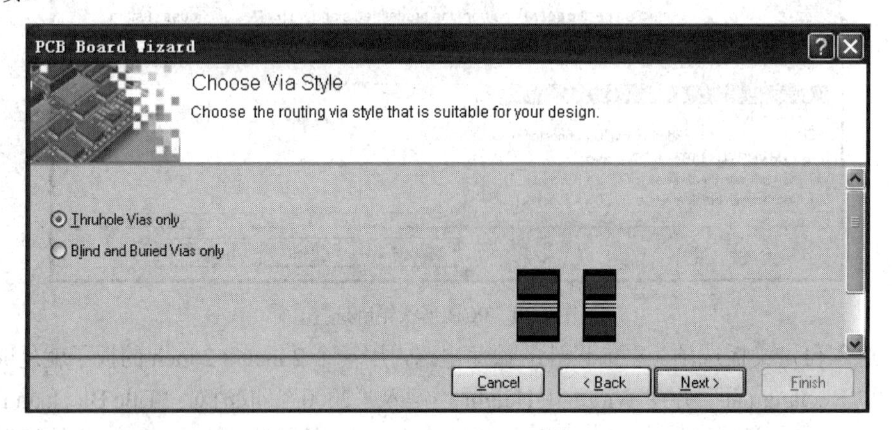

图4.33　过孔风格定义

(8) 选择电路板的主要元件类型，如图4.34所示，选择“Through-hole components”选项，插脚元件为主，将相邻焊盘(pad)间的导线数设为“One Track”。

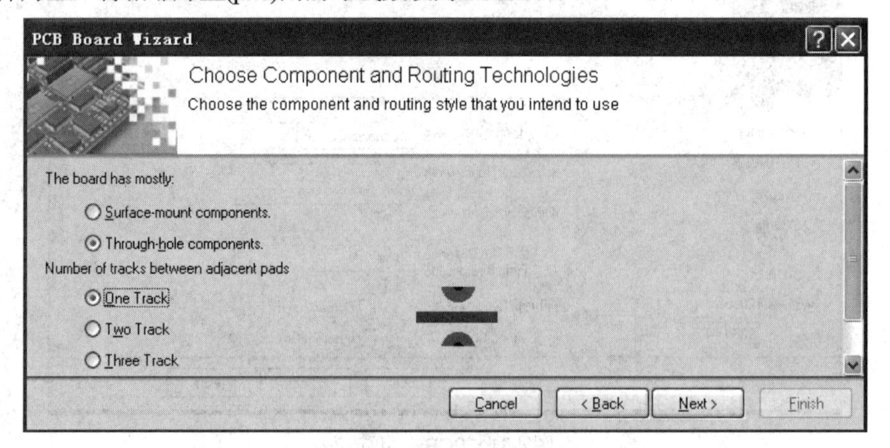

图4.34　元件布线工艺选择

(9) 设置一些应用到板子上的设计规则，线宽、焊盘及内孔的大小、线的最小间距，如图 4.35 所示，均设为默认值，点击“Next”按钮继续。

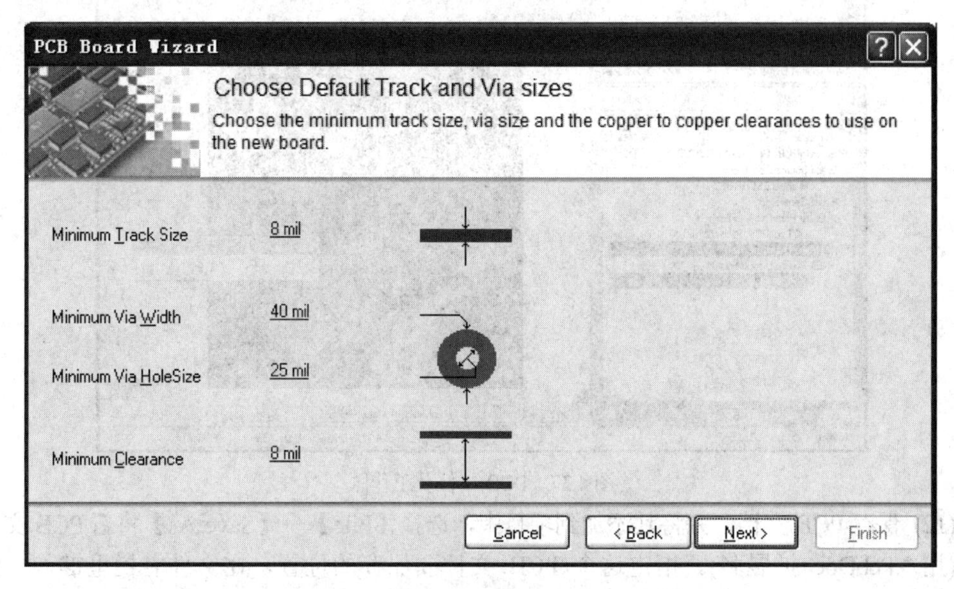

图 4.35　线宽规则定义

(10) 将自定义的 PCB 板保存为模板，允许按输入的规则来创建新的板子基础。这里选不将教程 PCB 板保存为模板，确认该选项未被选择，点击“Finish”按钮关闭向导，如图 4.36 所示。

图 4.36　PCB 向导定义 PCB 完成

(11) PCB 向导收集了创建新板子需要的所有信息。PCB 编辑器将显示一个名为 PCB1.PcbDoc 的新 PCB 文件。PCB 文档显示的是一个默认尺寸的白色图纸和一个空白的板子形状(带栅格的黑色区域)，选择【View】→【Fit Board】将只显示板子形状，如图 4.37 所示。

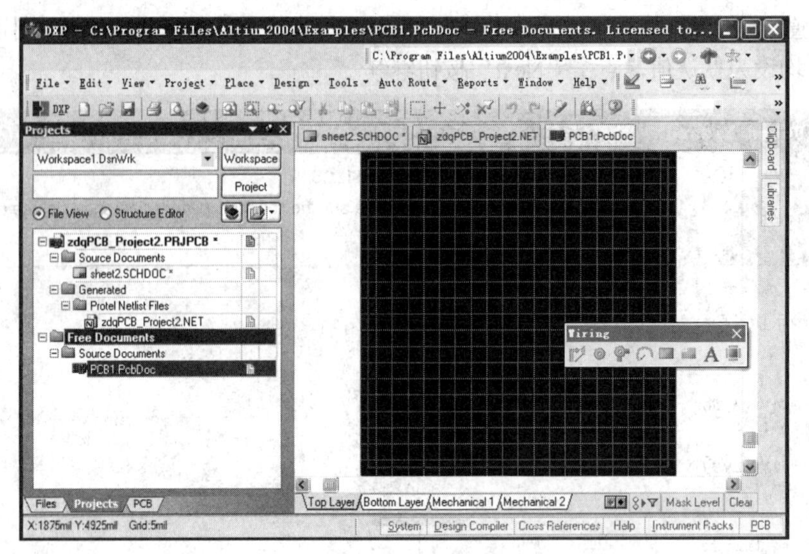

图 4.37　PCB 文件及工作区

(12) 保存 PCB 文档，并将其添加到项目中，选择【File】→【Save As】将新 PCB 文件重命名(用 *.PcbDoc 扩展名)。指定这个 PCB 文件要保存的位置，在文件名栏里键入文件名“zdq.PcbDoc”并点击“Save”按钮。

2. 手动创建 PCB 文件并规划 PCB

(1) 单击菜单命令【File】→【New】→【PCB】，即可启动 PCB 编辑器，同时在 PCB 编辑区出现一个带有栅格的空白图纸。

(2) 用鼠标单击编辑区下方的标签 Keepout Layer，即可将当前的工作层设置为禁止布线层，该层用于设置电路板的边界，以将元件和布线限制在这个范围之内。这个操作是必需的，否则，系统将不能进行自动布线。

(3) 启动放置线(Place Line)命令，绘制一个封闭的区域，规划出 PCB 的尺寸。线的属性可以设置。

(4) 如果添加到项目的 PCB 是以自由文件打开的，则在 Projects 面板的 Free Documents 单元右击 PCB 文件，选择“Add to Project”，这个 PCB 文件就列在 Projects 标签紧靠项目名称的 PCB 下面并连接到项目文件，如图 4.38 所示。

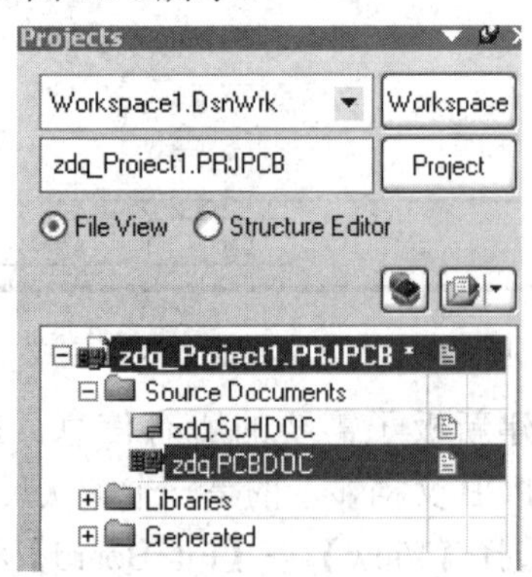

图 4.38　增加已有文件到项目中

4.3.5 PCB 设计环境的设置

1. PCB 层的说明及颜色设置

在 PCB 设计时执行菜单命令【设计】→【Board Layers &Colors】选项，可以设置各工作层的可见性、颜色等。在 PCB 编辑器中有七种层(见图 4.39)：信号层、丝印层、机械层、中间层(内部电源/接地层)、阻焊层/锡膏防护层、系统工作层、其他层。

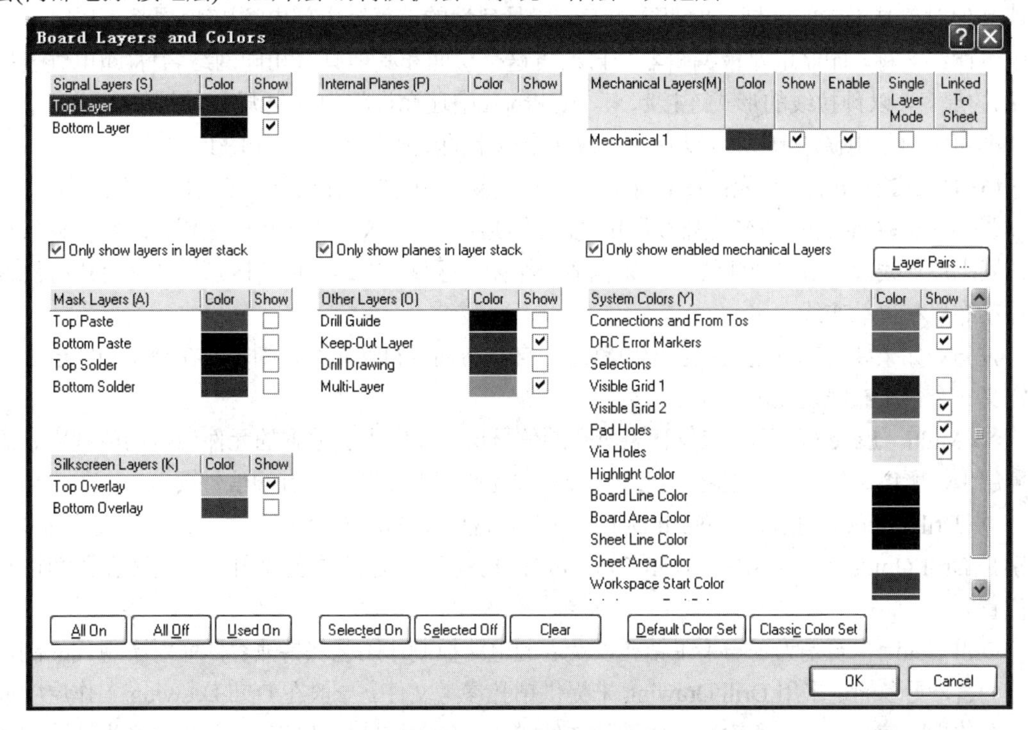

图 4.39 电路板层及颜色设置对话框

(1) Signal Layers (信号层)：该层包含 Top Layer、Bottom Layer，可以增加 Mid Layer 层(对于多层板是需要的)，这几层是用来画导线或覆铜的(当然还包括 Top Layer、Bottom Layer 的 SMT 贴片器件的焊盘)。

(2) Silkscreen Layers(丝印层)：该层包含 Top Overlay、Bottom Overlay，丝印层主要用于绘制元件的外形轮廓、放置元件的编号或其他文本信息。在印制电路板上，放置 PCB 库元件时，该元件的编号和轮廓线将自动地放置在丝印层上。

(3) Mechanical Layers(机械层)：Protel DXP 中可以有 16 个机械层[Mechanical1~16]，机械层一般用于放置有关制板和装配方法的指示性信息，如电路板物理尺寸线、尺寸标记、数据资料、过孔信息、装配说明等信息。

(4) Masks Layers(阻焊层/锡膏防护层)：阻焊层包含 Top Solder(顶层阻焊层)和 Bottom Solder(底层阻焊层)。阻焊层是负性的，在该层上放置的焊盘或其他对象是无铜的区域。通常为了满足制造公差的要求，生产厂家常常会要求指定一个阻焊层扩展规则，以放大阻焊层。对于不同焊盘的不同要求，在阻焊层中可以设定多重规则。

锡膏防护层包含 Top Paste(顶层锡膏防护层)和 Bottom Paste(底层锡膏防护层)。锡膏防护层与阻焊层作用相似，但是当使用“hot re-follow”(热对流)技术来安装 SMD 元件时，锡膏防护层则主要用于建立阻焊层的丝印。该层也是负性的，与阻焊层类似，也可以通过指定一个扩展规则，来放大或缩小锡膏防护层。对于不同焊盘的不同要求，也可以在锡膏防护层中设定多重规则。

(5) Internal Planes(内部电源/接地层)：Protel DXP 提供有 16 个内部电源/接地层(简称内电层)，[InternalPlane1~16]，这几个工作层面专用于布置电源线和地线。放置在这些层面上的走线或其他对象是无铜的区域，也即这些工作层是负性的。每个内部电源/接地层都可以赋予一个电气网络名称，印制电路板编辑器会自动将这个层面和其他具有相同网络名称(即电气连接关系)的焊盘，以预拉线的形式连接起来。在 Protel 中还允许将内部电源/接地层切分成多个子层，即每个内部电源/接地层可以有两个或两个以上的电源，如 +5 V 和 +15 V 等。

(6) Other Layers (其他层)：在 Protel DXP 中，除了上述的工作层外，还有以下的工作层。

① Keep - Out Layer (禁止布线层)：禁止布线层用于定义元件放置的区域。通常，在禁止布线层上放置线段(Track)或弧线(Arc)来构成一个闭合区域，在这个闭合区域内才允许进行元件的自动布局和自动布线。

注意：如果要对部分电路或全部电路进行自动布局或自动布线，则需要在禁止布线层上至少定义一个禁止布线区域。

② Multi - Layer(多层)：该层代表所有的信号层，在它上面放置的元件会自动放到所有的信号层上，所以可以通过该层将焊盘或穿透式过孔快速地放置到所有的信号层上。

③ Drill Guide(钻孔说明) /Drill Drawing(钻孔视图)：Protel DXP 提供有 2 个钻孔位置层，分别是 Drill Guide(钻孔说明)和 Drill Drawing(钻孔视图)，这两层主要用于绘制钻孔图和钻孔的位置。

Drill Guide 主要是为了与手工钻孔以及老的电路板制作工艺保持兼容，而对于现代的制作工艺而言，更多的是采用 Drill Drawing 来提供钻孔参考文件。一般在 Drill Drawing 工作层中放置钻孔的指定信息，在打印输出生成钻孔文件时，将包含这些钻孔信息，并且会产生钻孔位置的代码图，它通常用于产生一个如何进行电路板加工的制图。

无论是否将 Drill Drawing 工作层设置为可见状态，在输出时自动生成的钻孔信息在 PCB 文档中都是可见的。

(7) System Colors(系统工作层)：该层包括以下的工作层。

① DRC Errors Makers (DRC 错误层)：该层用于显示违反设计规则检查的信息。当该层处于关闭状态时，DRC 错误在工作区图面上不会显示出来，但在线式的设计规则检查功能仍然会起作用。

② Connections and Form Tos(连接层)：该层用于显示元件、焊盘和过孔等对象之间的电气连线，比如半拉线(Broken Net Marker)或预拉线 (Ratsnet)，但是导线 (Track)不包含在其内。当该层处于关闭状态时，这些连线不会显示出来，但是程序仍然会分析其内部的连接关系。

③ Pad Holes (焊盘内孔层)：该层打开时，图面上将显示出焊盘的内孔。

④ Via Holes (过孔内孔层)：该层打开时，图面上将显示出过孔的内孔。

⑤ Visible Grid 1 (可见栅格 1)/ Visible Grid 2 (可见栅格 2)：这两项用于显示栅格线。它们对应的栅格间距可以通过如下方法进行设置：执行菜单命令【设计】→【Options...】，在弹出的

对话框中可以在 Visible 1 和 Visible 2 项中进行可见栅格间距的设置。

新的 PCB 板打开时会有许多用不上的可用层，因此要关闭一些不需要的层，将不需要显示的层的 Show 按钮不勾选即可。对于上述的层，设计单面板或双面板按照如图 4.39 所示的默认选项选择即可。

2. 布线板层的管理

选择【设计】→【Layer Stack Manager】，显示 Layer Stack Manager 对话框，如图 4.40 所示。

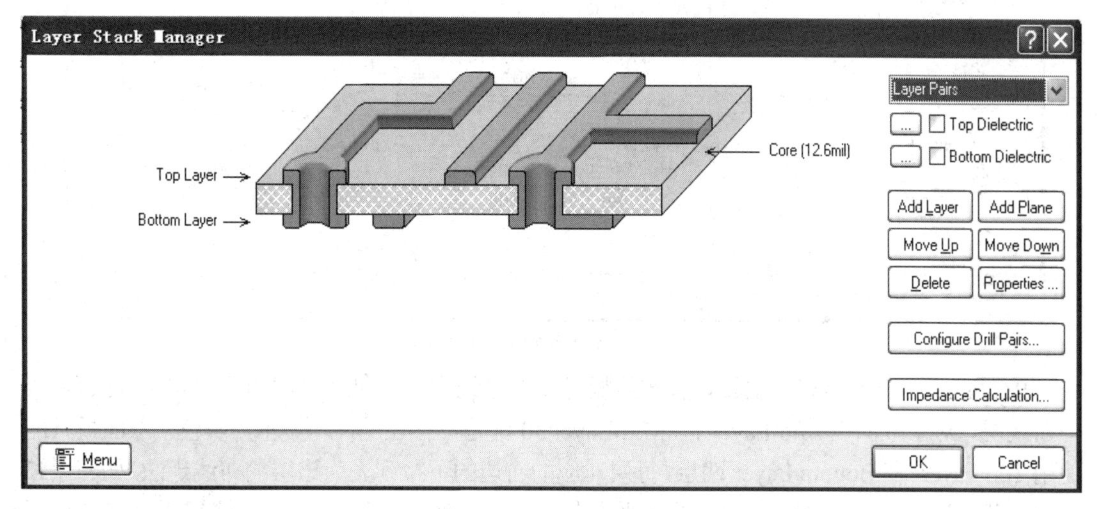

图 4.40　布线层管理器

(1) 增加层及平面。选择“Add Layer”按钮添加新的层，新增的层和平面添加在当前所选择的层下面。可以通过选择“Move Up”或“Move Down”移动层的位置，层的参数在“Properties”中设置。设置完成后点击“OK”按钮关闭对话框。

(2) 删除层。选中要删除的层，点击“Delete”按钮即可。

3. PCB 设计规则的设置

PCB 为当前文档时，从菜单中选择【设计】→【Rules】，则弹出 PCB Rules and Constraints Editor 对话框，如图 4.41 所示。在该对话框内可以设置电气检查、布线层、布线宽度等规则。

每一类规则都显示在对话框的设计规则面板中(左手边)。例如，双击 Routing 使其展开后可以看见有关布线的规则，然后双击 Width 显示宽度规则即可修改布线的宽度。

设计规则项有十项，其中包括 Electrical(电气规则)、Routing(布线规则)、SMT(表面贴装元件规则)等。大多的规则项选择默认即可，这里仅对常用的规则项简单说明如下：

(1) Electrical(电气规则)。设置电路板布线时必须遵守的电气规则包括：Clearance(安全距离，默认 10mil)、Short-Circuit(短路，默认不允许短路)、Un-Routed Net(未布线网络，默认未布的网络显示为飞线)、Un-Connected Pin(未布线网络，显示为连接的引脚)。

(2) Routing(布线规则)。设置电路板布线时必须遵守的布线规则主要包括：Width(导线宽度)、Routing Layers (布线层)、Routing Corners(布线拐角)等。

Width(导线宽度)有三个值可供设置，分别为 Max Width(最大宽度)、Preferred Width(预布线宽度)、Min Width(最小宽度)。

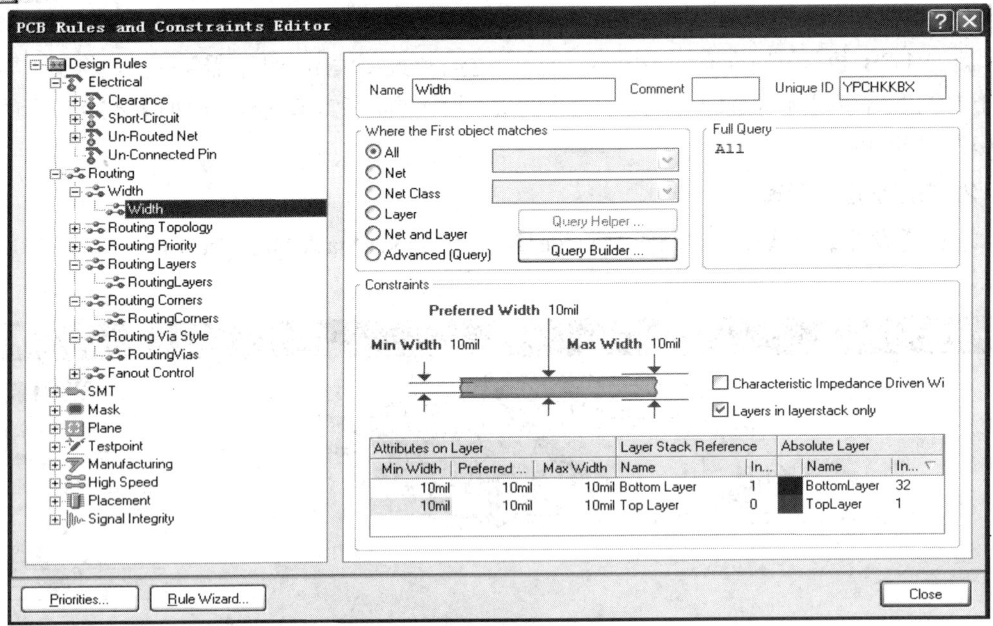

图 4.41　布线规则设计对话框

Routing Layers(布线层)主要设置布线板导线的走线方法，包括底层和顶层布线，共有 32 个布线层。对于双面板 Mid-Layer 1～Mid-Layer 30 都是不存在的，均显示为灰色。双面板只能使用 Top Layer 和 Bottom Layer 两层，每层对应的右边的下拉列表为该层的布线走法，如图 4.42 所示，默认为 Top Layer-Horizontal(按水平方向布线)，Bottom Layer –Vertical(按垂直方向布线)，默认即可。

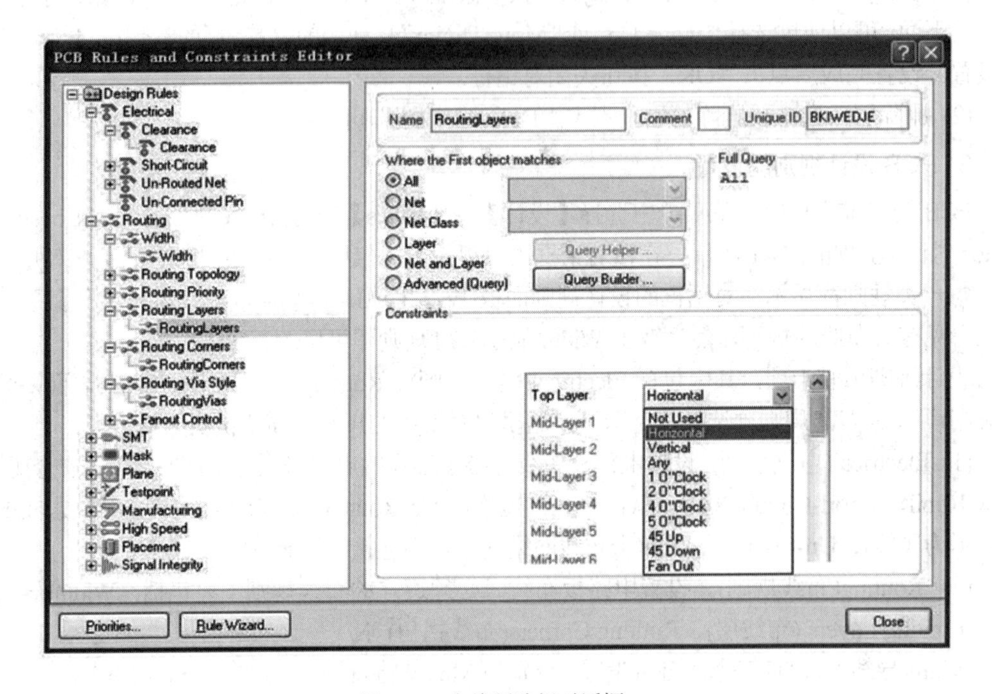

图 4.42　布线层选择对话框

如果要布单面板，则要将 Top Layer 选为 Not Used(不用)，Bottom Layer 选为 Any(任意方向即可)。

Routing Corners 为布线的拐角设置，布线的拐角可以有 45° 拐角、90° 拐角和圆弧拐角(通常选 45° 拐角)。

4.3.6　原理图信息的导入

在将原理图信息转换到新的空白 PCB 之前，确认与原理图和 PCB 关联的所有库均可用。在本设计中只用到默认安装的集成元件库，所有封装也已经包括在内。

1. 更新 PCB

将项目中的原理图信息发送到目标 PCB，在原理图编辑器选择【设计】→【Import Changes FromzdqPCB_Project2】，则项目修改 Engineering Change Order 对话框出现，如图 4.43 所示。

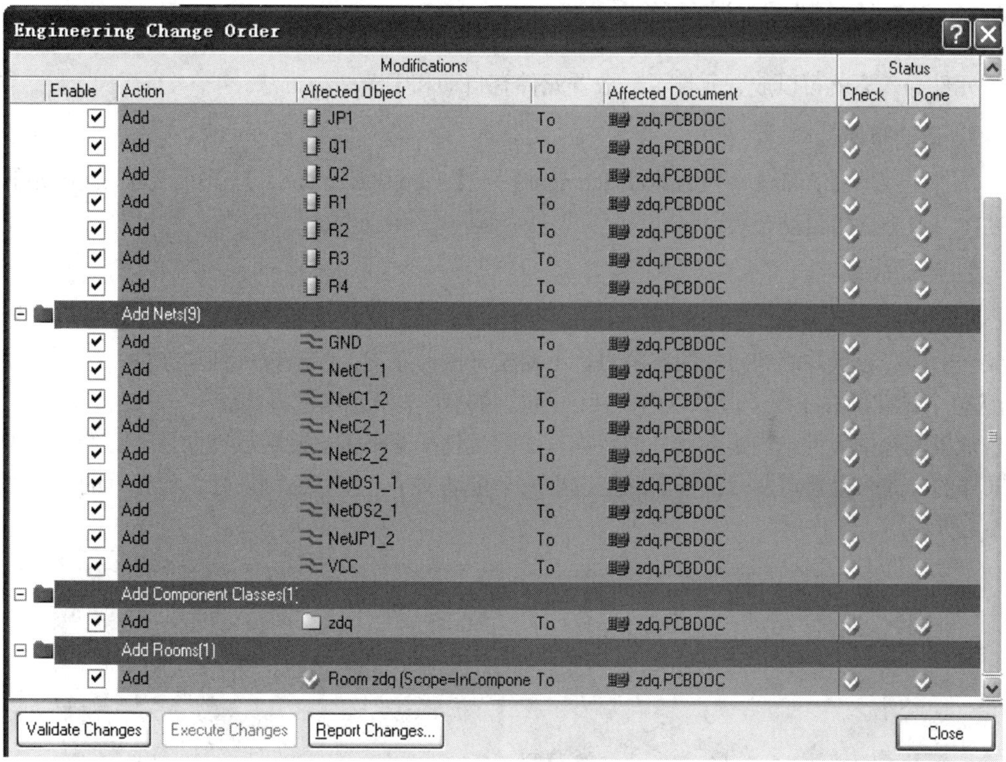

Engineering Change Order

Enable	Action	Affected Object		Affected Document	Check	Done
✔	Add	JP1	To	zdq.PCBDOC	✔	✔
✔	Add	Q1	To	zdq.PCBDOC	✔	✔
✔	Add	Q2	To	zdq.PCBDOC	✔	✔
✔	Add	R1	To	zdq.PCBDOC	✔	✔
✔	Add	R2	To	zdq.PCBDOC	✔	✔
✔	Add	R3	To	zdq.PCBDOC	✔	✔
✔	Add	R4	To	zdq.PCBDOC	✔	✔
	Add Nets(9)					
✔	Add	GND	To	zdq.PCBDOC	✔	✔
✔	Add	NetC1_1	To	zdq.PCBDOC	✔	✔
✔	Add	NetC1_2	To	zdq.PCBDOC	✔	✔
✔	Add	NetC2_1	To	zdq.PCBDOC	✔	✔
✔	Add	NetC2_2	To	zdq.PCBDOC	✔	✔
✔	Add	NetDS1_1	To	zdq.PCBDOC	✔	✔
✔	Add	NetDS2_1	To	zdq.PCBDOC	✔	✔
✔	Add	NetJP1_2	To	zdq.PCBDOC	✔	✔
✔	Add	VCC	To	zdq.PCBDOC	✔	✔
	Add Component Classes(1)					
✔	Add	zdq	To	zdq.PCBDOC	✔	✔
	Add Rooms(1)					
✔	Add	Room zdq (Scope=InCompone	To	zdq.PCBDOC	✔	✔

Validate Changes　Execute Changes　Report Changes...　Close

图 4.43　项目修改对话框

2. 发送改变

点击“Execute Changes”按钮将项目修改后的内容发送到 PCB。完成后，状态变为完成(Done)。如果有错，需修改原理图后重新导入。

3. 完成导入

点击“Close”按钮，目标 PCB 打开，元件也在板子上，以准备放置。如果在当前视图不能看见元件，使用热键 V、D(查看文档)，结果如图 4.44 所示。

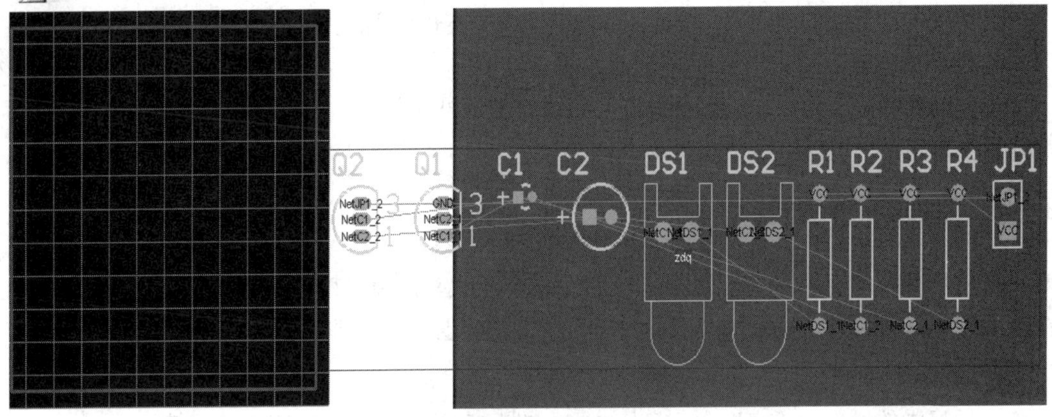

图 4.44　原理图导入 PCB

4.3.7　元件的放置及封装的修改

元件导入后就可以放置元件了。放置元件有自动和手动两种方法。

1. 自动布局

选择主菜单【Tools】→【Auto Placement】→【Auto Placement…】即可。为保证电路的可读性，一般不选用自动布局。

2. 手动放置

现在放置连接器 JP1，将光标放在 JP1 轮廓的中部上方，按下鼠标左键不放，此时光标会变成一个十字形状并跳到元件的参考点，不要松开鼠标左键，移动鼠标拖动元件。拖动连接时(确认整个元件仍然在板子边界以内)，当元件定位好后，松开鼠标将其放下。

放置其余的元件。当拖动元件时，如有必要，使用空格键来旋转放置元件，元件文字可以用同样的方式来重新定位，按下鼠标左键不放来拖动文字，按空格键旋转。放置好的元件如图 4.45(a)所示。

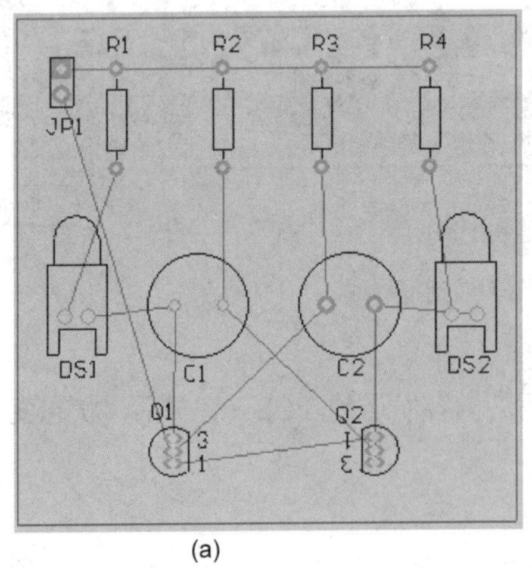

(a)

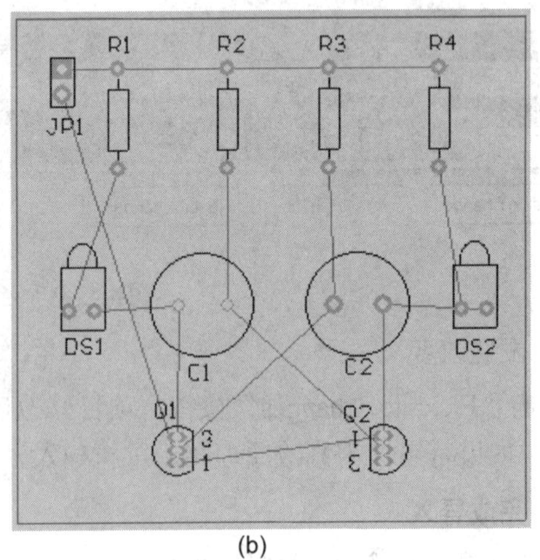

(b)

图 4.45　元件布局结果

3. 修改封装

图 4.45(a)中 LED 的封装太大，要将 LED 的封装改成小的，首先要找到一个小一些的 LED 类型的封装。双击 LED 元件，弹出如图 4.46 所示的对话框，在 Footprint 栏中，看到 Name 选项，点击 Name 浏览框，弹出如图 4.47 所示的对话框，在 Mask 选项中输入“led”，可以发现封装 LED－1 就是需要的，选中 LED－1，单击“OK”按钮关闭如图 4.47 所示的对话框；继续单击“OK”按钮关闭如图 4.46 所示的对话框。按照此方法修改另一个发光二极管和电容等元件，修改后的结果如图 4.45(b)所示。

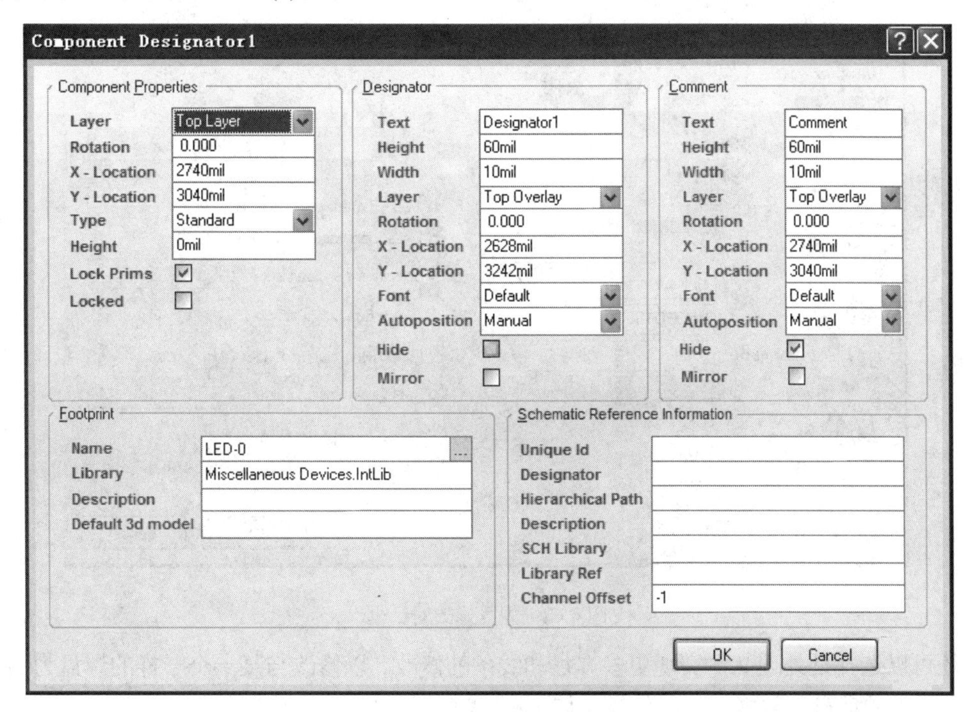

图 4.46　元件封装属性对话框

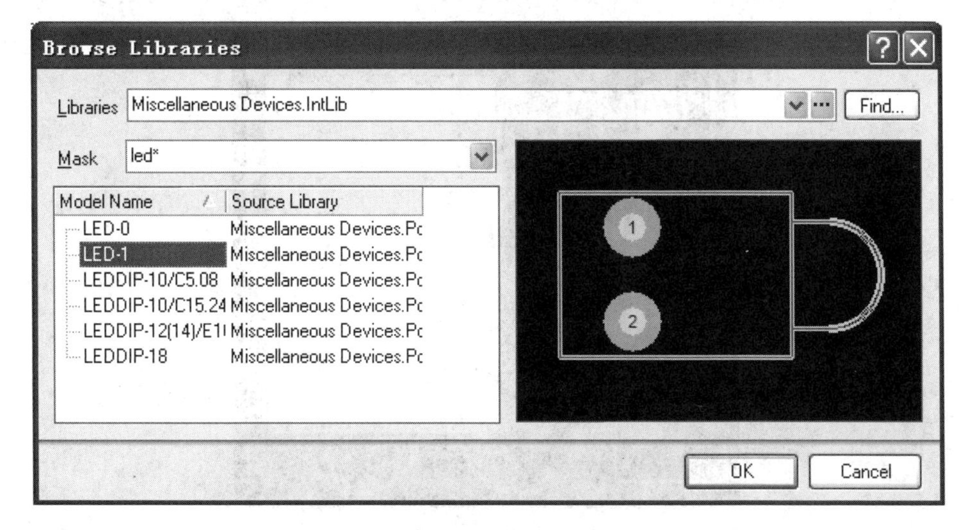

图 4.47　项目修改对话框

4. 修改焊盘

元件封装自带的焊盘通常较小，为了满足学生自行电路设计制板工艺技术的要求，如热转印、感光板等工艺，焊盘通常要改大一些。在图 4.47 中选中一个焊盘双击，弹出焊盘属性如图 4.48 所示的对话框，可修改该焊盘的大小。

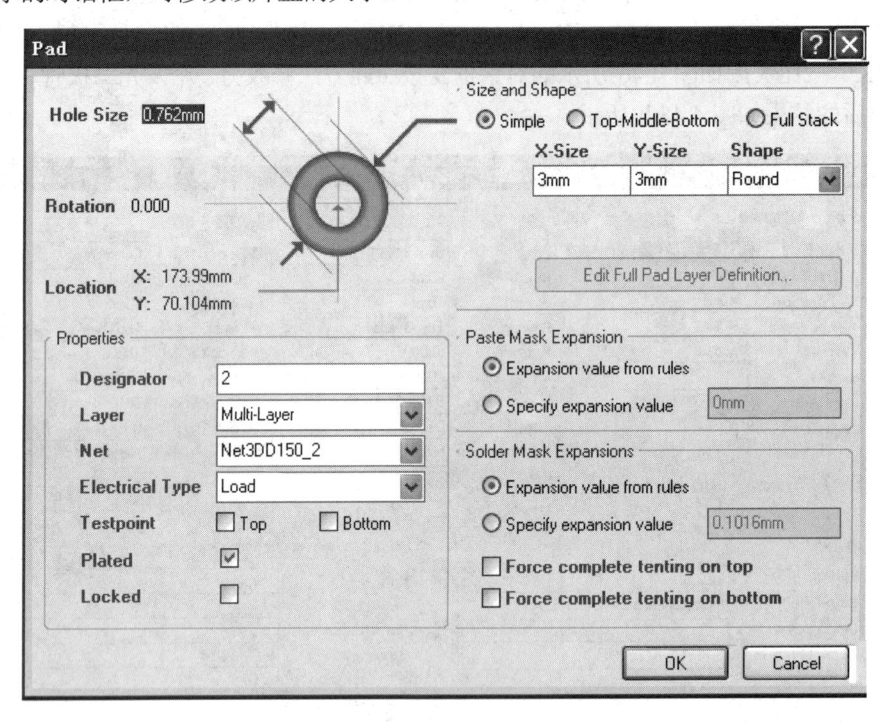

图 4.48　焊盘修改对话框

还可以选择批处理文件实现更多焊盘和线条的修改。以修改与某一个一样的焊盘为例，将和它一样大的焊盘一起修改，具体操作如下：

(1) 选中一个焊盘，点击右键(见图 4.49)，选择“Find Similar Objects…”选项。

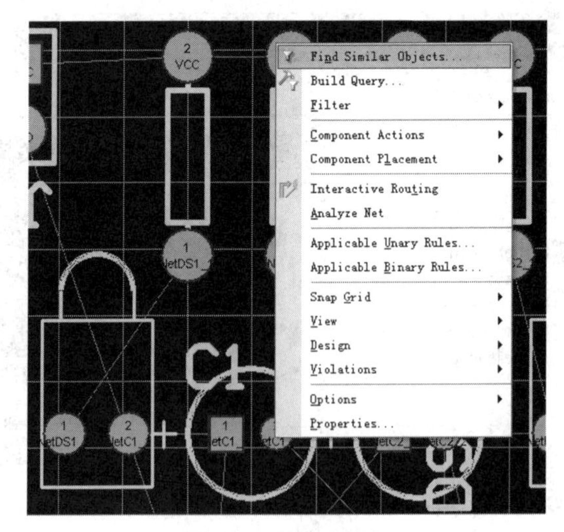

图 4.49　批修改焊盘

(2) 如图 4.50 所示，设定选择条件。如大小一样的，打勾选中“Select Matching”，点击“OK”按钮，则大小一样的都被选中了。也可以按 F11，弹出如图 4.51 所示的 Inspector 对话框，将其中 Pad X Size 和 Pad Y Size 栏目的值都改为 65 mil，则也可完成批量修改，应用该方法还可实现更多的修改。

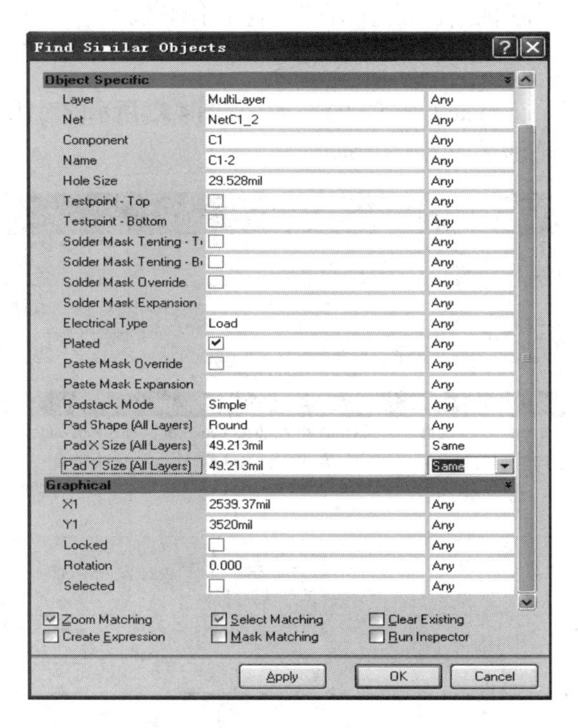

图 4.50　批处理元件设置对话框

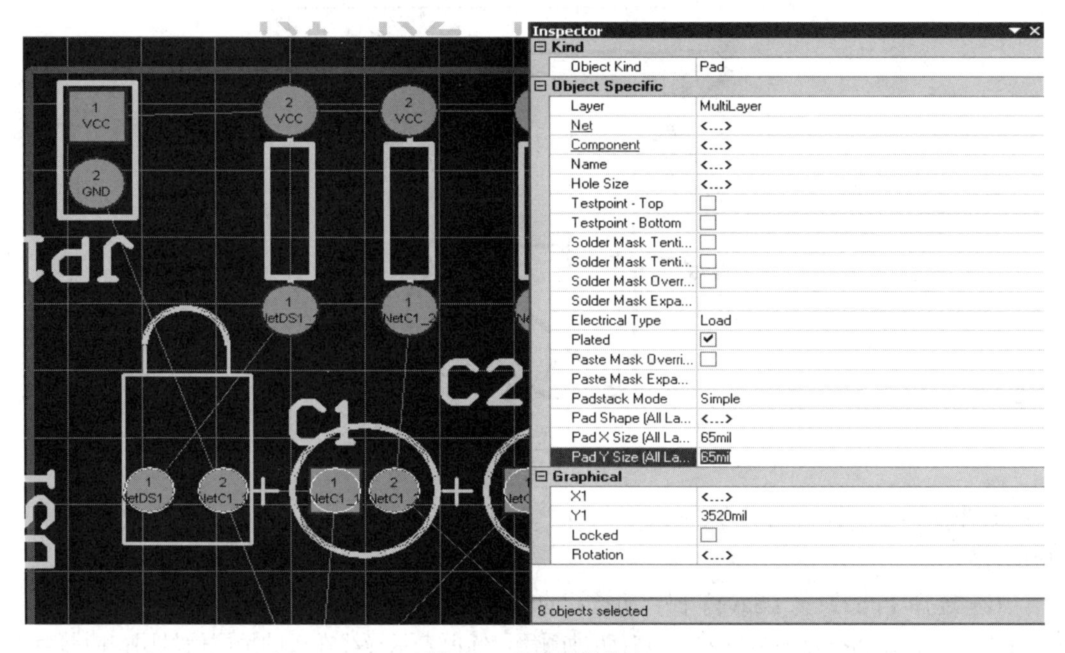

图 4.51　焊盘的批修改

4.3.8 布线

布线就是放置导线和过孔在板子上将元件连接起来。布线的方法有自动布线和手工布线两种，通常使用的方法是两者的结合，先自动布线再手工修改。

1. 自动布线

(1) 从菜单选择【Auto route】→【All】，弹出如图 4.52 所示的对话框，点击“Route All”按钮，软件便完成自动布线，如图 4.53 所示。

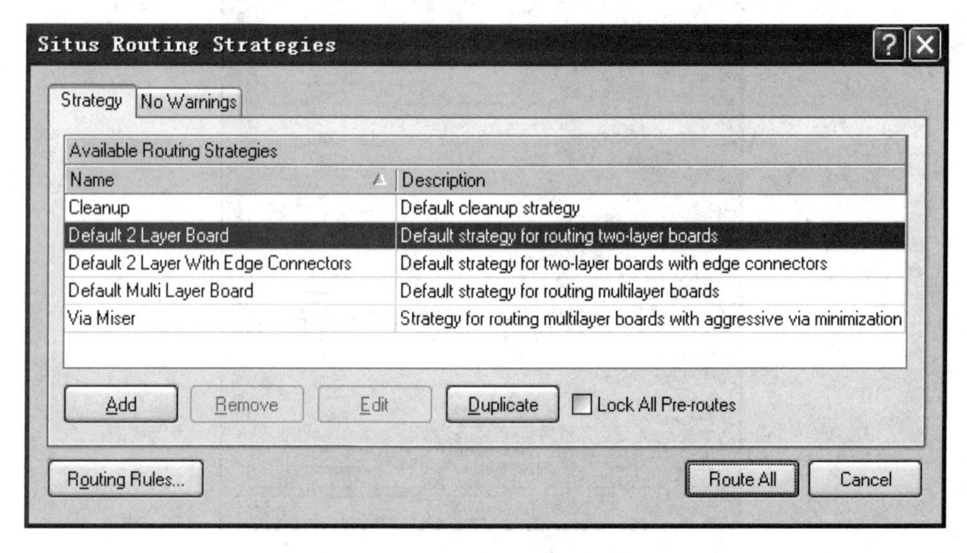

图 4.52　布线策略对话框

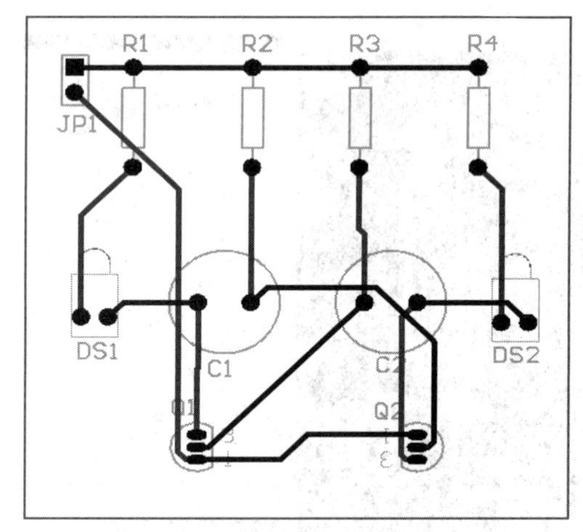

图 4.53　自动布线结果

如果想清除之前自动布线的结果，则在菜单选择【Tools】→【Un-Route】→【All】取消板的布线。

(2) 选择【File】→【Save】保存所设计的电路板。

注意：自动布线器所放置的导线有两种颜色，红色表示导线在板的顶层信号层，而蓝色表示在板的底层信号层。自动布线器所使用的层是在 PCB 板向导设置的 Routing Layers 设计规则中所指明的。还会注意到连接到连接器的两条电源网络导线要粗一些，这是由所设置的两条新的 Width 设计规则所指明的。

(3) 单面布线。

因为最初在 PCB 板向导中将板定义为双面板，所以可以使用顶层和底层用手工将板布线为双面板。如果要将板设为单面板，则要从菜单选择【Tools】→【Un-Route】→【All】取消板的布线。

若电路采用单面布线，则选择菜单【设计】→【Rules】→【Routing Layer】修改即可，如图 4.54 所示。将 Top Layer 设置为 Not Used，将 Bottom Layer 设置为 Any，点击“Close”按钮即可。从菜单选择【Auto route】→【All】，重新自动布线，布线结果如图 4.55 所示。

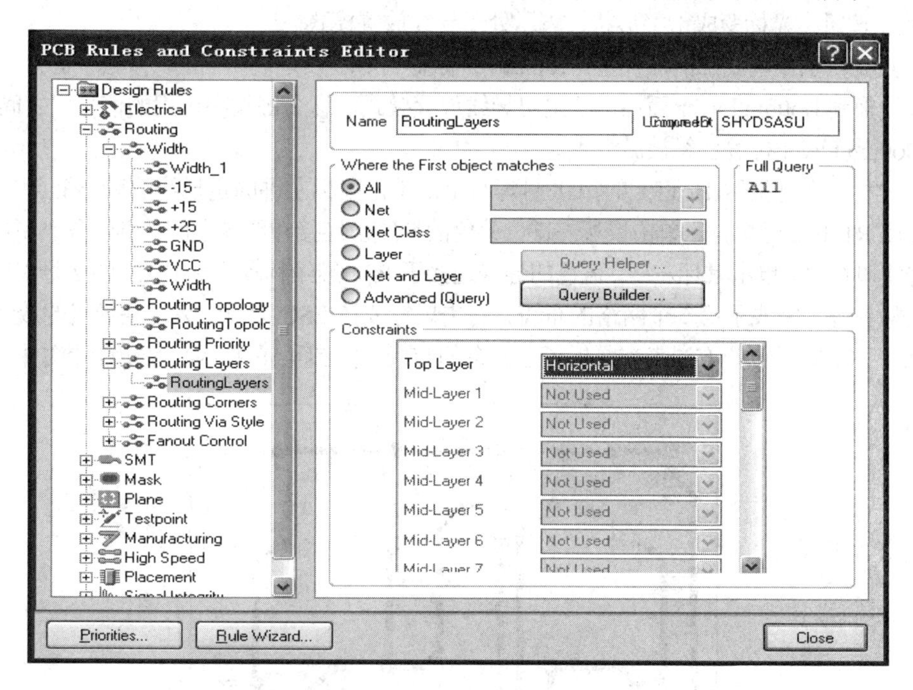

图 4.54　单层板布线层设置

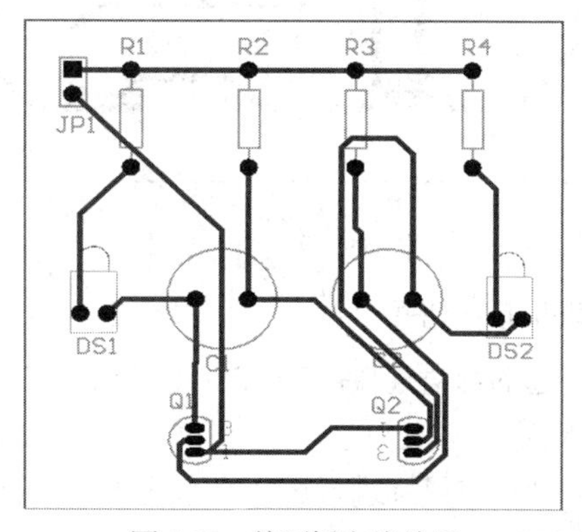

图 4.55　单面板布线结果

2. 手工布线

尽管自动布线是容易使用且功能强大的布线方式，但有时仍然需要去手工控制导线的放置状况，即需要对板的部分或全部进行手工布线。下面要将整个板作为单面板来进行手工布线，所有导线都在底层。Protel DXP 提供了许多有用的手工布线工具，使得布线工作非常容易。

在 Protel DXP 中，PCB 的导线是由一系列直线段组成的。每次方向改变时，新的导线段也会开始。在默认情况下，Protel DXP 初始时会使导线走向为垂直、水平或 45° 角。这项操作可以根据需要自定义，但在实际中仍然使用默认值。手工布线可用 Wiring 工具栏，也可用菜单。

手工布线过程如下：

如果想清除之前自动布线的结果，在菜单选择【Tools】→【Un-Route】→【All】取消板的布线。

从菜单选择【Place】→【Interactive Routing】或点击放置(Placement)工具栏的“Interactive Routing”按钮。光标变成十字形状，表示处于导线放置模式。

检查文档工作区底部的层标签。Top Layer 标签当前应该是被激活的。按数字键盘上的“*”键可以切换到 Bottom Layer 而不需要退出导线放置模式，这个键仅在可用的信号层之间切换，现在 Bottom Layer 标签已经被激活了。

将光标放在连接器 Header 的第 1 号焊盘上。单击鼠标左键固定导线的第一个点，移动光标到电阻 R1 的 2 号焊盘。单击鼠标左键，蓝色的导线已连接在两者之间，继续移动鼠标到 R2 的 2 号引脚焊盘，单击鼠标左键，蓝色的导线连接了 R3，继续移动鼠标到 R4 的 2 号引脚焊盘，单击鼠标右键，完成了第一个网络的布线。右击鼠标或按 ESC 键可结束这条导线的放置。

按上述步骤类似的方法来完成板子上剩余的布线，如图 4.56 所示，保存设计文件。

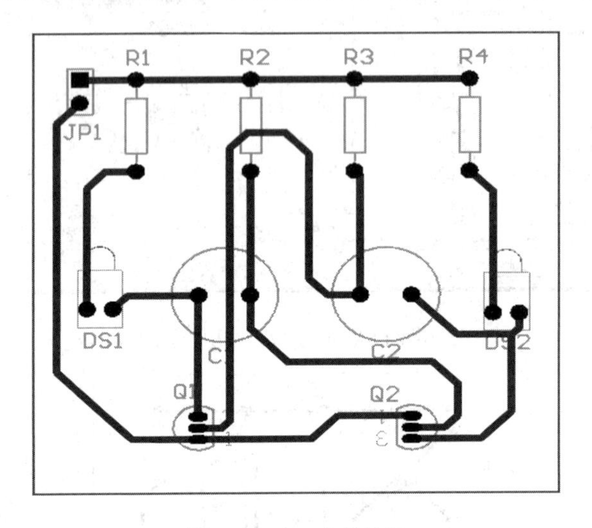

图 4.56 手工布线结果

3. 在放置导线时应注意的几个问题

(1) 不能将不该连接在一起的焊盘连接起来。Protel DXP 将不停地分析板子的连接情况并阻止用户进行错误的连接或跨越导线。

(2) 要删除一条导线段，则左击鼠标进行选择，当这条线段的编辑点出现(导线的其余部分将高亮显示)，按 Delete 键即可删除被选择的导线段。

(3) 重新布线在 Protel DXP 中是很容易的，只要布新的导线段即可。在新的连接完成后，旧的多余导线段会自动被移除。

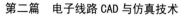

(4) 在完成 PCB 上所有的导线放置后，右击鼠标或按 ESC 键退出放置模式，此时光标会恢复为一个箭头。

4.3.9　PCB 设计的检查

Protel DXP 提供一个规则管理对话框来设计 PCB，并允许定义各种设计规则来保证电路板图的完整性。比较典型的是，在设计进程的开始就设置好设计规则，然后在设计进程的最后用这些规则来验证设计。

为了验证所布线的电路板是否符合设计规则，要运行设计规则检查(Design Rule Check)(DRC)：选择【设计】→【Board Layers】，确认 System Colors 单元的 DRC Error Markers 选项旁的 Show 按钮被勾选，如图 4.57 所示，这样 DRC error markers 就会显示出来。

System Colors (Y)	Color	Show
Connections and From Tos		☑
DRC Error Markers		☑

图 4.57　选择 DRC 检验

从菜单选择【Tools】→【Design Rule Checker】。在 Design Rule Checker 对话框中已经选中了 on-line 和一组 DRC 选项。点一个类可查看其所有原规则。

保留所有选项为默认值，点击 Run Design Rule Check 按钮，DRC 将运行，其结果将显示在 Messages 面板。如图 4.58 所示，检验无误后即完成了 PCB 设计，准备生成输出文档。

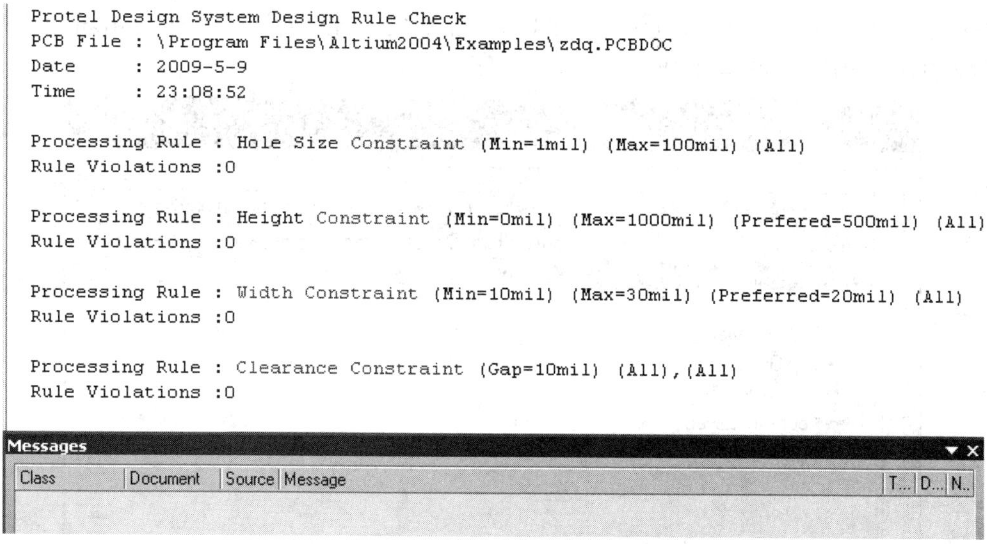

```
Protel Design System Design Rule Check
PCB File : \Program Files\Altium2004\Examples\zdq.PCBDOC
Date     : 2009-5-9
Time     : 23:08:52

Processing Rule : Hole Size Constraint (Min=1mil) (Max=100mil) (All)
Rule Violations :0

Processing Rule : Height Constraint (Min=0mil) (Max=1000mil) (Prefered=500mil) (All)
Rule Violations :0

Processing Rule : Width Constraint (Min=10mil) (Max=30mil) (Preferred=20mil) (All)
Rule Violations :0

Processing Rule : Clearance Constraint (Gap=10mil) (All),(All)
Rule Violations :0
```

Messages

Class	Document	Source	Message	T...	D...	N...

图 4.58　DRC 检查结果

4.3.10　PCB 图的打印及文件输出

1. PCB 图的打印

(1) 基本设置。点击【File】→【Page Setup】，弹出如图 4.59 所示的 PCB Print Properties 对话框，可设置纸张、纸的纵横打印、打印比例、打印图的位置、颜色等。

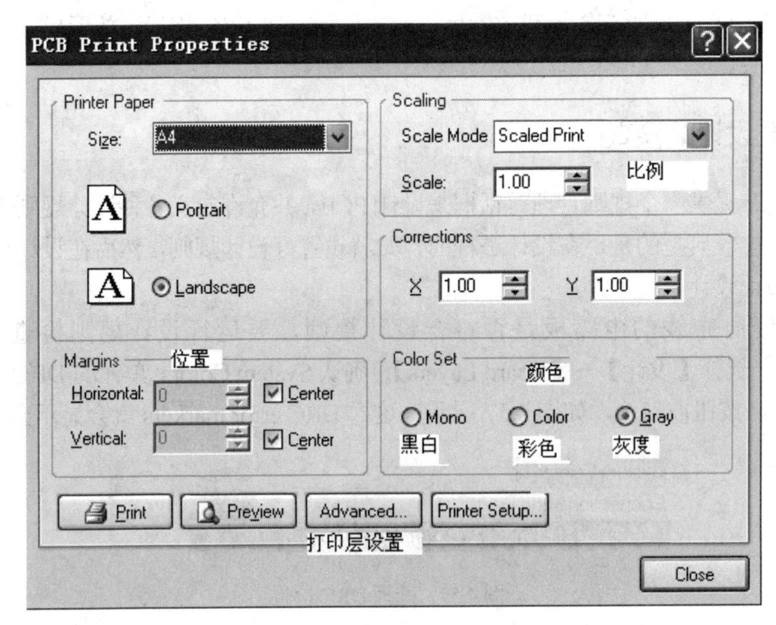

图 4.59　打印设置对话框

(2) 预览。点击【File】→【Print Previews】可以预览打印结果。

(3) 打印层的设置。根据实际需要，比如想通过热转印或感光工艺制板时，只需要一部分层(Bottom Layer、Keep-Out Layer、Multi-Layer)即可进行打印层的设置。Top Layer 需要镜像，焊盘的 Hole 是否实现打印也在此设置。在 PCB Print Properties 对话框点击“Advanced”按钮可设置打印输出层，如图 4.60 所示。

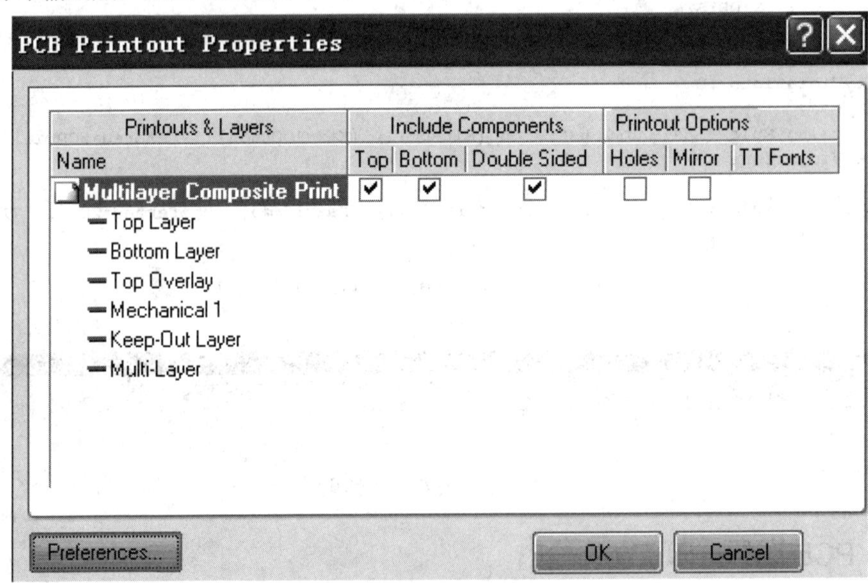

图 4.60　打印层设置

感光纸打印单面板图则留下 Bottom Layer、Keep-Out Layer、Multi-Layer 即可。点击【File】→【Print Previews】可以预览打印结果，如图 4.61 所示。

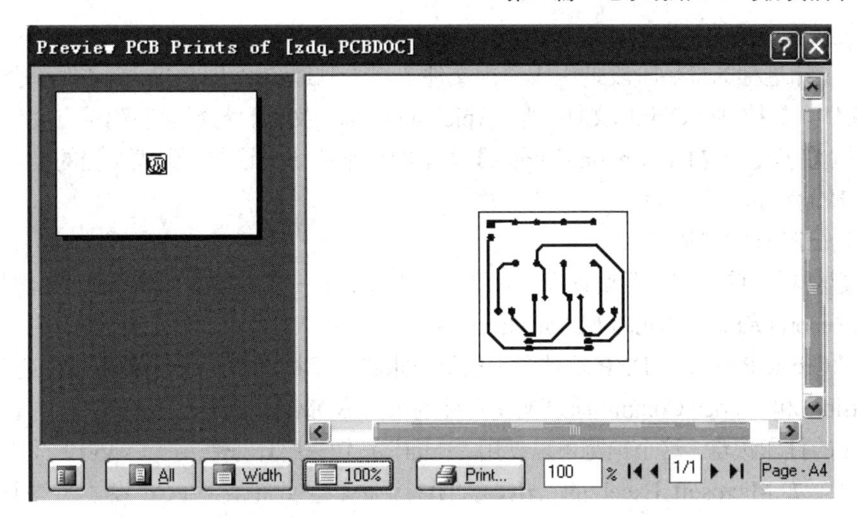

图 4.61　单面板的打印预览

(4) 打印在硫酸纸、菲林纸、热转印纸上就可进行相应的制板了，至此 PCB 设计结束。

2. PCB 文件的输出

对于雕刻机等通常要输出的项目为 CAM 或其他格式的，这时还需要进行相关的设置，输出对应文件。

(1) 设置项目输出。项目输出是在 Outputs for Project 对话框内设置的。选择【Project】→【Add new to Project】→【Output Jobs Project】→【project_name】，则对话框出现。

(2) 对输出的路径、类型进行设置。完成设置后点击“Close”按钮。

要根据输出类型将输出发送到单独的文件夹，则选择【Project】→【Project Options】，点击 Options 标签，如图 4.62 所示，勾选“Use separate folder for each output type”，最后点击“OK”按钮。

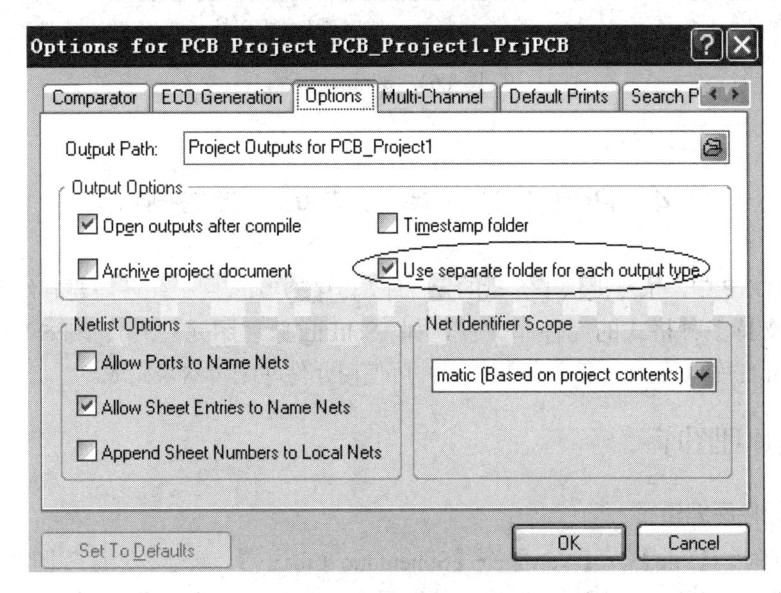

图 4.62　PCB 输出属性设置

(3) 生成输出文件。

PCB 设计进程的最后阶段是生成输出文件。用于制造和输出 PCB 的文件组合包括底片(Gerber)文件、数控钻(NC drill)文件、插置(pick and place)文件、材料表和测试点文件。输出文件可以通过【File】→【Fabrication Outputs】菜单的单独命令来设置。生成文档的设置作为项目文件的一部分保存。

(4) 生成 PCB 材料清单。

要创建材料清单，首先要设置报告。选择【Project】→【Output Jobs】，然后选择 Project 对话框中 Report Outputs 单元的 Bill of Materials。

点击“Create Report”，DXP 软件会生成材料报告对话框，如图 4.63 所示。在这个对话框，可以在 Visible 和 Hidden Column 通过拖曳列标题来为 BOM 设置需要的信息。点击【Report…】显示 BOM 的打印预览。这个预览可以使用“Print”按钮来打印或使用“Export”按钮导出为一个文件格式，如 Microsoft Excel 的 *.xls，关闭对话框。至此完成了 PCB 设计的整个进程，可以按照工艺进行 PCB 板的制作及装配了。

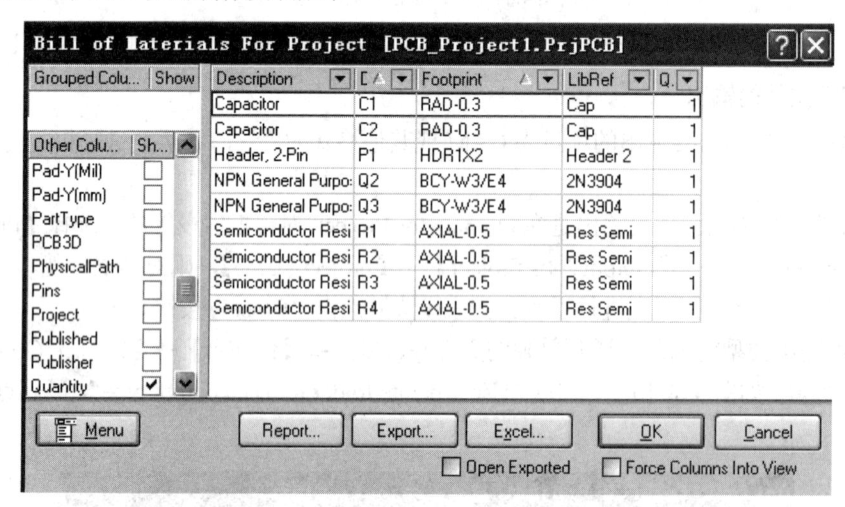

图 4.63 材料清单

4.4 Protel DXP 库的建立与元件制作

在 Protel DXP 中，虽然提供了大量的元件库，但在实际应用中，还需要制作需要的元件。Protel DXP 支持多种格式的元件库文件，如*.SchLib(原理图元件库)、*.PcbLib(封装库)、*.IntLib(集成元件库)。建立元件库与制作元件可使用元件库编辑器来完成。

4.4.1 创建原理图库

1. 启动元件库编辑器

执行菜单命令【File】→【New】→【Schematic Library】，新建一个原理图库文件(默认文件名为 SchLib1.SchLib)，可同时启动库文件编辑器，可以通过【File】→【Save】重命名库文

件，在该库文件内自动创建名称为 Component_1 的空白元件图纸。

新建 Myself.Schlib 的原理图库文件，出现元件编辑窗口，如图 4.64 所示。

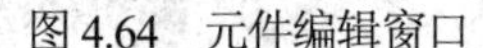

图 4.64　元件编辑窗口

2. 创建一个新元件

以一个四位 7 段共阳极数码管的原理图及封装为例。

1) 绘制元件

执行菜单命令【Tools】→【New Component】，在当前打开的库文件内创建一个新元件；利用如图 4.65 所示的绘图工具栏进行元件的绘制，先绘制一个矩形，矩形的大小可以根据需要调整。

注意：绘制元件时，一般元件均是放置在第四象限，而象限的交点(原点)为元件的基准点。

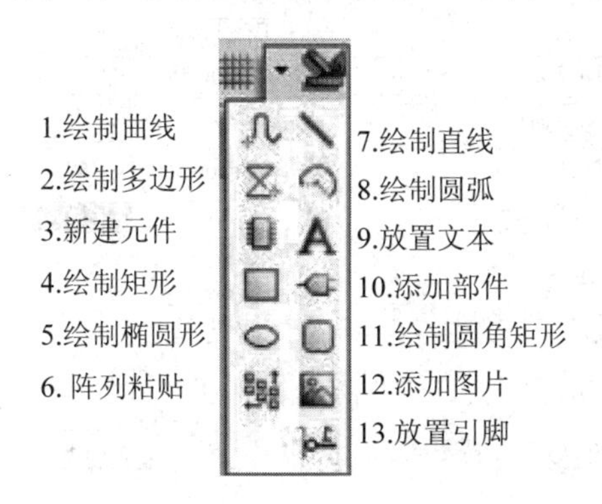

图 4.65　元件绘制工具栏

2) 添加引脚

执行菜单命令【Place】→【Pins】，或直接点击绘图工具栏(Sch Lib Drawing)上的放置引脚(Place Pins)工具，光标变为“×”字形并黏附一个引脚，该引脚靠近光标的一端为非电气端(对应引脚名)，该端应放置在元件的边框上，如图 4.66 所示。

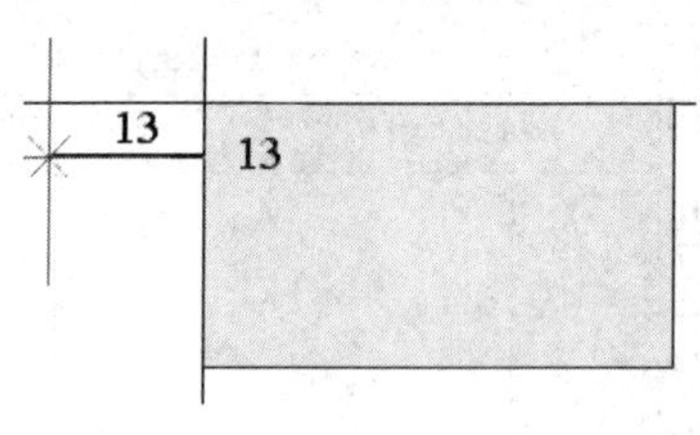

图 4.66　放置引脚

3) 编辑引脚的属性

双击要修改的引脚，则弹出如图 4.67 所示的引脚属性对话框，可对 Designator(引脚标号)，Display Name(名称)等属性进行修改。

电气类型(Electrical Type)选项用来设置引脚的电气属性，此属性在进行电气规则检查时起作用(如 Output 类型的引脚不能直接接电源端，如果发现则提示错误)。

说明：使用反斜杠“\”可以给引脚名添加取反号，如输入“P3.2/I\N\T\0\”，则引脚上将显示“P3.2/ $\overline{INT0}$ ”；在放置引脚的过程中，可以按空格键改变引脚的放置方向。

管脚的显示与隐含：通常在原理图中会把电源引脚隐含起来，所以在绘制电源引脚时，将其属性设置为 Hidden(隐含)，电气特性设置为 Power。

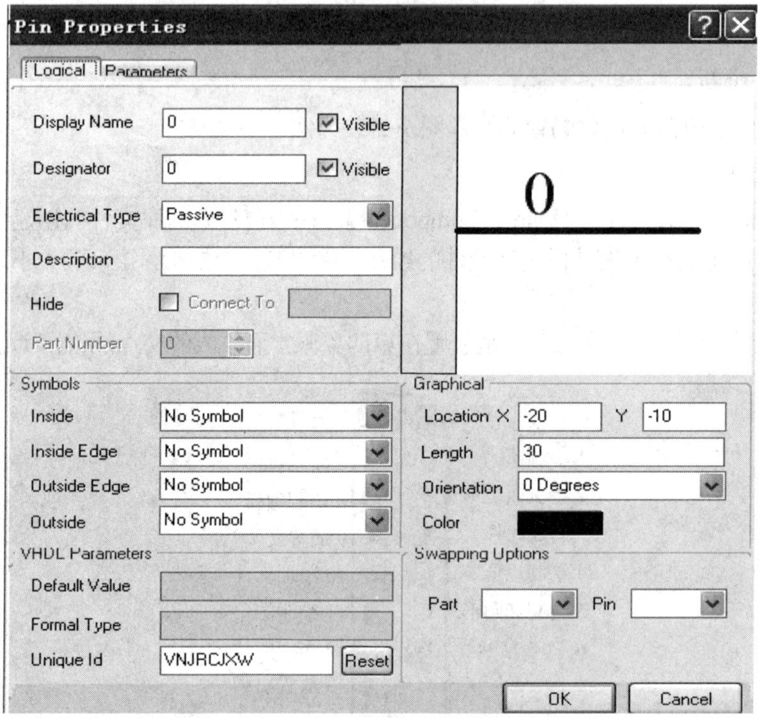

图 4.67　编辑引脚属性

4) 绘图编辑

通过给图增加一些原理标识可提高元件的可读性。对于某些图形，可通过【Tool】→【Document Option】设置鼠标步进、可视网格等，使得画出来的图形位置更加恰当，如图 4.68 所示。

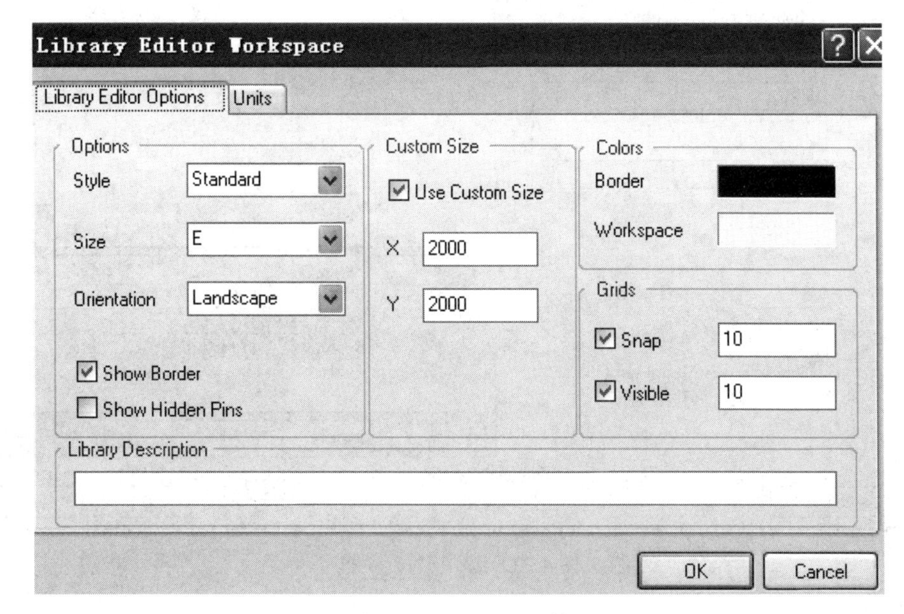

图 4.68　修改步进网格

5) 绘制原理图

画出的一个四位一体 7 段共阳极数码管的原理图，如图 4.69 所示。

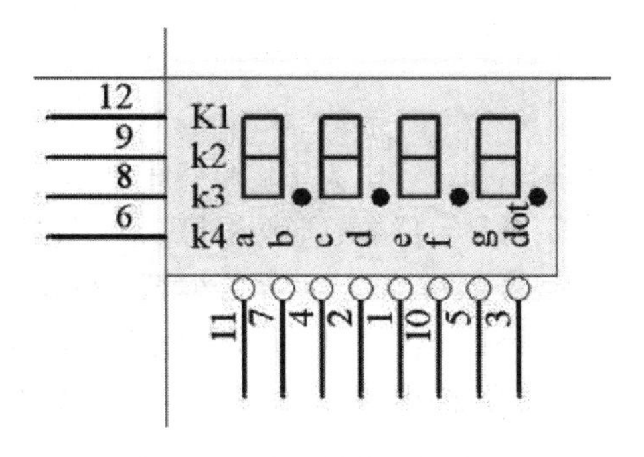

图 4.69　四位一体数码管原理图

6) 设置元件属性参数

每个元件都有与其相关联的属性，如默认标识、PCB 封装、仿真模块以及各种变量等。打开 Sch Library 面板，从元件列表内选择要编辑的元件。点击“Edit”按钮，则显示元件属性对话框“Library Component Properties”，如图 4.70 所示。在 Designator 输入栏内输入默认的元件标识；在 Models 区域为该元件添加 PCB 封装、元件的描述。

还可以为元件增加封装，通过点击“Add”按钮来增加。本实例加入了后来制作的 4SEG7 封装。

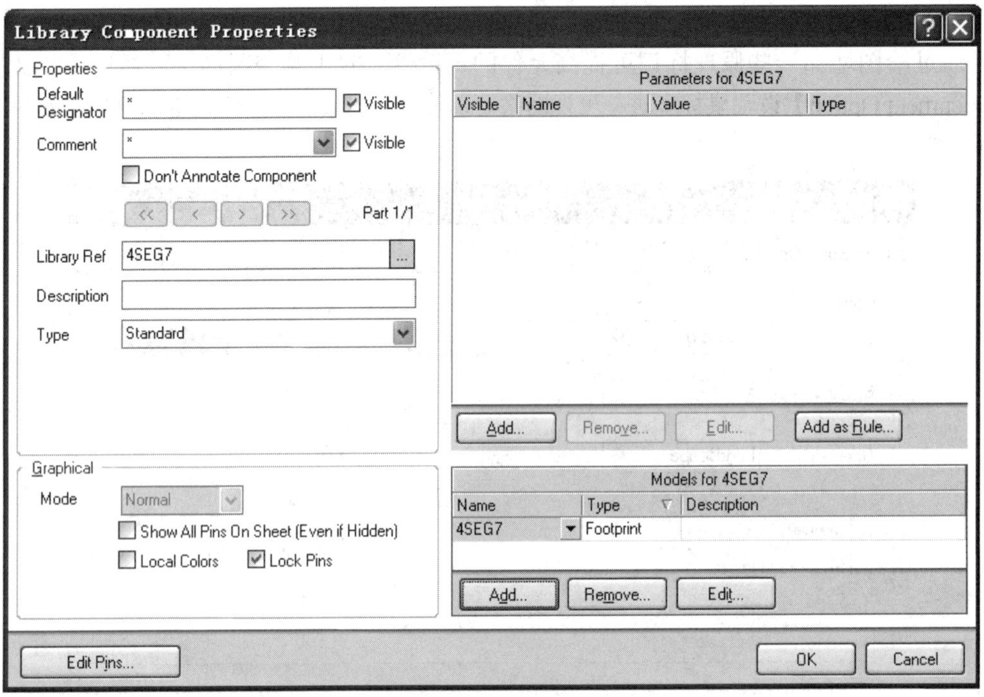

图 4.70　元件属性对话框

7) 保存绘制的元件

给元件命名，执行【Tools】→【Rename Component】；保存元件，则执行菜单命令【File】→【Save】，保存对库文件的编辑。

4.4.2　创建 PCB 元件库

1. 元件封装

元件引脚封装一般指在 PCB 编辑器中，为了将元件固定并安装于电路板而绘制的与元件管脚距离、大小相对应的焊盘，以及元件的外形边框等。由于它的主要作用是将元件固定、焊接在电路板上，因此它在焊盘的大小、焊盘间距、焊盘孔径大小、管脚的次序等参数上有非常严格的要求。元件的封装和元件实物、电路原理图元件管脚序号三者之间必须保持严格的对应关系，为了制作正确的封装，必须参考元件的实际形状，测量元件管脚距离、管脚粗细等参数。

元件封装编号的含义：元件类型 + 焊盘距离(焊盘数) + 元件外形尺寸。

例如电阻的封装为 AXIAL-0.4，表示此元件封装为轴状，两焊盘间的距离为 400 mil (100 mil = 0.254 mm)；RB7.6-15 表示极性电容类元件封装，引脚间距为 7.6 mm，元件直径为 15 mm；DIP-4 表示双列直插式元件封装，4 个焊盘引脚，两焊盘间的距离为 100 mil。

对于一种新的元件，可能在 PCB 文件中找不到合适的封装，这就需要设计相应的封装图形。有两种方法创建元件封装：一种是采用手工绘制的方法，该方法操作较为复杂，但能制作外形和管脚排列较为复杂的元件封装；另一种是利用向导的方法制作，该方法操作较为简单，适合于外形和管脚排列比较规范的元件。

2. 手动创建元件封装

(1) 新建 PCB Library 文件。同原理图元件库一样，要在元件工程文件内增加一个 PCB Library 文件，命名为 Myself.PcbLib。

(2) 执行【Tools】→【New Component】命令，建立一个新元件封装，但不使用向导，即在弹出的对话框中单击“Cancel”按钮进入手动创建元件封装。

(3) 在绘制前必须保证顶层丝印层(Top Overlay)为当前层。

(4) 按“Ctrl + End”键，使编辑区中的光标回到系统的坐标原点。

(5) 放置焊盘(Pad)，注意焊盘的距离和属性。在创建元件封装时，组件之间的相对距离及其形状非常重要，否则新创建的元件封装将无法使用，所以组件属性设置对话框中的“Location X/Y”、“Shape”等选项时常需要输入精确的数值。习惯上 1 号焊盘布置在(0, 0)位置、形状为方形，其他组件根据实际的尺寸布置它的相对位置。同时焊盘直径和孔径都要设置精确。

如 4.71 所示，四位 7 段数码管的水平引脚间距为 100 mil，则对应间距为 100 mil，放置时按该间距直接放置即可。对于垂直引脚间距为公制 10 mm，若要转化为英制(为 393.7 mil)，则需要通过设置焊盘属性进行修改。

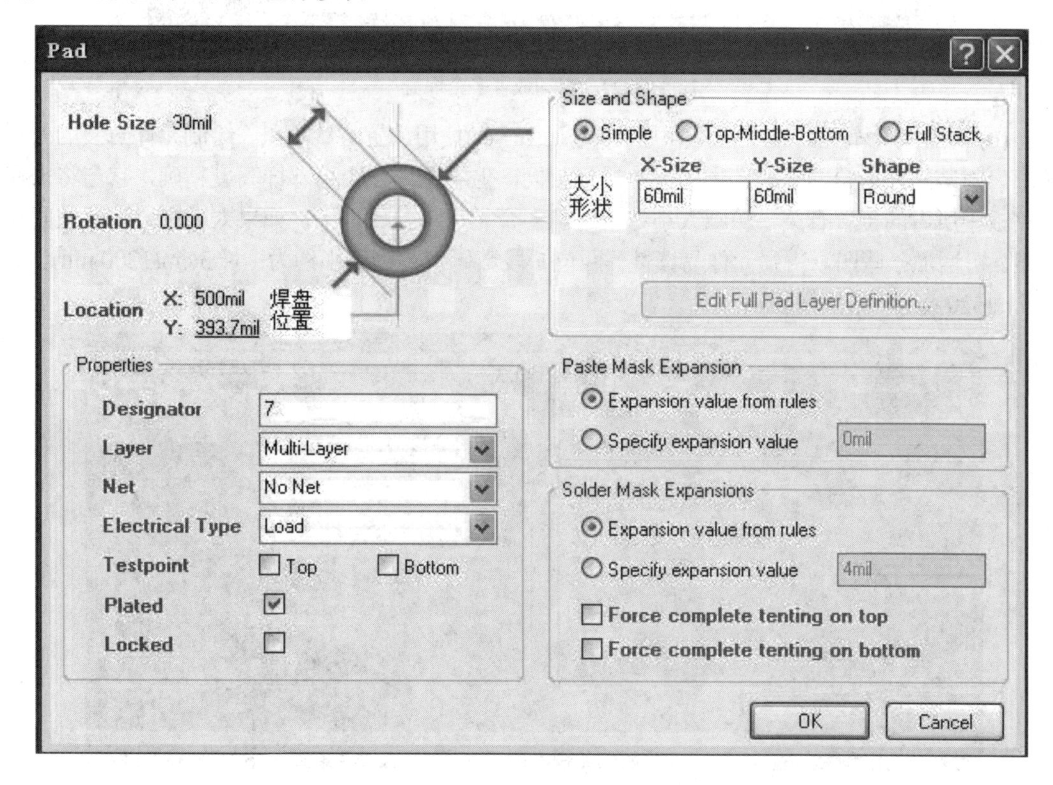

图 4.71　焊盘属性编辑

放置一行或一列多个焊盘时，如果每个都修改，则比较麻烦。在图 4.71 中选中焊盘 7，点复制、点多个粘贴图标，在弹出的对话框中设置粘贴的数量、水平距离即可增加多个焊盘。如图 4.72 所示为粘贴 5 个，焊盘标号依次增加 1，焊盘自右向左排列，设置完成后，点击焊盘 7，即可完成粘贴。还可根据需要修改焊盘的大小。

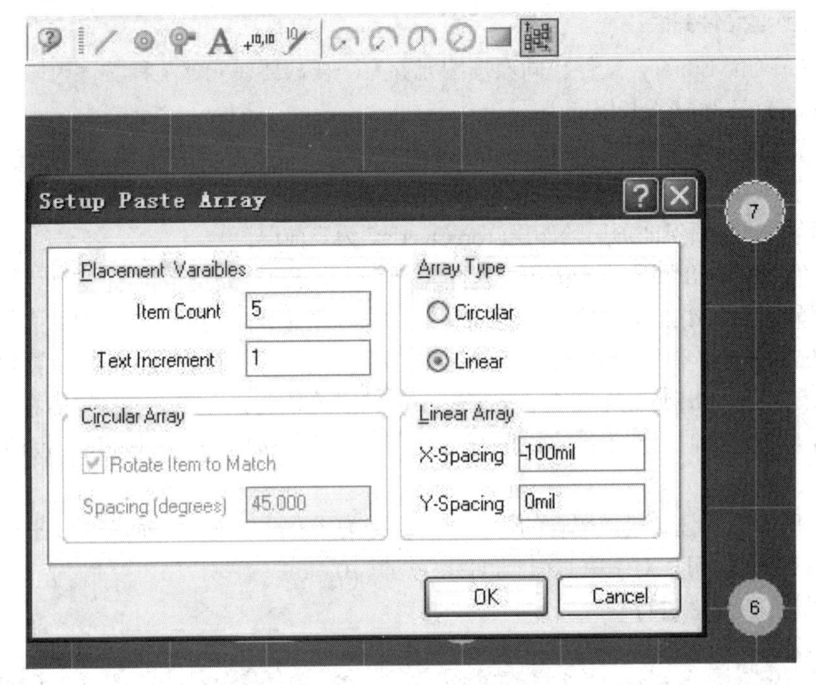

图 4.72　自动放置多个焊盘

(6) 绘制外形轮廓。在顶层丝印层(Topover Layer)使用放置导线工具，绘制元件封装的外形轮廓。封装的外形轮廓要和实物的大小尽量相同，但不像焊盘距离那样高度精确，它与将来在电路板中所占的位置有关，轮廓太小将来可能多个元件重叠放不下，如果太大则会浪费空间和板子。可增加一些图示增强元件易读性。四位 7 段数码管实物大小约为：长 3 cm(1200 mil)、宽 1.3 cm(520 mil)，结果如图 4.73 所示。

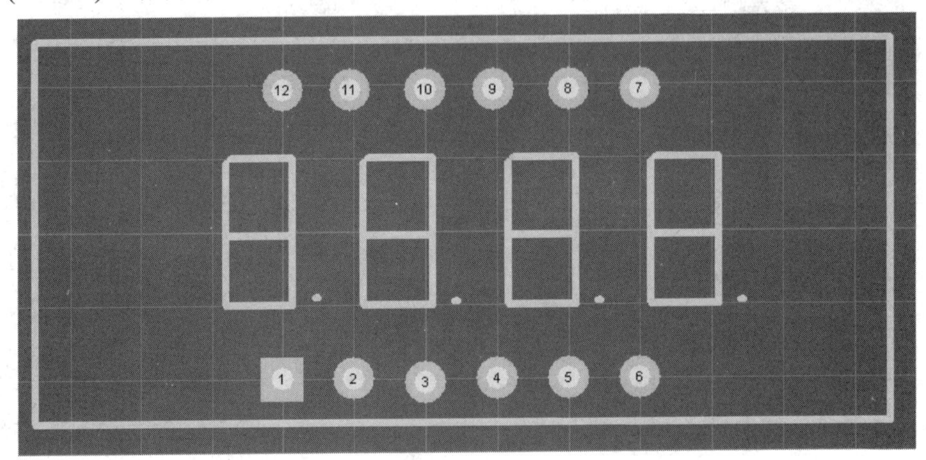

图 4.73　四位数码管封装

(7) 设置元件封装参考点。选择主菜单【Edit】→【Set Reference】，在子菜单中有三个选项，即“Pin 1”、“Center”和“Location”。其中，Pin 1 表示以 1 号焊盘为参考点，Center 表示以元件封装中心为参考点，Location 表示以设计者指定的一个位置为参考点。图 4.74 所示的是以 1 号焊盘为参考点。

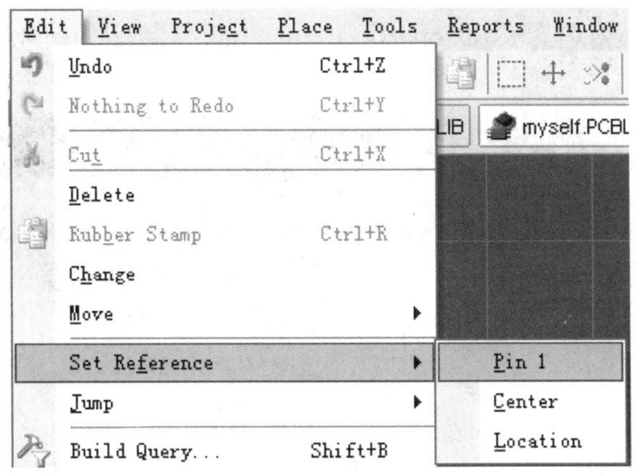

图 4.74　设置封装参考点

(8) 存盘。在创建新的元件封装时，系统自动给出默认的元件封装名称"PCBCOMPONENT-1"，并在元件管理器中显示出来。选择主菜单【Tools】→【Component Properties】命令后，出现如图 4.75 所示的对话框，在 Name 栏中输入元件封装名称，点击"OK"按钮关闭对话框。

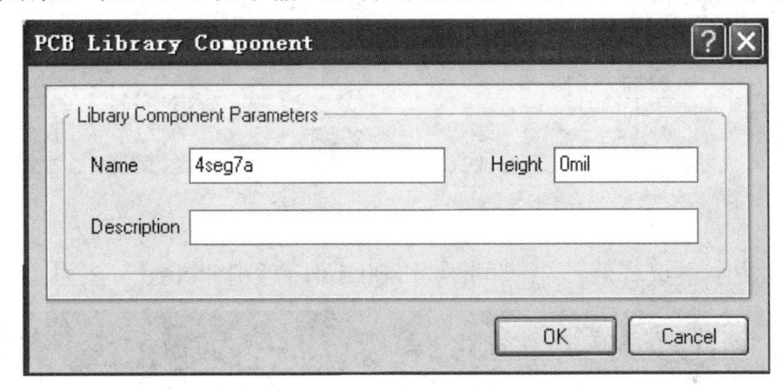

图 4.75　保存封装

3. 向导创建元件封装

通过创建一个 0.8 inch 即 800 mil 间距的电阻封装为例说明创建过程。

(1) 点击菜单命令【Tools】→【New Component】，或者在 PCB 元件库管理器面板的 Component 区域点击右键，出现子菜单，选择"Component Wizard..."命令，都可以启动向导，如图 4.76 所示，按向导提示进行即可。

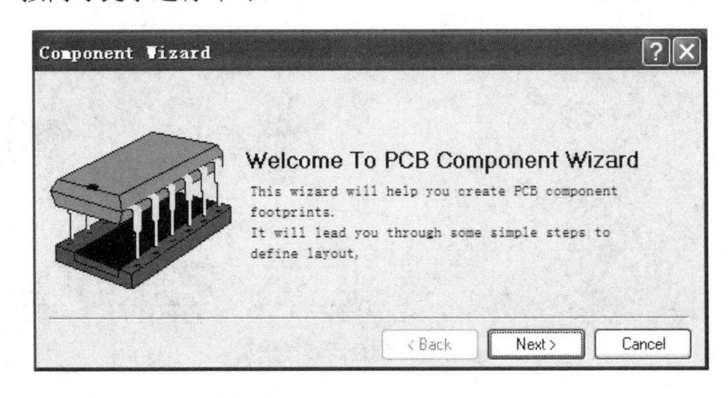

图 4.76　封装创建向导

(2) 在元件类别框内选择 Resistor(电阻)、Imperial(英制)，如图 4.77 所示，点击“Next”按钮。

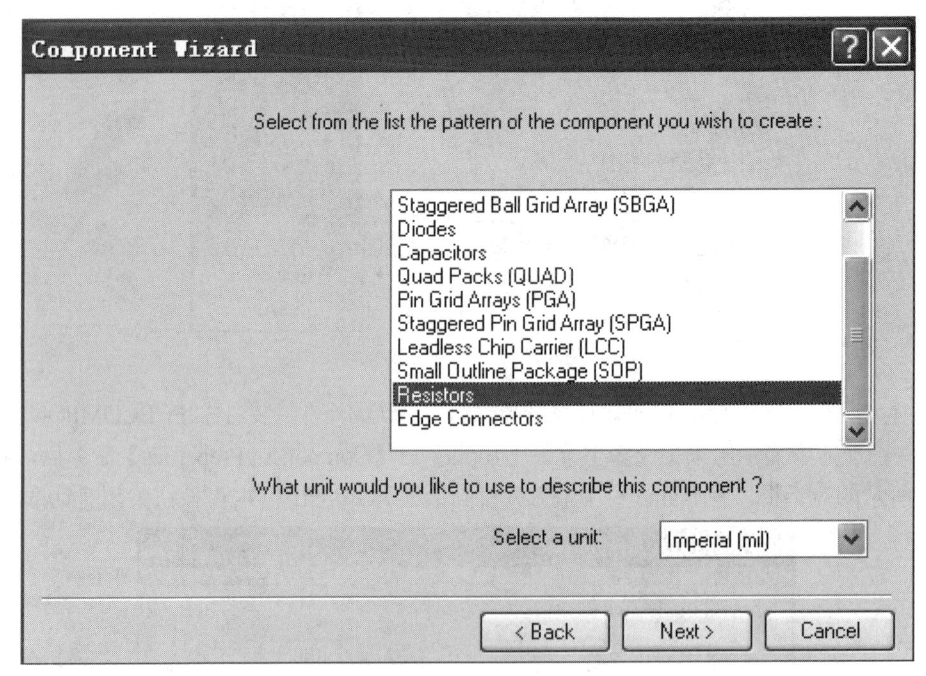

图 4.77　封装类别设定

(3) 如图 4.78 所示，选择修改引脚间距为 800 mil，点击“Next”按钮。

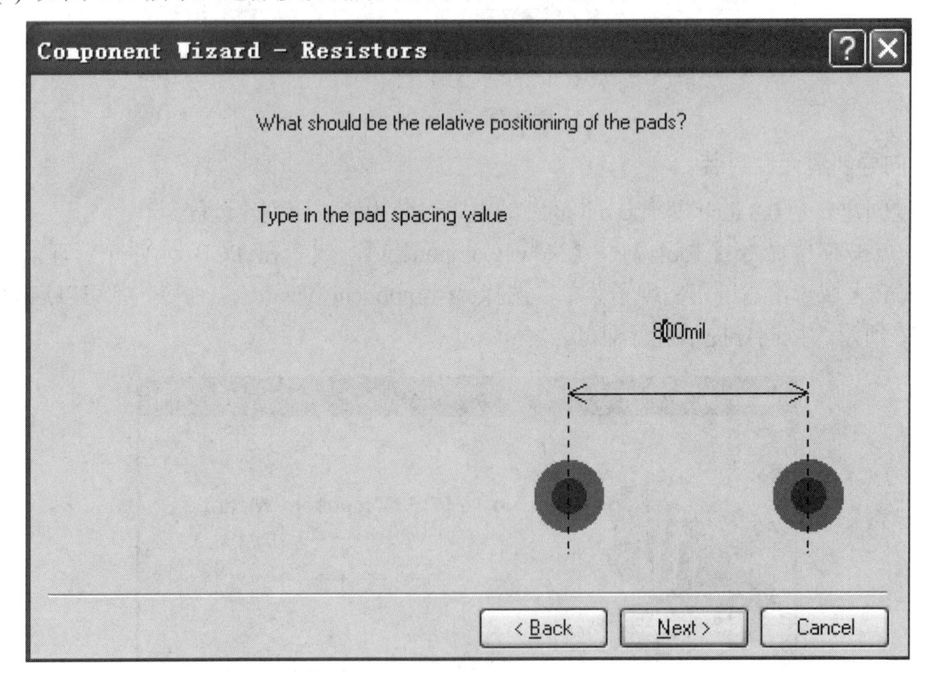

图 4.78　焊盘距离设定

(4) 元件命名为 Axial 0.8，如图 4.79 所示，基本完成封装的创建，点击“Next”按钮。

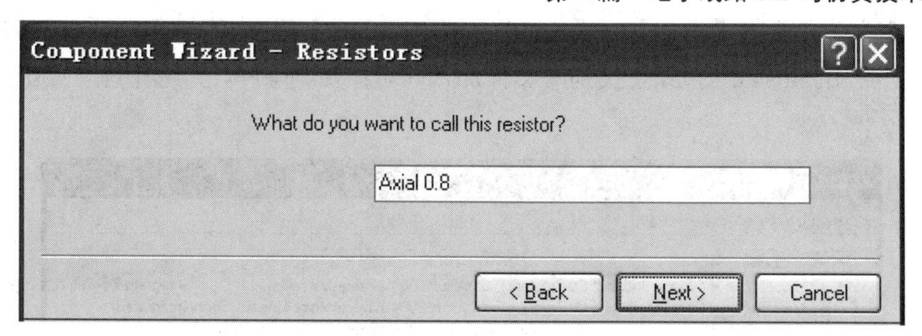

图 4.79　封装命名

(5) 在新的对话框内点击“Finish”按钮，完成结果如图 4.80 所示，PCB 封装制作完成。

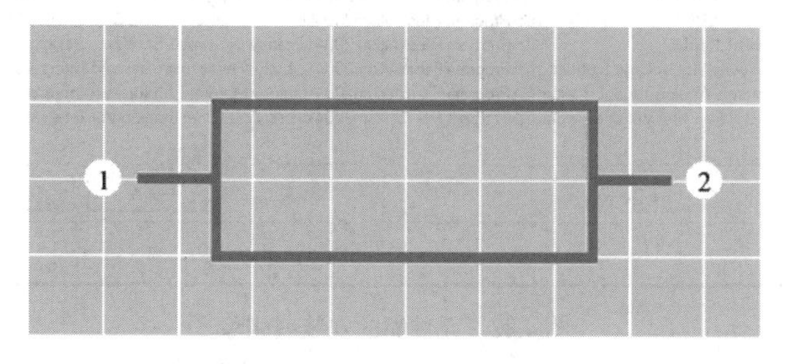

图 4.80　Axial 0.8 封装

对原理图元件库、PCB 封装库内的元件管理，可通过打开原理图元件库、PCB 封装库文件后，使用 Tool 菜单进行增加、删除、重命名、浏览等操作，如图 4.81 所示。

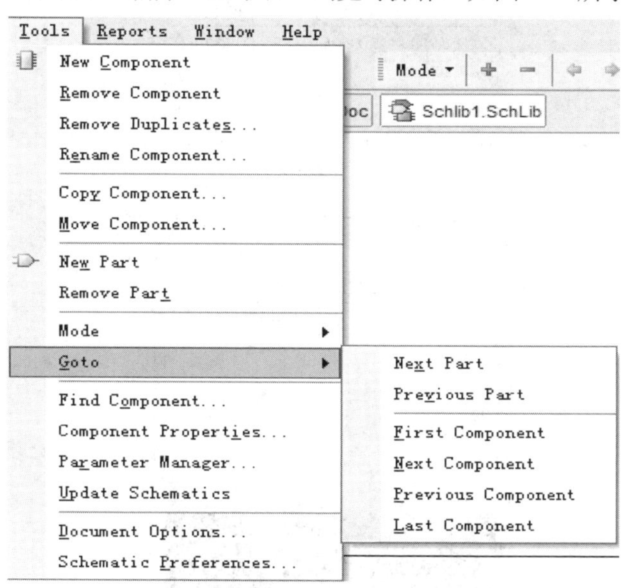

图 4.81　元件的管理

4.4.3　元件封装库的管理

1. 自建元件库的安装和元件的调用

要使用自己制作的元件或封装，就要将其加入元件库。

(1) 单击主菜单下的【设计】→【Add/Remove Library】，弹出库管理对话框，如图 4.82 所示。安装库，点击“Install”按钮，找到库文件加入即可；要删除库，先选中库，点击“Remove”按钮即可。

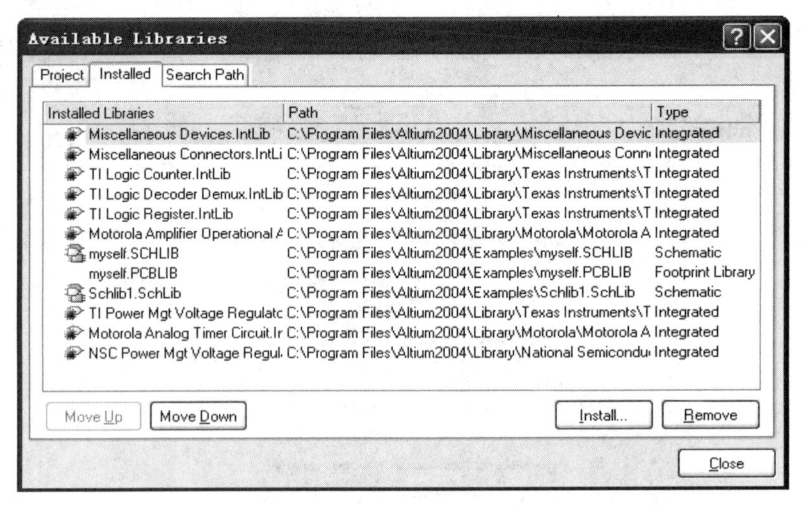

图 4.82　元件库的安装或删除

(2) 点主菜单下的【设计】→【Browse】或主窗口右侧的 Library 工具栏，选择要添加的 Myself.lib，就可以看到如图 4.83 所示的 4SEG7 元件，在设计时就可以使用了。

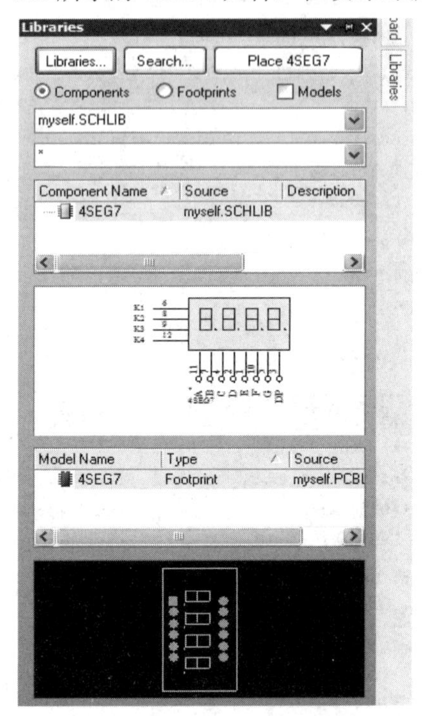

图 4.83　四位数码管封装的调用

第三篇　PCB 制板技术

第 5 章　PCB 制作流程及制作工艺介绍

5.1　PCB 制作流程

1. 单面板制作流程

单面 PCB 是只有一面有导电图形的印制板，一般采用酚醛纸基覆铜箔板制作，也常采用环氧纸基或环氧玻璃布覆铜板制作。

单面 PCB 主要用于民用电子产品，如：收音机、电视机、电子仪器仪表等。其生产工艺流程如图 5.1 所示。

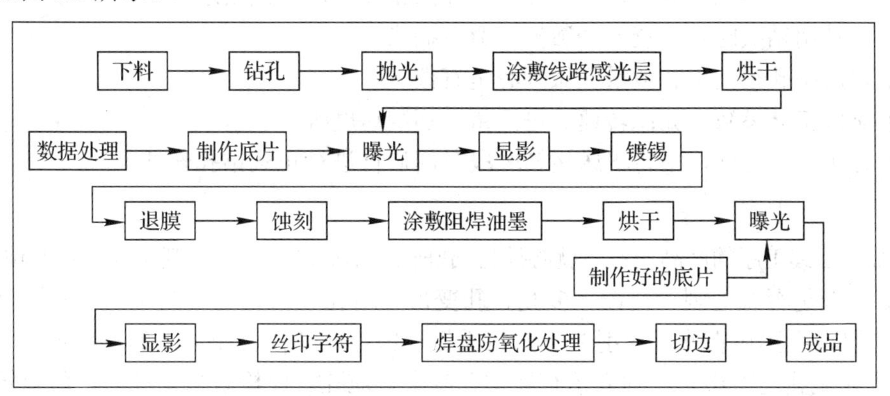

图 5.1　单面板生产工艺流程图

2. 双面板制作流程

双面 PCB 是两面都有导电图形的印制板。显然，双面板的面积比单面板大了一倍，适合用于比单面板更复杂的电路。双面印制板通常采用环氧玻璃布覆铜箔板制造。它主要用于性能要求较高的通信电子设备、高级仪器仪表以及电子计算机等。其生产工艺流程如图 5.2 所示。

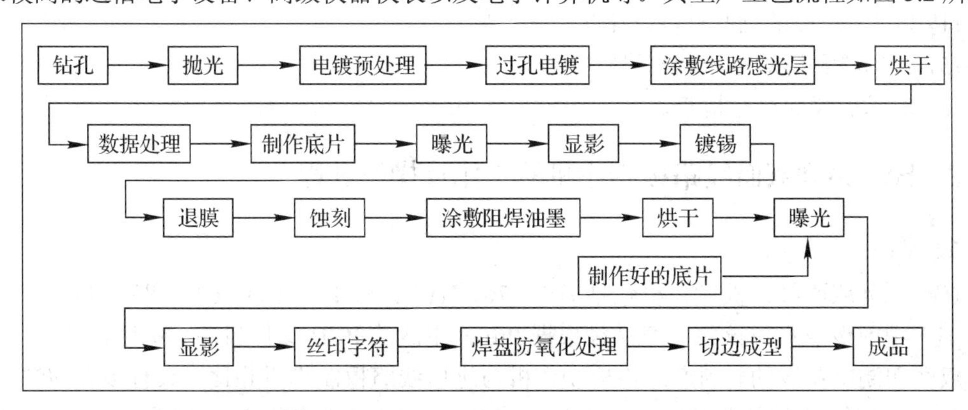

图 5.2　双面板生产工艺流程图

5.2 钻孔工艺介绍

5.2.1 工艺要求及注意事项

钻孔是根据计算机所提供的数据按照人为规定进行钻孔。在进行钻孔时，必须严格地按照工艺要求进行。如果采用底片进行编程时，要对底片孔位置进行标注(最好用红蓝笔)，以便于核查。

1. 准备作业

(1) 根据基板的厚度进行叠层(通常采用 1.6 mm 厚基板)，叠层数为三块。

(2) 按照工艺文件要求，将冲好定位孔的盖板、基板按顺序进行放置，并固定在机床上规定的部位，再用胶带格四边固定，以免移动。

(3) 按照工艺要求找原点，以确保所钻孔的精度要求，然后进行自动钻孔。

(4) 在使用钻头时要检查直径数据，避免搞错。

(5) 对所钻孔径大小、数量应做到心里有数。

(6) 确定工艺参数，如：转速、进刀量、切削速度等。

(7) 在进行钻孔前，应将机床运转一段时间后再进行正式钻孔作业。

2. 检查项目

要确保后续工序的产品质量，就必须将钻好孔的基板进行检查。其中要检查的项目如下：

(1) 检查是否有毛刺、孔偏、多孔、孔变形、堵孔、未贯通、断钻头等。通常检查漏钻孔或未贯通孔采用在底部照射光下，将重氮片覆盖在基板表面上，如发现重氮片上有焊盘的位置因无孔而不透光，则表示有漏钻孔或未贯通孔。而检查多钻孔时，将重氮片覆盖在基板表面上，如果发现重氮片上没有焊盘的位置透光，就可检查出存在的缺陷。检查偏孔、错位孔也可以采用底片检查，这时重氮片上焊盘与基板上的孔无法对准。

(2) 对孔径种类、孔径数量、孔径大小进行检查。

(3) 最好采用胶片进行验证，易发现有无缺陷。

(4) 根据印制电路板的精度要求，进行 X-Ray 检查以便观察孔位对准度，即外层与内层孔(特别对多层板的钻孔)是否对准。

(5) 采用检孔镜对孔内状态进行抽查。

(6) 对基板表面进行检查。

5.2.2 HW 系列双面线路板制作机的工作及操作过程

1. 概述

HW 系列双面线路板制作机包括 HW-170、HW-175、HW-180、HW-185、HW-190 双面机和 HW-195 专业机。该系列产品是根据 Protel 生成的 PCB 文件自动、快速、精确地制作单、双面印制电路板的。国产线路板制作机与进口线路板制作机相比，具有极高的性价比。用户只需在计算机上完成 PCB 文件设计并将其通过 RS-232 串行通信口(手提电脑通过 USB

转 232 转换线)传送给制作机，制作机便能快速地自动完成雕刻、钻孔、铣边全系列功能。无限次的软件升级、配套的化学沉铜设备(金属化过孔用)等，使得产品配套灵活多样，真正实现了低成本、高效率的自动化制板。制作机体积小，操作极其简单，可靠性高，是高等院校电子、机电、计算机、控制、仪器仪表等相关专业实验室、电子产品研发企业及科研院所、军工机构等行业的理想工具。

1) 功能介绍

HW 系列双面线路板制作机是一种机电、软硬件相结合的高新科技产品。它利用物理雕刻过程，通过计算机精确控制，在空白的敷铜板上把不必要的铜箔铣去，形成用户定制的线路板。HW 系列双面线路制作机使用简单、精度高、省时、省料。

HW 系列双面线路制作机是一套专业线路板制作系统，直接利用 Protel 的 PCB 文件信息，无需经过转换，直接输出 PCB 雕刻数据，控制制作机自动完成雕刻、钻孔、切边等工作。

2) 结构介绍

电子线路板制作机由软件系统和硬件系统构成，如图 5.3 所示。

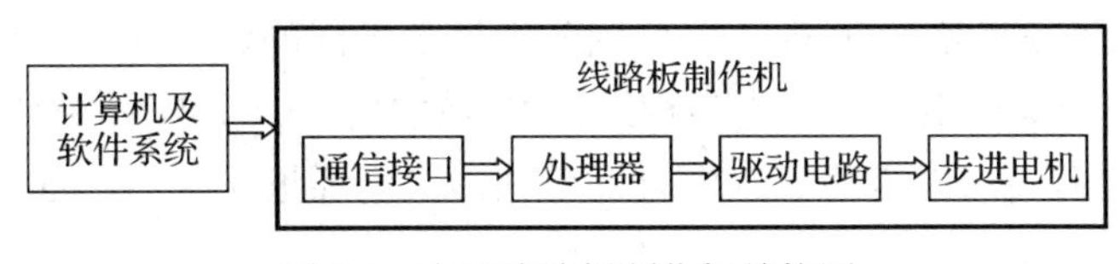

图 5.3　电子线路板制作机结构图

2. 工作过程

首先，把空白敷铜板固定在工作台上，打开需雕刻的 PCB 文件，然后打开电源，调整好加工原始位置，并在计算机上点击“雕刻”命令(具体操作见产品说明书)。

根据设计好的 PCB 文件，计算机自动计算出刀具运动的最佳路线，经转换后分解成相应的一条条指令，通过 RS-232 或 USB 转 RS-232 通信接口把指令传送给线路板制作机，线路板制作机的主控电路根据计算机指令，通过 CPU 主处理器高速运算，输出精确的步进脉冲，协调并控制三只步进电机做相应的左、右转，通过同步齿带带动主轴、工作台运动使刀具相对线路板运动，完成指令后向计算机发送指令完成信号。

主轴电机高速旋转，根据所设计的线路板文件的要求，经过机器的自动钻孔，就形成了钻好孔的线路板(裸板)。

3. 空白线路板

空白线路板是在绝缘基体上粘贴覆盖一层导电的铜(绝缘基体的材质有所不同：有胶木板、玻璃纤维板、环氧板、纸板等，铜箔的表面厚度也有所不同，为 0.05～0.18 mm)，可按照设计要求选择不同的板材和铜泊厚度。从基本原理上看，制作一张线路板的过程，就是利用铣刻的原理把线路板上多余的、不必要的部分铣去。这一过程跟传统的雕刻过程相似，区别在于传统物理制板利用手工雕刻，而本机则利用计算机高速运算让机器自动完成。

4. 指令传输

控制软件从 PCB 文件获取线路板加工信息，将其自动转换、分解成线路板制作可以接受的一个个单独的动作指令，而这一个个的动作指令集合起来就形成了机器的加工路径。在收到用户指令时，控制软件将加工路径通过串行通信口让指令逐条传送给线路板制作机。线路板制作机每完成一个动作指令，便向计算机报告指令完成信号。完成所有工作以后，控制软件向机器传送停止信息，此时机器将停止工作，回到起始位置。

根据计算机传送来的指令，线路板制作机的中央处理器根据运动控制原理，控制 3 个步进电机的转速、方向协调工作，完成指令向计算机发送指令完成信号。

5. 组合运动控制

在本机中，三条互相独立的直线运动导轨互相垂直安装。Y 轴滑车带动工作平台前后运动，X 轴滑车带动 Z 轨及安装在 Z 轨上的主轴电机左右运动，Z 轴带动主轴电机上下运动。三轴在 CPU 的协调控制下，使主轴带动高速旋转的刀具相对工件做三维空间运动，从而把工件(线路板)加工成符合用户要求的成品。

例如，当 Z 轴静止且刀尖略低于线路板表面时，Y 轴静止，X 轴移动。此时主刀具将在线路板上铣出一条 X 轴方向的直线，宽度相当于刀具的刀尖宽度。X 轴静止，Y 轴移动时，主刀具将在 Y 轴方向上刻出一条直线，当 X、Y 轴同时运动且速度相同时，刀具将在线路板上刻一条 45° 的斜线。控制 X、Y 轴分别处于不同的运动速度，可在平面上刻出不同角度的直线；控制运动距离，通过各种组合可以在平面上刻出不同的形状。

当 Z 轴静止且刀尖高于线路板表面时，主轴刀尖将通过 X、Y 轴的运动移动到需要雕刻的点。

当 X、Y 轴静止，Z 轴向下移动接触到线路板表面时，主轴电机带动钻头在线路板当前位置上钻孔。(钻孔误差小于 1 mil)

6. 微调

HW 系列线路板制作机主控面板上提供主轴刀尖与覆铜板表面高度升、降微调和试雕功能：向左旋转刀尖将上升，向右旋转刀尖将下降，按下试雕功能按钮，机器将按照所需雕刻文件的长度与宽度走一遍。

7. 主要特点

线路板制作机的主要特点如下：

(1) 直接支持 Protel 99 SE 等多种 EDA 软件输出的 PCB 文件格式，不需任何格式转换便可直接输出 PCB 文件。

(2) 自动化程度高，线路钻孔工序自动完成。

(3) 中文操作软件，界面友好，操作非常简便。

(4) 无需化学腐蚀，属环保型设备。

(5) 雕刻精度高，数控钻孔误差小于 1 mil，多引脚元件可以轻松插入。

(6) 与国外同类型产品相比，有着同档次的品质，但价格只是其 1/5，具有极高的性价比。

8. 软硬件安装

双面线路板制作机的安装包括硬件和软件的安装，其中硬件的安装需要完成双面线路板制作机与 PC 之间数据线(DB9 串口线)的连接及双面线路板制作机电源线的连接；软件的安装则安装与操作系统版本相对应的操作软件即可。

1) 硬件的安装

为方便操作制作机，最好将制作机放在与计算机工作平台高度相同的稳固工作台面上，然后将附带的 RS-232 通信线一头连接到制作机右侧的串口上，另一头连接到 PC 的串口(计算机的串口 1 与串口 2 可选，但需在操作软件的设置项中设置对应的通信端口号)，再将制作机的电源线连接好，这样就完成了制作机硬件的安装。

2) 软件的安装

PC 配置需求：

- CPU　586DX-500M 以上，256 MB 以上内存。
- 带可用的串口(COM1/COM2) 1 个以上。
- 操作系统 Windows 2000/NT/XP 可选。
- 附带 CD-ROM 驱动器。
- 安装有 Protel 99 SE 或 Protel DXP 软件。

将双面线路板制作机软件光盘插入到 CD-ROM 中(这里我们用到的是浩维科技的双面机软件)，打开光盘，将出现如图 5.4 所示的窗口。

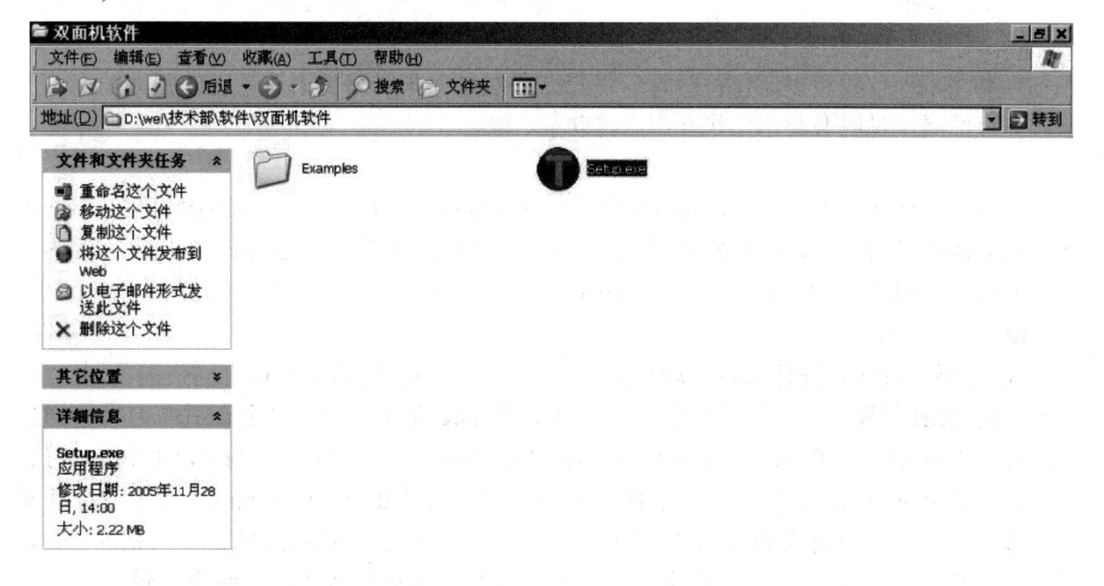

图 5.4　双面机软件窗口

双击“Setup.exe”程序文件，进入安装界面，如图 5.5 所示。

点击“下一步”按钮继续，按屏幕提示操作直到完成安装。

注：该机器支持 Windows2000/NT/XP 操作系统。

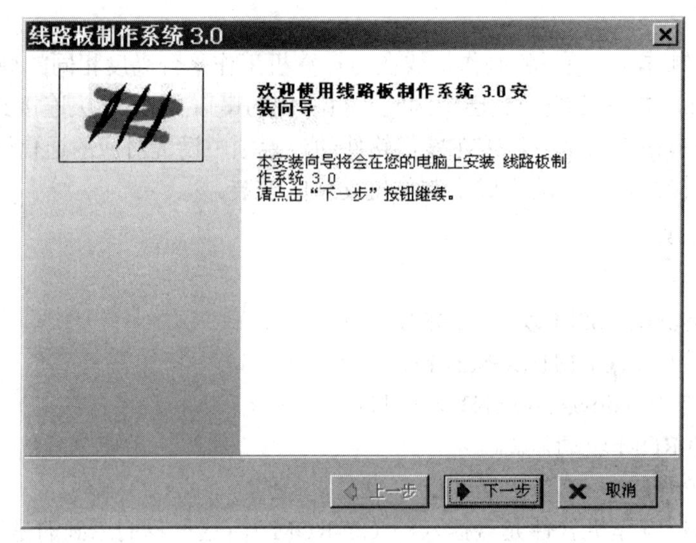

图 5.5　安装界面

9. 雕刻前的准备操作步骤

当购买到一台线路板制作机时，自然想立即制作一张线路板来看看它的强大功能，但需要先仔细阅读说明书及本操作介绍后再动手。

(1) 连线。

把机器平放在工作平台上，取出串口连接线(DB9 电缆线)，将连接线(带针)的一头连接到机器右侧的通信接口，将连接线(带孔)的另一头连接到计算机的 COM 1 接口上，并连接好电源线(供电电压为 AC 220 V～AC 240 V)。

(2) 设定参数。

在雕刻软件(钻孔软件与雕刻软件为同一软件，雕刻机与钻孔机也为同一设备)上打开需雕刻的 PCB 线路图，根据线路板设计要求，在 DK 操作界面中设定合适的刀具选择参数。建议选择略小于 Protel PCB 文件设计中的安全距离(例如选择 0.38 mm 的刀具，刀具参数宜选择 0.36 mm，软件的刀具选择应略小于实际刀具 0.01～0.05 mm)。必须在打开文件后预览中看看有没有因为刀具选择错误(参数设定太大)而造成的线路板线条粘连。如果在刀具选择下拉菜单中没有合适的刀尖可选，可按“其它”按钮，在弹出的输出窗口中可随意输出想要的合适刀尖，按“新增”按钮，该刀尖便添加到刀具选择的下拉菜单中；直到刀尖选择正确(线条没有造成粘连)为止，按“确定”按钮便可将刀尖设定并同时关闭该输出窗口。

根据线路板厚度设定 DK 操作的板厚参数，此操作为执行钻孔和割边时提供准确数据，如果输入 2 mm，再执行钻孔或割边，那么机器将在调节的高度再往下钻孔或割边 2 mm 深度。因此选择板厚参数时可选择为比实际的板厚大 0.2～0.4 mm，例如：实际的板厚度是 1.6 mm，那么板厚参数可设定为 1.8 mm 或 2 mm。

(3) 安装刀具。

根据设定的刀具选择参数，在刀具盒中选取相应的刀具，用六内角扳手轻轻将主轴电机的紧固螺丝松开，将刀具插入主轴电机孔内，再拧紧两边的内六角螺丝(不能太用力，因

为紧固螺丝较小，如果太用力有可能将紧固螺丝损坏)。观察刀尖是否偏摆，如果刀尖偏摆，需将刀具重新安装，直到刀尖不偏摆为止。

注意：本机所配的刀具相当锐利，操作不当极易割伤手指，故需要特别小心！

(4) 固定电路板。

确认制作机硬件与软件安装完成以后，将空白的覆铜板一面贴上双面胶，贴胶时要注意贴匀，不能出现空气泡，确保在一个水平度，然后将覆铜板较平的一边紧靠制作机底面平台的平行边框贴好，并用两大拇指均匀向两边压紧、压平(注意覆铜板的边沿一定要与平行边沿靠紧，并保证覆铜板边沿整齐，这样才能确保制作双面线路板换边时能准确定位)。

注意：主电源打开状态下，严禁用手推拉主轴电机和工作平台。

10. 按键功能介绍

将待雕刻的 PCB 板图导入制作机操作窗口。点击工具栏的“设置”按钮，可选择相对应的机器型号和计算机串行端口号，如图 5.6 所示。

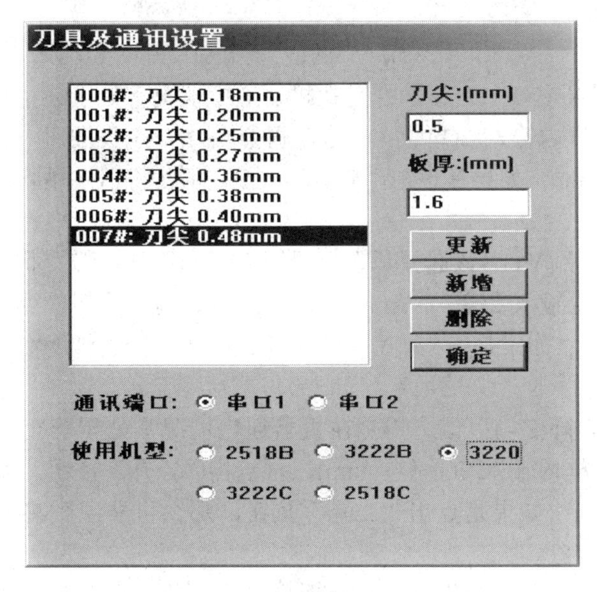

图 5.6　刀具及通讯设置

查看图纸明确底层刀头型号，使机器处于底层操作，并选择设置好合适的刀尖和板厚，使线路图中的线条不造成粘连而刀尖刚好是最大即可。

设置好板材厚度和雕刻刀规格后，点击工具栏“输出”按钮，出现如图 5.7 所示的操作面板。

“输出”操作面板各个操作功能模块描述如下：

(1) 工作速度：浩维科技双面板制作机提供 5 级雕刻和钻孔速度，钻孔时建议选择中等速度；雕刻时可根据线路最小线隙、最小线径选择合适的雕刻速度，当线路线径、线隙较大时，可选择较快的速度，当线路线径、线隙较小时，应该选择较慢的速度。由于电机工作速度默认为中速，因此在每次钻孔或雕刻线路时，需调节好工作速度，以免工作速度影响线路板钻孔或雕刻的时间和质量。

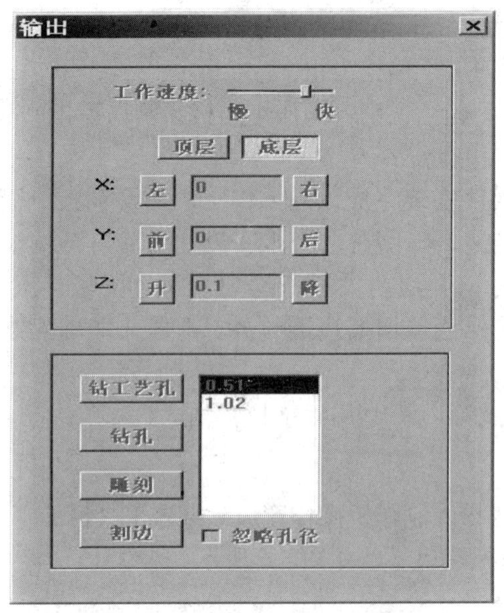

图 5.7 “输出”操作面板

(2) X 左(X−)、X 右(X+)：该选择是在机器通电情况下处于静止状态时供调整左右偏移量的。如果在输入框内输入 2(单位：mm)，再点击“X 左”按钮，那么机器主轴将在原始位置向左边移动 2 mm；如果是点击“X 右”按钮，那么机器主轴将在原始位置向右边移动 2 mm。

(3) Y 前(Y−)、Y 后(Y+)：该选择是在机器通电情况下处于静止状态时供调整前后偏移量的。如果在输入框内输入 2(单位：mm)，再点击“Y 前”按钮，那么机器主轴将在原始位置向前面移动 2 mm；如果是点击“Y 后”按钮，那么机器主轴将在原始位置向后面移动 2 mm。

(4) Z 升(Z+)、Z 降(Z−)：该选择是在机器通电情况下处于静止状态时供调整升降偏移量的。如果在输入框内输入 2(单位：mm)，再点击“Z 升”按钮，那么机器主轴将在原始位置向上移动 2 mm；如果是点击“Z 降”按钮，那么机器主轴将在原始位置向下移动 2 mm。

(5) 钻工艺孔：钻工艺孔是为制作双面板提供准确的定位，点击“钻工艺孔”按钮，机器会在线路板左上角和右上角钻两个孔。

(6) 钻孔操作。

连接好数控钻床的串口线与电源线后，将数控钻床主轴钻机和下部底板手动复位到原点位置并按住不放(即从数控钻床正面看去，主轴钻机靠最右端，底面平台靠最后端)，启动钻机主电源按钮，这时可以放开主轴钻机和下部底板，这时主轴钻机和下部底板在电动控制下，固定在原点位置。

启动“数控钻床.exe”控制程序，将待钻孔的 PCB 板图导入控制程序窗口，同时，将待钻孔的电路板用双面胶固定在底板上。将待钻孔电路板的 PCB 图导入数控钻床控制软件后，单击工具栏的“输出”按钮。

首先，选择第一批孔径的孔，如“0.65 mm”，并安装相应规格的钻头；然后，点击“Z−”按钮，即将钻头朝向下的方向调，直到钻头尖与待钻的电路板水平面相差 1mm 左右。

接着最关键的一步就是设置“原点”与“终点”。取电路板靠数控钻床底板右下角有效线路边框线交点为原点，这时钻头垂直方向可能并未对准该端点，需要调整 X、Y 方向的偏移值，直到钻头尖垂直方向正好对准该端点，点击“设原点”按钮，这样就将电路板有效线路边框线右下角交点设置成了原点；设置原点之后，选择“X+”、“X−”、“Y+”、“Y−”四个按钮，并在对应 X、Y 方向按钮旁的编辑窗口中输入偏移值，使电机钻头移动到原点对角线位置的电路板有效线路边框线左上角交点，直到钻头尖垂直方向正好对准该端点，点击“设终点”按钮，这样就将电路板有效线路边框线左上角交点设置成了终点。

设置好“原点”和“终点”后点击“钻孔”按钮，若定位误差在允许误差范围内，则机器将开始自动钻孔，直到完成首选批次孔；若定位误差大于所允许误差的范围，则软件提示“误差范围超值，请重新调整”，这时，只要根据误差值的正负符号及数值大小将钻头位置沿 X、Y 方向做细微调整，重新设定“终点”位置，再次点击“钻孔”按钮，直到能开始自动钻孔为止。

重复以上操作，直至钻完全部批次的孔。

11. 雕刻步骤

(1) 把覆铜板贴好后，应先根据覆铜板放置的位置设置 X、Y 适当的偏移量，以确定线路板合适的起始位置。

(2) 按一下制作机面板的试雕按钮，并大致估计雕刻的部分是否在覆铜板范围之内，如果雕刻部分超过了覆铜板有效面积，则更换更大的覆铜板或重新调整 X、Y 的偏移量，直至试雕的边框在覆铜板的有效面积之内。(此时，需记好 X、Y 的偏移量，以方便更换钻头后重新调整偏移量。)

(3) 装好钻头后，通过计算机操作软件调节钻头的垂直高度，直到钻头尖与电路板垂直距离为 2 mm 左右。

(4) 改为手动微调，在制作机面板有一个数字电位器旋钮，该旋钮具有调节钻头夹具垂直高度的功能，同时具有试雕的功能。

(5) 调节旋钮往左旋转时，Z 轴垂直向上移动；调节旋钮往右旋转时，Z 轴垂直向下移动。调节旋钮向下按一次(试雕)，则制作机完成一次试雕，即按需雕刻线路板的长和宽走一遍。

(6) 调节钻头的高度时，钻头快接近覆铜板时，一定要慢慢旋动旋钮，直到钻头接触到覆铜板(一定要保证主轴电机电源打开，否则容易造成钻头断裂)。

(7) 开始钻孔，操作软件界面选择对应的孔径，点击“钻孔”按钮，制作机将自动完成该规格孔径的钻孔工作。

(8) 若不需更换钻头，则选择另一种规格的孔，点击“钻孔”按钮开始钻第二批规格的孔。

(9) 若需要更换钻头，建议只关闭主轴电机电源，而设备总电源处于通电状态，这样就不需要重新调节各个参数，装好钻头后，重复第(6)、(7)、(8)步骤，即可钻完各个规格的孔。

注意：在机器处于运动钻孔的过程中，严禁调整“输出”窗口中的任何按钮及关闭“输出”窗口，否则会导致电路板钻孔失败或制作机胡乱工作。

12. 机器保养与疑问解答

取出线路板，将线路板清理干净后，用细砂纸将两面线路打磨，确保线路光滑饱满。为防止线路板被氧化，可在线路板两面适当喷上一层光油，再把工作台板的双面胶以及杂物清理工净，以方便下次使用。

机器使用的钻孔刀具及钻头如图 5.8 所示。

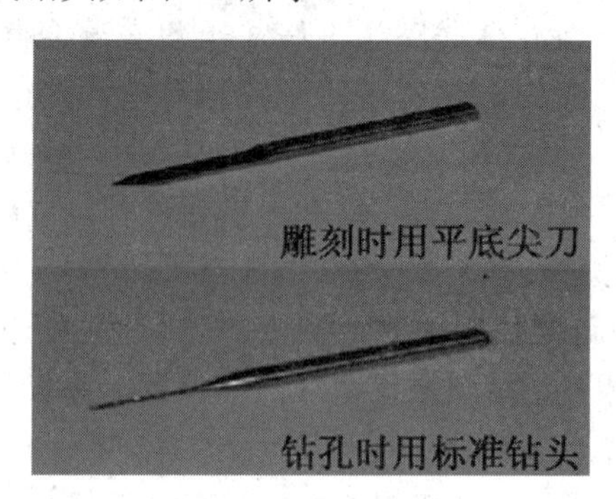

图 5.8　钻孔刀及钻头

产品疑问解答：

问：机器适用的文件是哪种格式的？

答：所有兼容 Protel 的线路板设计软件均可通过 Protel 打开文件进行线路板制作，导出 PROTEL　PCB　2.8　ASIC 格式即可在本机软件中打开。

问：机器连续工作时间多长？

答：连续工作时间不要超过 6 小时；散热半小时后可继续工作。

问：机器有无配套丝印工艺?

答：本产品有配套丝印工艺。

问：如何提高线路板的可焊性?

答：可在线路板表面涂一层松香或用细砂纸轻轻打磨。

问：可加工多大和多厚的板材？

答：本机器制板厚度不限(钻孔厚度 0.2～3 mm 以内)。

问：产品有无维修备件和保修情况?

答：本产品备件有内六角扳手两把和原装刀具一套(钻孔刀 10 把，钻头 10 支)；整机保修一年，保用五年(主轴电机保修半年)。

特别注意事项：

(1) 形成良好的习惯，打开主电源前确认主轴电源关闭，关闭主电源时，则先关上主轴电源。

(2) 装刀具、钻头时一定要收紧固定螺丝。

(3) 钻孔时严禁关闭输出窗口，如果在钻孔中途需调节钻孔高度，可利用机器面板上的“微调按钮”进行调节，绝不能关闭“输出”窗口，因为关闭“输出”窗口可能会导致机器胡乱工作，甚至损坏刀具或主轴电机。

(4) 线路板钻孔完成后，需将工作台面的双面胶以及杂物清理干净，避免留下残物影响钻孔效果，以保持下次使用的平整。

常见问题解答：

(1) 打开文件时提示“非 PCB 文件”怎么办?

本机兼容 Protel ASIC II 2.8 文件格式，如果绘图软件不能输出此格式，则在 Protel 99 SE 中导入你所设计的文件，然后导出此格式文件，机器软件就可以识别到。

(2) 打开文件时提示“无 KEEPOUT LAYER”怎么办?

本机以禁止布线层为线路板外边框，因此所设计的 PCB 文件一定要在 KEEPOUT LAYER 画上一条边框线，线宽等于刀具直径 3.15 mm(即禁止布线层的线离第一根设计线 1.5 mm 以上；否则可能割边时会损坏到所设计的线条。)

(3) 打不开文件或打开后软件自己关闭怎么办?

若所设计的线路图坐标为负，则可以在 Protel 99 SE 中把鼠标移到所设计的线路图左下角和右下角观察显示栏是否为负，如果为负则把整个线路图移至坐标为正的地方。

(4) 机器不能与电脑通信怎么办?

本机只支持 Win2000/NT/XP 操作系统，并在软件的“设置”选项里将“通讯端口”和“设备型号”选为与电脑的串口号(COM 1 或 COM 2)以及与机器设备的型号相吻合。

5.3　沉铜工艺介绍

5.3.1　电镀前处理(沉铜)工艺介绍

1. 沉铜目的与作用

在已钻孔不导电孔壁基材上，用化学方法沉积上一层薄薄的化学铜，以作为后面电镀铜的基底。

2. 工艺流程

碱性除油→二或三级逆流漂洗→粗化(微蚀)→二级逆流漂洗→预浸→活化→二级逆流漂洗→解胶→二级逆流漂洗→沉铜→二级逆流漂洗→浸酸

3. 工艺流程说明

1) 碱性除油

(1) 作用与目的：除去板面油污、指印、氧化物及孔内粉尘；对孔壁基材进行极性调整(使孔壁由负电荷调整为正电荷)便于后工序中胶体钯吸附。

(2) 多为碱性除油体系，也有酸性体系，但酸性除油体系较碱性除油体系无论除油效果，还是电荷调整效果都差，表现在生产上即沉铜背光效果差，孔壁结合力差，板面除油不净，容易产生脱皮起泡现象。

(3) 碱性体系除油与酸性除油相比操作温度较高，清洗较困难。因此，在使用碱性除油体系时，对除油后清洗要求较严。

(4) 除油调整好坏直接影响到沉铜背光的效果。

2) 微蚀

(1) 作用与目的：除去板面氧化物，粗化板面，保证后续沉铜层与基材底铜之间有良好的结合力；新生成的铜面具有很强的活性，可以很好吸附胶体钯。

(2) 粗化剂。目前市场上用的粗化剂主要用两大类：硫酸双氧水体系和过硫酸体系。硫酸双氧水体系的优点：溶铜量大(可达50 g/L)，水洗性好，污水处理较容易，成本较低，可回收；缺点：板面粗化不均匀，槽液稳定性差，双氧水易分解，空气污染较重。过硫酸盐包括过硫酸钠和过硫酸铵，过硫酸铵较过硫酸钠贵，水洗性稍差，污水处理较难。与硫酸双氧水体系相比，过硫酸盐的优点：槽液稳定性较好，板面粗化均匀；缺点：溶铜量较小(25 g/L)，过硫酸盐体系中硫酸铜易结晶析出，水洗性稍差，成本较高。

另外有杜邦新型微蚀剂单过硫酸氢钾，使用时，槽液稳定性好，板面粗化均匀，粗化速率稳定，不受铜含量影响，操作简单，适用于细线条、小间距、高频板等。

3) 预浸/活化

(1) 预浸目的与作用：主要是保护钯槽免受前处理槽液污染，延长钯槽使用寿命，主要成分除氯化钯外与钯槽成分一致，可有效润湿孔壁，便于后续活化液及时进入孔内，使之进行足够有效活化。

(2) 预浸液比重一般维持在18波美度左右，这样钯槽就可维持在正常比重20波美度以上。

(3) 活化目的与作用：经前处理碱性除油极性调整后，带正电孔壁可有效吸附足够带有负电荷胶体钯颗粒，以保证后续沉铜均匀性、连续性和致密性。因此，除油与活化对后续沉铜质量起着十分重要的作用。

(4) 生产中应特别注意活化效果，主要是保证足够时间、浓度(或强度)。

(5) 活化液中氯化钯以胶体形式存在，这种带负电胶体颗粒决定了钯槽维护的要点：保证足够数量亚锡离子和氯离子以防止胶体钯解胶(以及维持足够比重，一般在18波美度以上)，足量酸度(适量盐酸)防止亚锡生成沉淀，温度不宜太高，否则胶体钯会发生沉淀，室温在35°以下。

4) 解胶

(1) 作用与目的：可有效除去胶体钯颗粒外面包围的亚锡离子，使胶体颗粒中钯核暴露出来，以直接有效催化启动化学沉铜反应。

(2) 原理：因为锡是两性元素，它既溶于酸又溶于碱，因此酸碱都可做解胶剂。但是碱对水质较为敏感，易产生沉淀或悬浮物，极易造成沉铜孔破；盐酸和硫酸是强酸，不仅不利于做多层板(因为强酸会攻击内层黑氧化层)，而且容易造成解胶过度，将胶体钯颗粒从孔壁板面上解离下来。一般多使用氟硼酸做主要解胶剂，因其酸性较弱，一般不造成解胶过度，且实验证明使用氟硼酸做解胶剂时，沉铜层结合力和背光效果、致密性都有明显提高。

5) 沉铜

(1) 作用与目的：通过钯核活化诱发化学沉铜自催化反应，新生成化学铜和反应副产物氢气都可以作为反应催化剂催化反应，使沉铜反应持续不断进行。通过该步骤处理后即可在板面或孔壁上沉积一层化学铜。

(2) 原理：利用甲醛在碱性条件下的还原性来还原被络合的可溶性铜盐。

(3) 空气搅拌：槽液要保持正常空气搅拌，目的是氧化槽液中的亚铜离子和槽液中的

铜粉，使之转化为可溶性二价铜。

沉铜/镀铜机如图 5.9 所示。

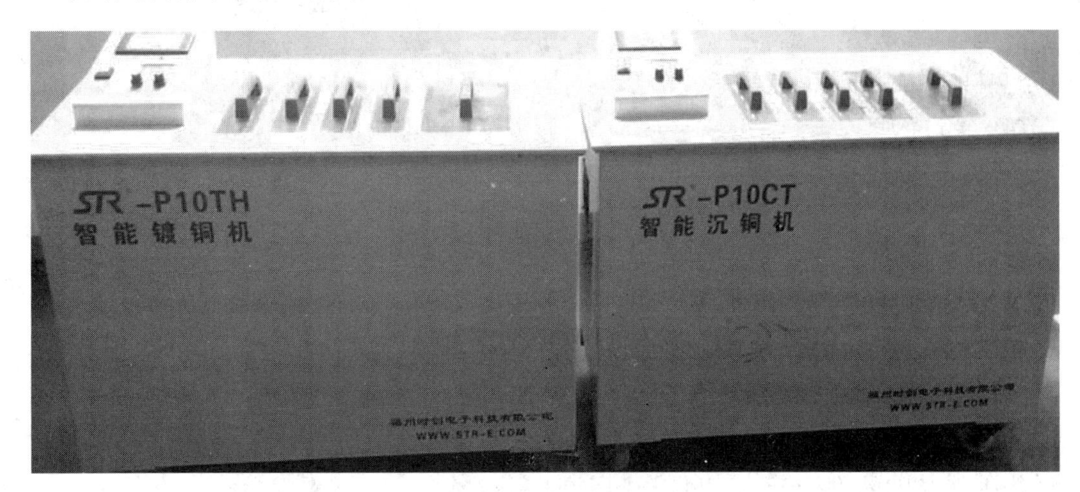

图 5.9　沉铜/镀铜机

5.3.2　沉铜工艺各溶液介绍

1. 碱性清洁剂

碱性清洁剂是一种含表面活性剂的清洁剂，对于印制电路板面上的指纹印、油污等具有优良的去除功能。

1) 使用方法

(1) 碱性清洁剂配槽，如表 5.1 所示。

表 5.1　碱性清洁剂配槽

名　　称	浓　　度
碱性清洁剂	1000 mL/L

(2) 碱性清洁剂操作条件，如表 5.2 所示。

表 5.2　碱性清洁剂操作条件

项　　目	最 佳 值	控制范围
碱性清洁剂	1000 mL/L	1000 mL/L
温度	60℃	55℃～65℃
时间	6 min	5～8 min
搅拌	机械摆动、振动	
过滤	连续过滤	
镀槽材质	304 或 316 不锈钢、聚乙烯、聚丙烯	
加热器	304 或 316 不锈钢、特氟隆加热器	

2) 槽液维护

每生产 100 m^2 板补加 12 L 碱性清洁剂，生产 15 m^2/L 时更换槽液。

3) 产品包装

塑料桶：25 升/桶。

4) 储藏条件

避免阳光直射，保质期二年，在 –5℃～20℃下储藏。

5) 安全措施

避免皮肤接触，戴塑胶手套、防护眼镜。

6) 碱性清洁剂含量分析

试剂：0.1N 盐酸标准液、甲基橙指示剂。

方法：

(1) 取 10 mL 槽液于 250 mL 锥形瓶中。

(2) 加 100 mL 纯水和 2～3 滴甲基橙指示剂。

(3) 用 0.1N 盐酸标准液滴定直至液体呈橙色为止，记录体积毫升数 V。

计算：体积百分比含量 = 0.127 × (N × V)HCl × 100%

控制范围：80～120 mL/L

2. 预浸剂

预浸剂是用来维护胶体钯槽液酸性和比重的，它确保穿孔孔壁湿润以便更好地吸附胶体钯，并防止杂质带入钯槽溶液中。预浸剂的废水处理比较简单。

1) 使用方法

(1) 预浸剂配槽，如表 5.3 所示。

表 5.3　预浸剂配槽

名　　称	浓　　度
预浸剂 CS-21-X	100%

(2) 预浸剂操作条件，如表 5.4 所示。

表 5.4　预浸剂操作条件

项　　目	最佳值	控制范围
酸浓度	1.1N	0.9～1.3N
氯化物浓度	4.2N	3.5～4.8N
温度	常温(25℃)	
时间	1～2 min	
搅拌	机械摆动、振动	
过滤	连续过滤	
镀槽材质	聚乙烯、聚丙烯、硬质聚氯乙烯	
加热器	316 不锈钢、钛、石英加热器	

2) 槽液维护

每生产 100 m^2 板补加 2.5 kg 预浸盐。在维护过程中，Cl^-升高 0.1N 需补加预浸盐 CS–21–XR 6 g/L；酸度每升高 0.1N 需补加 CP 或 AR 级盐酸 8.5 mL/L。当溶液处理 15 m^2/L 或 Cu^{2+} > 1 g/L 时更换槽液，液位不够用纯水补加。

3) 产品包装

塑料桶：25 升/桶。

4) 储藏条件

避免潮湿，保质期二年，在 –5℃～25℃下储藏。

5) 安全措施

避免皮肤接触，戴塑胶手套。

6) 废水处理

将废液中和，按环保要求排放。

7) 预浸剂中酸当量浓度、氯化物当量浓度、Cu^{2+}含量分析

(1) 酸当量浓度分析。

试剂：0.1N NaOH 标准溶液、0.1% 酚酞指示剂。

方法：

① 吸取 5 mL 槽液加入 250 mL 的锥形瓶中。

② 加入 50 mL 纯水和 1～2 滴酚酞指示剂。

③ 用 0.5N 的 NaOH 标准液滴定至出现淡红色，记录体积毫升数 V。

计算：酸当量浓度 = 0.2 × (N × V)NaOH。

控制范围：酸当量浓度为 0.9～1.3N，每提高 0.1N 可添加盐酸 8.5 mL/L。

(2) 氯化物当量浓度分析。

试剂：0.1N 硝酸银、10% K_2CrO_4、1 g $NaHCO_3$。

方法：

① 吸取 5 mL 工作液加入 100 mL 的容量瓶中，再用纯水稀释到容量瓶满刻度，混匀。

② 吸取 10 mL 稀释样品注入 250 mL 的锥形瓶中，加入 50 mL 纯水。

③ 加入 1 mL 10% K_2CrO_4，加入 1 g $NaHCO_3$。

④ 0.1N 硝酸银标准液滴定至粉红色，记录体积毫升数 V。

计算：氯化物当量浓度 = 2 × (N × V)$AgNO_3$

控制范围：氯化物当量浓度为 3.5～4.8N，Cl^- 升高 0.1N 需补加预浸盐 CS–21–XR 6 g/L。

(3) Cu^{2+}含量分析。

试剂：0.05M EDTA-2Na 标准溶液、PAR 指示剂、PH = 10 氨水-氯化铵缓冲液。

方法：

① 吸取 20 mL 工作液注入 250 mL 锥形瓶中。

② 加入 100 mL 纯水，加入 PH = 10 缓冲溶液 20 mL 和 10 滴 PAR 指示剂。

③ 用 0.05M EDTA-2Na 标准液滴定至黄色，记录体积毫升数 V。

计算：Cu^{2+}(g/L) = 3.18 × (N × V)EDTA

控制范围：$Cu^{2+} < 1$ g/L

3. 胶体钯活化剂

胶体钯活化剂是一种新型的高活性盐基胶体钯活化剂，其胶体粒子可以渗入微孔并被均匀地吸附在非导体的表面上，为后续的化学镀铜提供充足有效的催化活性核心，其广泛应用于 PCB 及塑料镀活化工艺。胶体钯活化剂的废水处理起来简单。

1) 使用方法

(1) 胶体钯活化剂配槽，如表 5.5 所示。

表 5.5　胶体钯活化剂配槽

名　称	浓度
胶体钯活化剂	1000 mL/L

(2) 胶体钯活化剂操作条件，如表 5.6 所示。

表 5.6　胶体钯活化剂操作条件

项　目	最佳值	控制范围
酸浓度	0.9N	0.7～1.3N
氯化物浓度	4.0N	3.5～4.8N
Sn^{2+}	4.8 g/L	3～10 g/L
温度	30℃	20℃～40℃
时间	6 min	5～7 min
搅拌	机械摆动、振动	
过滤	连续过滤	
镀槽材质	聚乙烯、聚丙烯、硬质聚氯乙烯	
加热器	316 不锈钢、钛、石英加热器，聚四氟	

2) 槽液维护

(1) 每生产 100m^2 板补加胶体钯(CS-22-X)1.0 L 左右。

(2) 如果较长时间不用槽液时，应分析 Sn^{2+} 含量，要求 Sn^{2+} = 3～10 g/L，用 $SnCl_2$ 进行调整；或每升工作液增加 1 g Sn^{2+} 补加 CS-22-XR 5.5 ml。

(3) 当槽液中的 Cl^-＜3N 时，用预浸盐 CS-21-XR 将其调整到 4.2N。

(4) 当槽液中的酸度≤0.9 时，补加化学纯或分析纯(CP/AR)级盐酸到 1.2N。

(5) 控制槽液中的胶体钯浓度(CS-22-X)≥5%。

(6) 当槽液中的铜离子的含量达到 1 g/L 时，更换全部槽液。

3) 产品包装

塑料：25 升/桶，2 升/壶(浓缩液)。

4) 储藏条件

避免阳光直射，保质期二年，在 –5℃～20℃下储藏。

5) 安全措施

强酸性，避免皮肤接触，戴塑胶手套、防护眼镜。

6) 废水处理

将废液中和，钯沉淀回收，按环保要求排放。

7) 活化剂中钯浓度、氯化亚锡、酸当量浓度、氯化物当量浓度、铜浓度分析

(1) 钯浓度分析。

① 比色法：

- 分别吸取胶体钯 3.5 mL、3 mL、2.5 mL、2 mL 滴入四个 100 mL 的容量瓶中。
- 用 25% 的盐酸溶液稀释至 100 mL，混匀，含量分别代表 7.0%、6%、5%、4%。
- 将四种溶液分别注满 50 mL 的比色管中并贴上标签，置于阴凉处。

比较：吸取 50 mL 工作溶液用水定容到 100 mL，混匀，再装入 50 mL 比色管中与配制的标准溶液进行颜色比较。

添加：每提高 1% 钯浓度，加 CS−22−X 浓缩液 10 mL/L。

② 分光光度法：

- 吸取 30 mL 胶体钯浓缩液注入 1000 mL 容量瓶中。
- 加入新配预浸工作液并稀释至 1 L，混匀。
- 吸取稀释液 25 mL、20 mL、15 mL、10 mL 注入 4 个 100 mL 的容量瓶中。
- 用 25% 的盐酸溶液稀释至满刻度，混匀，表示工作液含量为 3.0%、2.4%、1.8%、1.2%。
- 用一个可调波长的分光光度计，将其调到 450 mm 处，用 25%盐酸对仪器校零后，读出四种溶液的吸收率。
- 在标准绘图纸上画出吸收率对浓度的曲线图。

比较：吸取 25 mL 工作液注入 100 mL 容量瓶中，用 25% 盐酸稀释至满刻度，混匀，读出此样品的吸收率，由曲线图确定其百分浓度。

(2) 氯化亚锡分析。

试剂：0.1N 碘标准溶液、1% 淀粉指示剂。

方法：

① 吸取 5 mL 工作液注入 250 mL 锥形瓶中。

② 加入去离子水 50 mL，加入 5 mL 淀粉指示剂。

③ 用 0.1N 碘标准液滴定至蓝黑色，记录体积毫升数 V。

计算：$Sn^{2+}(g/L) = 11.8 \times (N \times V)\ I_2$

控制范围：$Sn^{2+} = 5$～10g/L，每升工作液增加 0.1 g Sn^{2+} 需补加 CS−22−XR 0.55 ml。

(3) 氯化物当量浓度分析。

试剂：0.1N 硝酸银标准溶液、10% K_2CrO_4 溶液、1 g $NaHCO_3$。

方法：

① 吸取 5 mL 工作液加入 100 mL 的容量瓶中，用纯水稀释到满刻度，混匀。

② 吸取 10 mL 稀释样品注入 250 mL 的锥形瓶中，加入 50 mL 纯水。

③ 加入 1 mL 10% K_2CrO_4 溶液，1g $NaHCO_3$。

④ 0.1N 硝酸银标准液滴定至红色，记录体积毫升数 V。

计算：氯化物当量浓度 = 2 × (N × V)$AgNO_3$

控制范围：氯化物当量浓度 3.5～4.8N，Cl^- 升高 0.1N 需补加预浸盐 CS−21−XR 6 g/L。

(4) 酸当量浓度分析。

试剂：0.5N NaOH 标准溶液、酚酞指示剂。

方法：

① 吸取 5 mL 工作液加入 250 mL 的锥形瓶中。

② 加入 50 mL 纯水和 1～2 滴酚酞指示剂。

③ 用 0.5N NaOH 标准液滴至出现粉红色，记录体积毫升数 V。

计算：酸当量浓度 = 0.2 × (N × V) NaOH

控制范围：酸当量浓度 0.9～1.2N；每提高 0.1N 可添加盐酸(37%) 8.5 mL。

(5) 铜浓度的分析(出现问题需要调查时需要查验的分析项目)。

取 20 mL 槽液于 250 ml 锥形瓶中，加去离子水 100 mL，加入 PH = 10 的缓冲溶液和 10 滴 PAR 指示剂。用 0.05N EDTA 标准溶液滴定至黄色。

计算：Cu^{2+}(g/L) = 3.18 × (N × V)EDTA

4. 加速剂

加速剂用以去除孔壁亚锡与氯离子化合物，暴露出钯金属与化学铜离子进行氧化还原反应，并防止催化剂带入铜槽溶液中。加速剂的废水处理起来简单。

1) 使用方法

(1) 加速剂配槽，如表 5.7 所示。

表 5.7　加速剂配槽

名　称	浓度
加速剂	100%

(2) 加速剂操作条件，如表 5.8 所示。

表5.8　加速剂操作条件

项　目	最佳值	控制范围
加速剂	100%	100%
温度	30℃	20℃～45℃
时间	4 min	3～5 min
搅拌	机械摆动、振动	
过滤	连续过滤	
镀槽材质	聚乙烯、聚丙烯、硬质聚氯乙烯	
加热器	316 不锈钢、钛、石英加热器	

2) 槽液维护

(1) 每生产 100 m^2 板补加 12 L 加速剂。

(2) 工作液 PH 一般在 8～9.5，如偏离可用开缸剂 CS−23−XR 来调整。

(3) 当溶液处理 15 m^2/L 时更换槽液。

3) 产品包装

塑料桶：25 升/桶。

4) 储藏条件

避免阳光照射，保质期二年，在 -5℃～20℃下储藏。

5) 安全措施

酸性，腐蚀，避免皮肤接触，戴塑胶手套、防护眼镜。

6) 废水处理

将废液中和，按环保要求排放。

7) 加速剂中 CS-23-X 浓度、Cu^{2+} 含量分析

(1) CS−23−X 浓度分析。

方法：

① 取 50 mL(0.1N 的)I_2 置于 250 mL 椎形瓶中。

② 加 50 mL 工作液加入椎形瓶中摇匀，闭光静置 10 分钟左右，加少量 H_2O，加 1 mL HCl。

③ 用 0.1N 的 $Na_2S_2O_3$ 标液滴定至淡黄色，再加淀粉 2 mL 继续滴至无色。

计算：加速剂(%) = $0.0217 \times (N_1V_1 - N_2V_2) \times 100\%$

式中：V_1 为 I_2 毫升数；N_1 为 I_2 浓度；V_2 为消耗 $Na_2S_2O_3$ 毫升数；N_2 为 $Na_2S_2O_3$ 浓度。

控制范围：CS−23−X 体积百分含量≥1.5%。

(2) Cu^{2+} 的含量分析。

方法：

① 取 20 mL 槽液于 250 mL 锥形瓶中，加 50 mL 去离子水。

② 加 PH = 10 的缓冲溶液 20 mL 和 5 滴 PAN 指示剂。

③ 用 0.05N　EDTA 标准溶液滴定至橙黄色。

计算：Cu^{2+} 的含量(g/L) = 3.17 × (N × V)EDTA

5. 化学沉铜液

化学沉铜组分溶液，工艺操作简单，铜沉积层均匀，延展性好，溶液控制、维护方便且稳定，消耗量少。

1) 使用方法

(1) 化学沉铜配槽，如表 5.9 所示。

表 5.9　化学沉铜配槽

名　称	浓度
沉铜液 A	100 mL/L
沉铜液开缸剂 B	100 mL/L
稳定剂	5 mL/L
纯水	余量

(2) 化学沉铜操作条件，如表 5.10 所示。

表 5.10　化学沉铜操作条件

项　目	最佳值	控制范围
Cu^{2+}	2.5 g/L	2～3 g/L
NaOH	11 g/L	8～14 g/L
HCHO	16 mL /L	12～20 mL /L
温度	38℃	35℃～40℃
时间	15 min	12～20 min
搅拌	机械摆动、振动、空气搅拌	
过滤	连续过滤	
镀槽材质	聚乙烯、聚丙烯、硬质聚氯乙烯	
加热器	316 不锈钢、钛、石英加热器	
溶液负载	1～5 dm^2/L	

2) 槽液维护

每生产完 4 m^2 板后，补加 1 L A 液、1 L B 液、50 mL HCHO。当溶液比重大于 1.14 时，更换 1/2 槽液。当工作液处理 100～150 m^2/L 时，可以考虑更换新工作液；液位不够用纯水补加。

3) 产品包装

塑料桶：25 升/桶。

4) 储藏条件

避免阳光照射，置于通风处，保质期二年，在 –5℃～20℃下储藏。

5) 安全措施

有刺激气味，避免皮肤接触，戴塑胶手套、防护眼镜、口罩。

6) 废水处理

将废液中和，硫酸铜沉淀回收，按环保要求排放。

7) 溶液中 NaOH、HCHO、Cu^{2+} 含量分析

(1) Cu^{2+} 含量分析。

试剂：0.1N 硫代硫酸钠标准液、50%硫酸、20%硫氰化钾溶液(或固体)、KI、1%淀粉指示剂。

方法：

① 吸取 10 mL 溶液于 250 mL 锥形瓶中，加入纯水 100 mL。

② 加入 50%硫酸至溶液蓝色消失为止。

③ 加入 20%硫氰化钾 10 mL(或固体 2 g)，1 g KI，淀粉指示剂 3～5 mL。

④ 用 0.1N 硫代硫酸钠标准液滴定至蓝色消失为止，记录耗用的体积毫升数 V。

计算：$Cu^{2+}(g/L) = 6.4 \times N \times V$　　N 为硫代硫酸钠的实际当量浓度。

添加：CS–9–A6(L) = (2.5 – Cu^{2+}含量) × 槽液体积(L) ÷ 28。

控制范围：Cu^{2+} = 2～3g/L；Cu^{2+}每升高1g/L加CS–9–A6 36 mL/L。

(2) NaOH含量分析。

试剂：0.1%酚酞指示剂、0.1N盐酸标准液。

方法：

① 吸取2 mL槽液于250 mL锥形瓶内。

② 加纯水40 mL，加2滴酚酞指示剂。

③ 用0.1N盐酸标准液滴定至红色刚好褪去，记录体积毫升数V。

计算：NaOH(g/L) = V × 2

添加：CS–9–BR体积(升) = (11 – NaOH含量) × 槽液体积(L) ÷ 160

控制范围：NaOH = 8～14 g/L；每升高1 g/L的NaOH加CS–9–BR 6.25 mL。

(3) HCHO含量分析。

试剂：5N NaOH、0.1N碘标准液、5N硫酸、1%淀粉指示剂、0.1N硫代硫酸钠标准液。

方法：

① 取5 mL槽液于250 mL锥形瓶中。

② 加入5N NaOH液10 mL，0.1N碘标准液25 mL，摇匀，置于暗处。

③ 放置10分钟后，加5N硫酸20 mL。

④ 用0.1N硫代硫酸钠标准液滴定至溶液变成淡棕色后，加入1 mL淀粉指示剂，继续滴定至蓝色消失，记录耗用硫代硫酸钠标准溶液的体积毫升数V。

计算：HCHO(mL/L) = (25 – V) × 0.94

添加：HCHO(mL) = (16 – HCHO含量) × 槽液体积(L)。

(4) NaOH、HCHO含量分析。

试剂：0.1N盐酸标准液、1M亚硫酸钠溶液(每日配)、PH = 9.2的缓冲液、PH测试仪。

方法：

① 用PH = 9.2的缓冲液校定PH测试仪。

② 在250 mL烧杯中加入150 mL纯水。

③ 吸取5 mL工作液于上述烧杯中，并置于磁力搅拌器上，使其搅动。

④ 用0.1N盐酸标准液滴定，直到溶液的酸碱度降至9.3为止，记录盐酸的毫升数V_1。

⑤ 加入10 mL浓度为1M的亚硫酸钠溶液并搅拌，此时PH值上升。

⑥ 继续用0.1N盐酸滴定直到溶液的酸碱度再次降至9.3为止，记录这次使用盐酸的体积毫升数V_2。

计算：NaOH(g/L) = N × V_1 × 8

HCHO(g/L) = N × V_2 × 6(N为盐酸标准液的实际浓度)

1 g/L的HCHO相当于2.5 mL/L的HCHO。

5.3.3　设备的使用及操作

1. 安装场地

(1) 在洁净的环境条件下运行机器；

(2) 避免在高温多湿的环境条件下使用、存储机器；

(3) 安装时，不要将沉铜机放在被阳光直射的窗口下。

2. 安全注意事项

(1) 在使用时，不要将工件以外的东西放入机器内；

(2) 在操作时避免用手直接接触工件或药液；

(3) 在进行检修时，尽可能在常温下开机。

3. 本系列机型操作环境

环境温度：该系列沉铜机的工作环境温度应该在 5℃～40℃之间，不考虑沉铜机内有无工件。

相对湿度：该系列沉铜机的工作环境相对湿度范围应在 20%～95%。

运输保管：该系列沉铜机可在 -25℃～55℃的范围内被运输及保管。在 24 小时以内，它可以承受不超过 65℃的高温。在运输过程中，应尽量避免过高的湿度、振动、压力及机械冲击。

4. 电源

使用两相 220 V 交流电源，并注意接好地线，其接线必须由有执照的电工来进行。

5. 用户注意事项

(1) 沉铜机应工作在洁净的环境中，以保证工作质量；

(2) 不要在露天、高温多湿的条件下使用、存储机器；

(3) 不要将机器安装在被阳光直射的窗口下；

(4) 检修机器时，需关机切断电源，以防触电或造成短路；

(5) 机器经过移动后，需对各部分进行检查；

(6) 机器应保持平稳，不得有倾斜或不稳定的现象；

(7) 操作时，注意避免让皮肤直接接触到药液；

(8) 工作完成后，注意妥善保存药液，避免挥发结晶。

6. 具体参数

(1) 设备尺寸：1100 × 650 × 650 mm。

(2) 电源功率：4.1 kW，220 V。

(3) 功用：双面 PCB 板的孔化。

(4) 特点：自动温控、加热快、沉铜效果好。

(5) 结构分为 12 个槽体，可分别完成碱去油、孔粗化、预浸、活化、解胶、清洗工艺。

7. 操作过程

(1) 把处理好的板子放入碱去油容器中，稍加摆动(5～7 分钟，温度 50℃～60℃)。(检查方法：在清水中清洗时板子上无水珠。)

(2) 将除去油的板子在清水槽里冲洗干净，然后浸入孔粗化液体内，稍加摆动(2 分钟，常温)，此时的板子会变成粉红色。

(3) 又一次将板子在清水中冲洗干净，然后浸入预浸液体中，稍加摆动(1～2 分钟，常温)。

(4) 预浸完的板子直接浸入活化液体中，稍加摆动(5～8分钟，25℃～40℃)。这时孔内会有变黑的现象。

(5) 将板子在清水中浸泡1～2分钟后放入解胶(加速)液体里，稍加摆动(3～5分钟，常温)。此时孔内变黑的现象更明显。

(6) 再一次将板子在清水中冲洗干净，放入化学沉铜液体中，加入空气搅拌(15～20分钟，35℃)。板子此时会是粉红色，孔壁会有一层薄铜。

(7) 沉完铜后，最后一次将板子在清水中冲洗干净，进入下一个操作。

8. 注意事项

(1) 在碱去油前，一定认真检查有无堵孔现象，若有，则用水或钻头把孔里的毛刺去掉，确保孔的通顺。

(2) 一定要把油驱除干净，以确保进行下面的操作。

(3) 注意观察板子的变化，如果没有发生变化，需要重新操作。

(4) 每一次的清水冲洗都很关键，一定要冲洗干净。

(5) 注意预浸完毕后不能用清水冲洗，以免板子上有水珠带入活化液体影响液体的浓度。

(6) 在沉铜之前需检查液体的浓度，当PH值低于12.5时，需加BR(白色)，调PH值为12.5～13.0之间，再加A6(蓝色)，与BR对半(1∶1)，稍加一点甲醛。

(7) 当液体内有沉淀物时，需用过滤纸来过滤。

(8) 每次操作完毕需加一点稳定剂。

(9) 沉完铜后一定要仔细检查孔里有无没沉上的铜，若有，则重新操作。

5.4　孔金属化(电镀)工艺介绍

5.4.1　工艺要求及注意事项

工艺过程是印制电路板制造中最关键的一个工序。为此，就必须对基板的铜表面与孔内表面状态进行认真的检查。

1. 检查项目

(1) 表面状态是否良好，无划伤、无压痕、无针孔、无油污等；

(2) 检查孔内表面，应保持均匀，呈微粗糙，无毛刺、无螺旋状、无切屑留物等；

(3) 沉铜液的化学分析，确定补加量；

(4) 将化学沉铜液进行循环处理，保持溶液化学成分的均匀性；

(5) 随时监测溶液内温度，保持在工艺范围以内变化。

2. 孔金属化质量控制

(1) 确定及控制沉铜液的质量和工艺参数的范围，并做好记录；

(2) 监控孔化前的前处理溶液，分析处理质量状态；

(3) 确保沉铜的高质量，建议采用搅拌(振动)加循环过滤工艺方法；

(4) 严格控制化学沉铜过程工艺参数的监控(包括 PH、温度、时间、溶液主要成分)；

(5) 采用背光试验工艺方法检查，参考透光程度图像(分为 10 级)来判定沉铜效时和沉铜层质量；

(6) 经加厚镀铜后，应按工艺要求做金相剖切试验。

5.4.2 工艺原理及操作要求

镀铜工艺是一种具有高分散能力和深镀能力的酸性镀铜配方，可产生延展性好的光亮镀层，其配方是专为线路板穿孔电镀而设计的。该工艺有下述特点：

(1) 维护镀液只需用一种添加剂，操作简单；

(2) 镀层具有良好的整平性和延展性，能经受严格的热冲击试验；

(3) 不形成有害分解物，抗污染能力很强，不必进行频繁的活性炭处理。

1. 溶液配方与操作条件

溶液配方与操作条件如表 5.11 所示。

表 5.11　溶液配方与操作条件

项　目	范　围	最 佳 值
铜(g/L)	15～26	17
$CuSO_4 \cdot 5H_2O$(g/L)	60～100	70
硫酸(98%)(g/L)	180～200	190
氯离子(mg/L)	60～100	80
添加剂(mL/L)	8～16	10
添加剂(mL/Ah)	0.5～1	0.75
阴极电流密度(A/dm^2)	2.0～4.0	3.0
阳极阴极比	(1.5～2)∶1	
阳极含磷量(%)	0.045～0.06	
温度(℃)	28～32	30
过滤	连续过滤	
搅拌	空气搅拌	
镀槽	PDVC、PVC、聚丙烯	
阳极挂具	钛合金蓝	
加热器	钛管	
整流器	波纹系数＜5%	

2. 溶液配制

(1) 用 50 g/L 磷酸三钠热溶液清洗镀槽及相关设备，再用清水冲净，然后用 5%硫酸溶液洗净；

(2) 在洗净的备用槽内加入所需体积 1/2 的纯水并加热至 40℃，加入计算量的硫酸铜，搅拌使之溶解，加入 1～1.5 mL/L 30% 的双氧水搅拌 1 小时，加热至 60℃，再加入 3 g/L 优质活性炭搅拌 1 小时后静置 5 小时过滤除去活性炭；

(3) 将处理好的溶液加入镀槽中，加入计算量的试剂纯硫酸和试剂纯盐酸，加水至规定体积搅拌均匀；

(4) 用 1～1.5 A/dm^2 的阳极电流进行电解处理，使阳极形成一层致密黑膜；

(5) 加入 10 mL/L CS-14-F 添加剂搅拌均匀，溶液即可使用。

镀液维护：

(1) 一般每 4 小时添加一次 CS-14-F 添加剂，添加时槽内应没有镀件；

(2) 定期分析工作液的主要成分并及时调整；

(3) 增加 10 mL/L 氯离子则需加入 0.026 mL/L 的试剂纯盐酸；

(4) 加厚电镀液工作 350 Ah/L 做一次炭处理，图形电镀液工作 200 Ah/L 做一次炭处理；

(5) 镀液应经常做阴极电流密度为 0.2～0.3 A/dm^2 的电解处理，以除去无机杂质。

5.4.3　设备的使用及操作

1. 安装场地

(1) 在洁净的环境条件下运行机器；

(2) 避免在高温多湿的环境条件下使用、存储机器；

(3) 安装时，不要将镀铜机/镀铅锡机放在被阳光直射的窗口下。

2. 安全注意事项

(1) 在使用时，不要将工件以外的东西放入机器内；

(2) 在操作时避免用手直接接触工件或药液；

(3) 在进行检修时，尽可能在常温下开机。

3. 本系列机型操作环境

环境温度：该系列镀铜机/镀铅锡机的工作环境温度应该在 5℃～50℃之间，不考虑镀铜机/镀铅锡机内有无工件。

相对湿度：该系列镀铜机/镀铅锡机的工作环境相对湿度范围应在 10%～95%。

运输保管：该系列镀铜机/镀铅锡机可在 –25℃～55℃的范围内被运输及保管。在 24 小时以内，它可以承受不超过 65℃的高温。在运输过程中，应尽量避免过高的湿度、振动、压力及机械冲击。

4. 电源

使用两相 220V 交流电源，并注意接好地线，其接线必须由有执照的电工来进行。

5. 安装注意事项

(1) 镀铜机/镀铅锡机应工作在洁净的环境中，以保证电镀质量；

(2) 不要在露天、高温多湿的条件下使用、存储机器；

(3) 不要将机器安装在被阳光直射的窗口下；

(4) 检修机器时，需关机切断电源，以防触电或造成短路；

(5) 机器经过移动后，须对各部进行检查；

(6) 机器应保持平稳，不得有倾斜或不稳定的现象；

(7) 操作时，注意避免让皮肤直接接触到药液；

(8) 工作完成后，注意妥善保存药液，避免挥发结晶。

6. 具体参数

(1) 设备尺寸：900 × 700 × 600mm(镀槽)。

500 × 600 × 500 mm(脉冲电源)。

(2) 交流输入：1.5kW，220V。

(3) 直流输出：0～50 V，0～50 A，0～20 A。

(4) 设备特点：摆动式、悬挂式。采用脉冲电流使电镀无毛刺，同时具有双槽配置，可完成预浸和电镀工艺，使电镀更均匀。

(5) 功用：PCB 双面板的全板、图形电镀铜及预浸。

7. 操作过程

(1) 挂好阳极铜块(铜块应装入阳极带内)，阳极铜块表面积应为电镀工件的 1～2 倍。

(2) 在控制电气柜启动空气开关时，电源指示灯亮。

(3) 将电流调节轮扳到最小值，然后微微打开。

(4) 装入工件，要保持良好接触。

(5) 在控制面板上打开电镀开关，阴极(工件)开始摆动。

(6) 调节电流调节轮，并查看电流指示表至规定电流大小。(电镀电流计算：1 dm^2 电镀面积 = 1.2～1.5 A 直流电流)

(7) 电镀完毕取出工件，并关闭电镀开关。

(8) 放入新的工件重复以上操作。

(9) 工作完毕，取出阳极挂至闲置槽。

8. 基本维护与保养

(1) 开机检查：开机前要检查机器的工作电压是否在安全范围内或是否稳定，以保证机器各部件可正常安全工作。同时检查核对开机时与上一次关机时的各种设置参数是否一致。关机时不可让药液处于机器内，以免药液在机器内挥发和结晶。

(2) 地线：机器使用三相四线制时，实际必须增加一条地线将机器同大地连接起来。开机前需检查地线是否接通。(三相五线制则更好)

9. 使用注意事项

(1) 电镀板要处理干净(无油污)，并进行电镀前处理。

(2) 切勿将板子放入槽内再开电流表，以防液体蚀刻表面金属。

(3) 电流要从小往大调，不能从大往小调。

(4) 当板子放入槽内时，要确保接触良好，电流的指针正常。如果指针左右摆动，说明接触不好。

(5) 电镀时间到时，先把板子取出，再关电源。

(6) 确定电镀完后，把阳极铜块取出放入闲置槽内。

(7) 其中 0～20 A 直流电流指示表用于小面积电镀时备用，可让专业电工接通使用。

5.5　印刷线路油墨工艺介绍

5.5.1　丝印的目的

丝印线路油墨的主要目的是为在完成过孔电镀的覆铜板上形成一层均匀的感光材料。

1. 丝印前的准备和加工检查项目

(1) 检查和阅读工艺文件与实物是否相符，根据工艺文件所拟定的要求进行准备。

(2) 检查基板外观是否有与工艺要求不相符合的多余物。

(3) 确定丝印准确位置，确保两面同时进行，主要确保预烘时两面涂覆层温度的一致性；所制造的支承架距离要适当。

(4) 根据所使用的油墨牌号，再根据说明书的技术要求，进行配比并采用搅拌机充分混合，至气泡消失为止。

(5) 检查所使用的丝印台或丝印机使用状态，调整好所有需要保证的部位。

(6) 为确保丝印质量，丝印正式产品前，采用纸张先印，要确保试印清楚而又均匀。

2. 丝印质量的控制

(1) 确保基板表面露铜部位(除焊盘与孔外)要清洁、干净、无沾物。

(2) 按照工艺文件要求，进行两面丝印，并确保涂覆层的厚度均匀一致。

(3) 经丝印的基板表面应无杂物及其他多余物。

(4) 严格控制烘烤温度、烘烤时间和通风量。

(5) 在丝印过程中，要严格防止油墨渗流到孔内和沓盘上。

(6) 完工后的半成品要逐块进行外观检查，应无漏印部位、流痕及非需要部位。

5.5.2　丝印工艺

丝印工艺主要目的就是使整板的两面均匀地涂覆一层液体感光阻焊剂，通过曝光、显影等工序后成为基板表面高可靠的感光层。在施工中，必须做到以下几个方面：

(1) 采用气动绷网时，必须逐步加压，确保绷网质量。

(2) 所采用的液体感光抗蚀剂应严格按照使用说明书进行配制，并充分进行搅拌至气泡完全消失为止。

(3) 在进行丝印前，必须先采用纸进行试印，以观察透墨量是否均匀。

(4) 预烘时，必须严格控制温度，不能过高或过低，因此采用较高的精度的预烘工艺装置显得特别重要。要随时观察温度变化，绝不能失控。

(5) 作业环境一定要符合工艺规定。

丝印工艺中的具体要求介绍如下。

1. 油墨黏度调节

液态感光阻焊油墨的黏度主要是通过硬化剂与主剂的配比以及稀释剂添加量来控制的。如果硬化剂的加入量不够，可能会产生油墨特性的不平衡。硬化剂混合后，在常温下会进行反应，其黏度变化如下：

(1) 30 min 以内：油墨主剂和硬化剂还没有充分融合，流动性不够，印刷时会堵塞丝网。

(2) 30 min～10 h：油墨主剂和硬化剂已充分融合，流动性适当。

(3) 10 h 以后：油墨本身各材料间的反应一直主动进行，结果造成流动性变大，不好印刷。硬化剂混合后的时间越长，树脂和硬化剂的反应也越充分，随之油墨光泽也变好。为使油墨光泽均匀、印刷性好，最好在硬化剂混合后放置 30 min 开始印刷。

如果稀释剂加入过多，会影响油墨的耐热性及硬化性。总之，液态感光阻焊油墨的黏度调节十分重要。黏度过稠，网印困难，网板易黏网；黏度过稀，油墨中的易挥发溶剂量较多，给预固化带来困难。

油墨的黏度采用旋转式黏度计测量。在生产中，还要根据不同的油墨及溶剂，具体调整黏度的最佳值。

2. 涂布方式的选择

湿膜涂布的方式有网印型、滚涂型、帘涂型、浸涂型。

在这几种方法中，滚涂型方法制作的湿膜表面膜层不均匀，不适合制作高精度印制板；帘涂型方法制作的湿膜表面膜层均匀一致，厚度可精确控制，但帘涂式涂布设备价格昂贵，只适合大批量生产；浸涂型方法制作的湿膜表面膜层厚度较薄，抗电镀性差。根据现行 PCB 生产要求，一般采用网印型方法进行涂布。

3. 前处理

湿膜和印制板的黏合是通过化学键合来完成的。通常湿膜是一种以丙稀酸盐为基本成分的聚合物，它通过自由移动的未聚合的丙烯酸盐团与铜结合。本工艺采用先化学清洗再机械清洗的方法来确保上述的键合作用，从而使表面无氧化、无油污、无水迹。

4. 黏度与厚度的控制

湿膜的厚度通过下述公式来计算：

$$h_W = [h_s - (S + h_s)] + P\%$$

式中，h_W 为湿膜厚度；h_s 为丝网厚度；S 为填充面积；P 为油墨固体含量。

以 100 目的丝网为例计算湿膜的厚度。

丝网厚度：60 μm；开孔面积：30%；油墨的固体含量：50%。

$$\text{湿膜的厚度} = [60 - (60 \times 70\%)] \times 50\% = 9\ \mu\text{m}$$

当湿膜用于抗腐蚀时，其膜厚一般要求为 15～20 μm；当用于抗电镀时其膜厚一般要求为 20～30 μm。因此，湿膜用于抗腐蚀时，应印刷两遍，此时厚度为 18 μm 左右，符合抗腐蚀要求；用于抗电镀时，应印刷三遍，此时厚度为 27 μm 左右，符合抗电镀膜厚要求。湿膜过厚时

易产生曝光不足、显像不良、耐蚀刻差等缺点，抗电镀时会被药水浸蚀，造成脱膜现象，且感压性高，在贴合底片时易产生粘底片情况；膜过薄时容易产生曝光过度、电镀绝缘性差、脱膜和在膜层上出现电镀金属的现象等缺点，并且曝光过度时，去膜速度也较慢。

5.6　显影工艺介绍

5.6.1　工艺要求及注意事项

显影工艺过程是印制电路板制造中最关键的一个工序，要求能够将曝光完成的覆铜板表面分离出清晰的线路图案。

5.6.2　工艺原理及常见问题

水溶性感光膜显影液为 1%～2%的无水碳酸钠溶液，液温 30℃～40℃。显影的速度在一定范围内随温度增高而加快，不同的干膜显影温度略有差别，需根据实际情况调整，温度过高会使膜缺乏韧性变脆。

显影机理是感光膜中未曝光部分的活性基团与稀碱溶液反应生成可溶性物质而溶解下来，显影时活性基团羧基(-COOH)与无水碳酸钠溶液中的 Na^+ 作用，生成亲水性集团－COONa，从而把未曝光的部分溶解下来，而曝光部分的干膜不被溶胀。

显影操作一般在显影机中进行，控制好显影液的温度、传送速度、喷淋压力等显影参数，能够得到好的显影效果。

正确的显影时间通过显出点(没有曝光的干膜从印制板上被溶解掉之点)来确定，显出点必须保持在显影段总长度的一个恒定百分比上。如果显出点离显影段出口太近，未聚合的抗蚀膜得不到充分的清洁显影，则抗蚀剂的残余可能留在板面上。如果显出点离显影段的入口太近，已聚合的干膜由于与显影液过长时间的接触，可能被浸蚀而变得发毛，失去光泽。通常显出点控制在显影段总长度的 40%～60%之内。其显影点的计算方法较为简单，使用一块至几块长的板材，其长度大于等于显影段的长度，贴完膜后不曝光直接显影，当板子的最前端走到显影出口时关闭显影药水的喷淋。根据板子显影的情况可得知显影点在显影段中的位置，从而根据显示情况调整显影速度达到最佳的显影状态。

显影机在使用时由于溶液不断地喷淋搅动会出现大量泡沫，因此必须加入适量的消泡剂，如正丁醇、印制板专用消泡剂 AF-3 等。消泡剂起始的加入量为 0.1%左右，随着显影液溶进干膜，泡沫又会增加，可继续分次补加。部分显影机有自动添加消泡剂的装置。显影后要确保板面上无余胶，以保证基体金属与电镀金属之间有良好的结合力。

在显影的过程中碳酸钠不断需要补充，某些天气较寒冷地区在冬天显影时其补充碳酸钠的药桶要有加热装置，以防止显影段由于补充药液导致温度下降造成显影不良。

显影后板面是否有余胶肉眼很难看出，可用 1%甲基紫酒精水溶液或 1%～2%的硫化钠或硫化钾溶液检查，染 10%甲基紫酒精水溶液和浸入硫化物后没有颜色改变说明有余胶。

显影常见问题、原因及解决方法如表 5.12 所示。

表 5.12　显影常见问题分析

常见问题	原　因	解 决 方 法
过显影或显影不足	显影点位置不对	调整显影速度、温度
部分显影不足或过显影	消泡剂补充不足、后段清洗问题	补充消泡剂检查清洗段
	干膜质量差	更换干膜
	储存时受到其他光源的影响	改善储存条件
	曝光过度	使用曝光尺检查曝光强度
	底片问题	使用仪器检查底片的透光率
	真空不良引起底片与基板接触不好产生虚光	检查设备真空及框架的气密性
	显影液失效	更换显影液
	显影时间短，喷嘴堵塞，压力过低，显影液中泡沫过多	检查设备，加消泡剂，测量显影点
	喷嘴堵塞	清洗设备
显影后线条上有毛边，显影段温度高造成过显影	过显影或曝光不足	调整显影速度、温度和溶液浓度，使用曝光尺改善曝光时间
	显影段冷凝管堵塞或冷凝水供应不足，加热段失控	检查和清洗设备，检查冷凝水供水系统
显影后干膜的附着力不强	干膜存储条件不符合要求导致失效	改善储存条件
	干膜储存时间过长失效	改善储存条件
线路板上有碎膜，膜中有气泡	环境湿度过大	调整环境湿度
	线路板前处理不好	检查前处理线保证去除线路板表面的氧化和油污，并保证表面有一定的粗糙度
	贴膜速度过快或温度不够高	调整速度和温度
	贴膜后切膜留边过长、显影液液位过高、喷淋过滤器失效，溶液失效，清洗段问题	调整手动或自动贴膜机，曝光底片加大边框余量；检查显影液位及喷淋过滤器；更换溶液检查清洗段
	贴膜温度过高	调整到适合的温度
掩膜法的膜破裂	贴膜压辊压力过低或有损伤	调整压力，修复或更换压辊
	板面不平有损伤	前道工序加强自检
	孔中有水分	检查前处理烘干段温度保证孔内水分烘干
	膜强度不够或显影及清洗段喷淋压力过大	换用较厚的膜如 50μm 的干膜，调节设备的喷淋压力
	曝光指数不够	提高曝光指数(延长曝光时间)

5.6.3　设备的使用及操作

1. 安装场地

(1) 在洁净的环境条件下运行机器；
(2) 避免在高温多湿的环境条件下使用、存储机器；
(3) 安装时，不要将显影机放在被阳光直射的窗口下；
(4) 用通风管把轴流通风机连接好，一头接通显影机，一头接通出口；
(5) 把轴流通风机的皮带都套上。

2. 安全注意事项

(1) 在使用时，不要将工件以外的东西放入机器内；
(2) 在操作时避免用手直接接触工件或药液；
(3) 在进行检修时，尽可能在常温下开机。

3. 本系列机型操作环境

环境温度：该系列显影机的工作环境温度应该在 5℃～50℃之间，不考虑显影机内有无工件。

相对湿度：该系列显影机的工作环境相对湿度范围应在 10%～95%。

运输保管：该系列显影机可在 −25℃～55℃的范围内被运输及保管。在 24 小时以内，它可以承受不超过 65℃的高温。在运输过程中，应尽量避免过高的湿度、振动、压力及机械冲击。

4. 电源

使用两相 380 V 交流电源，并注意接好地线，其接线必须由有执照的电工来进行。

5. 安装注意事项

(1) 显影机应工作在洁净的环境中，以保证电镀质量；
(2) 不要在露天、高温多湿的条件下使用、存储机器；
(3) 不要将机器安装在被阳光直射的窗口下；
(4) 检修机器时，需关机切断电源，以防触电或造成短路；
(5) 机器经过移动后，需对各部进行检查；
(6) 机器应保持平稳，不得有倾斜或不稳定的现象；
(7) 操作时，注意避免让皮肤直接接触到药液；
(8) 工作完成后，注意妥善保存药液，避免挥发结晶。

6. 具体参数及结构

设备参数：

(1) 设备尺寸：970 × 760 × 630 mm。

(2) 有效显影宽度：400 mm。

(3) 电源：5 kW，380 V。

(4) 传动速度：0～20 m/min。

(5) 重量：280 kg。

(6) 显影方式：摆动喷淋传动式。

(7) 功用：PCB 干湿膜及感光阻焊油墨(绿油)的显影。

设备结构实物图如图 5.10 所示。

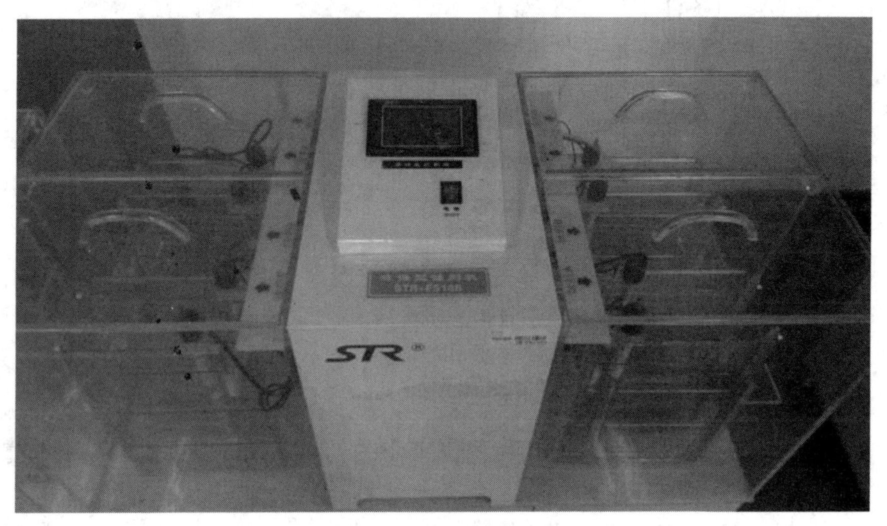

图 5.10　显影机设备实物图

7. 操作过程

(1) 先打开温控，使液体的真实温度达到 32℃左右(所说的真实温度是指恒温)。

(2) 开启传输启动，然后调整传输控制，使传输速度达到标准。

(3) 开启冷却风机使气味能第一时间排出。

(4) 准备好后，调好时间，打开显影开始开关(40～60 s，32℃)。

(5) 把贴好膜的板子撕去上表面的保护塑料膜，放入传输带上。

(6) 在传输带的另一端取出蚀刻好的板子。

(7) 认真检查，显影成功后，用水冲洗干净，吹干。

(注意：以上的操作全在黄光室进行。)

(8) 显影成功后，进行第二次曝光。

8. 基本维护与保养

(1) 开机检查：开机前要检查机器的工作电压是否在安全范围内或是否稳定，以保证机器各部件可正常安全工作。同时检查核对开机时与上一次关机时的各种设置参数是否一致。关机时不可让药液处于机器内，以免药液在机器内挥发和结晶。

(2) 地线：机器使用三相四线制时，实际必须增加一条地线将机器同大地连接起来。开机前需检查地线是否接通。(三相五线制则更好。)

9. 使用注意事项

(1) 在显影前 20 分钟加热液体，确保显影时温度正常。

(2) 显影温度过高或显影时间过长会破坏胶膜的表面硬度和耐化学性，而浓度和温度过低会影响显影的速度。因此浓度和温度以及显影时间均要控制在合适的范围内。

(3) 为保证显影的效果，可根据显影液内的溶膜量(一般为 0.25 m^2/dm^3)而不断添加新鲜的显影液，使显影液浓度保持在 1%～2%。

(4) 用手将需要进行显影步骤的 PCB 浸入显影液中振荡摇摆，再开始显影，使显影的面积匀称。

(5) 显影完毕后，切勿将板子拿出黄光室，一定要检查显影成功后方可拿出黄光室，进行第二次曝光。如不成功，再进行显影(是在没出黄光室的前提下)，若拿出黄光室才发现不成功，就需要退膜，重新贴膜开始。

5.7　蚀刻工艺介绍

5.7.1　工艺原理、操作规范及常见问题

本碱性蚀刻液分母液和子液，母液是开缸槽液，子液是独立添加液。其成分指标如表 5.13 所示。

表 5.13　母液、子液成分指标

	母　液	子　液
铜含量	150±5g/L	—
氯含量	4.8±0.2M	4.8±0.2M
pH 值	8.6±0.25	9.6±0.25
比重	1.18±0.01	1.05±0.02

1. 操作规范

1) 净槽

使用前先将蚀刻机按常规的碱和酸清洗后，用 5%的盐酸清洗，再用 5%的氨水搅拌十分钟后排出洗液。

2) 加料调速

加入母液至液面，升温至 48℃以上即开始蚀刻。先以刷磨过的裸铜板测试上下压，调整传动速度，即可正式生产。

3) 最佳操作范围

最佳操作范围如表 5.14 所示。

表 5.14　最佳操作范围

铜含量	氯含量	pH 值	比重	温度	喷压
140～160 g/L	4.07～5.5M	8.2～8.9	1.19～1.21	50～52℃	18～25PSI

4) 蚀刻速度

蚀刻速度(裸铜板测试与设备蚀刻段的长短相关；蚀刻因子大于 2.5)，如表 5.15 所示。

表 5.15 蚀 刻 速 度

铜厚	0.5oz	1.0oz	2.0oz
时间	25 s 左右	40～50 s	80～90 s

2. 添加方式

1) 手动操作

(1) 当比重超过 1.21 或铜含量超过 160 g/L 时，可除去 1/5 槽液，并添加子液至液面；

(2) 因换液后溶液温度会下降，所以需等溶液循环 5～10 分钟后才能恢复蚀刻；

(3) 长时间不用或抽风太强 pH 值会降到 8.0 以下，做板时的铅锡洁白效果会降低，此时可添加 20 L 左右的氨水恢复 pH 值及板面的洁白度。氨水添加时宜循环慢加，以免破坏成分比例。

2) 自动添加

(1) 当工作温度达到后，设定比重 1.21 或铜含量 150 g/L；

(2) 自动添加开始动作时取槽液测试含铜量和比重，了解与设定值之误差；

(3) 自动添加器必须只有在温度达到后才能启动(铜量一定则温度不同，比重不同)；

(4) 因管路输送的关系，槽液在自动控制器值为 150 g/L 时，槽内的实际含铜量会超过 150 g/L，通常有 ±5g/L 的误差，要正确掌握。

3. 槽液维护和管理

(1) 定期检查自动控制比重和槽液比重是否相符而适当校正。

(2) 定期分析槽液的 pH 值、铜含量和氯含量，汇总制成图表以作参考。

(3) 长期不使用时可多加子液以避免氨气的过量损失。

(4) 氯化铵添加时应先在槽外溶解再加入槽内，其添加量的计算如下：(氯含量单位为 g/L)

$$添加量(kg) = (氯标准 - 分析值) \times 槽体升数 \times 0.00151$$

(5) 同样的溶液 pH 值在 50℃时与常温会表现不同的值，换算公式如下：

$$pH(50℃) = pH(T) - 0.021 \times (50 - T)$$

例如：T = 24℃时，pH(50℃) = pH(24) - 0.021 × (50 - 24) = 8.86 - 0.021 × 26

(6) 溶液 pH 值的影响因素有温度、校正用的标准液、设备等。

(7) 同样的溶液比重在 50℃时与常温会表现不同的值，差约 0.01，比重差 0.01 表现的铜含量约差 10 g/L。具体见表 5.16。

表 5.16 溶液在 50℃与常温的值比较

50℃时溶液比重	25℃时溶液比重	铜含量(g/L)
1.190	1.200	140
1.200	1.210	150
1.210	1.220	160
1.215	1.225	165

4. 含量分析

1) 铜的含量测定

方法：吸取 10 mL 槽液于 250 mL 的锥形瓶中，加水 100 mL，加入 50%硫酸至溶液蓝色消失为止；加入 50%的 KCNS 10 mL，KI 1 g，淀粉指示剂 5 mL；用 0.1N 的 $Na_2S_2O_3$ 标准液滴至蓝色刚好消失，记下所耗用的 $Na_2S_2O_3$ 滴定毫升数。

计算：铜含量(g/L) = 6.4 × NV

式中：N 为 $Na_2S_2O_3$ 标准液的实际当量浓度；V 为所耗用的 $Na_2S_2O_3$ 滴定毫升数。

2) 氯含量的测定

试剂：0.5M $AgNO_3$ 溶液、25%HNO_3 溶液、K_2CrO_4 指示剂。

方法：

① 取 1.0 mL 样品到一个 250 mL 烧杯中，加 30 mL DI(去离子)水。

② 若样品为无铜的子液则加 1 mL 5% 的硫酸铜溶液使其变为蓝色，含铜的槽液不需添加。

③ 用 25%HNO_3 溶液加入样品中以调整溶液颜色至透明，微带浅蓝色的状态(需小心不可过量，否则要滴加氨水还原成深色后再重复操作)。

④ 加入数滴 K_2CrO_4 指示剂(注意溶液加入后需仍为清澈透明，否则可滴加 25%HNO_3 调整，此时溶液微带浅绿色)。

⑤ 用 0.5M $AgNO_3$ 溶液滴定，同时搅拌被滴定的溶液，不可有大颗粒的沉淀产生，溶液沉淀物由粉白转为出现褐色颗粒时即为终点，记下所耗用的 $AgNO_3$ 溶液的体积。

计算：氯含量(g/L) = 17.75 × V

或(M) = 0.5 × V

式中：V 为所耗用的 $AgNO_3$ 溶液滴定毫升数。

5. 问题与对策

蚀刻工艺的问题与对策，如表 5.17 所示。

表 5.17　问题与对策

问题		可能原因	对策
速度降低		温度低或加热失灵 比重高铜含量大	加热升温 添加子液
蚀刻不匀	上下两面	喷嘴阻塞	检查喷管(嘴)
		喷嘴方向不好	调整位置和角度
		滚轮位置不好	调整
		喷管流量不匀	调压
	局部	显影去膜不彻底	加强
		干膜制程发生膜渣	修补底片上微孔
		压膜前板面清洁不够	加强清洁
		去膜液碱性太强	降低碱性
		电镀渗锡	改善电镀

续表

问　　题	可 能 原 因	对　　策
沉淀	氯—铜比值不对	调整氯—铜比
	pH值低或漏水，进水太多	提高pH值
	比重过高	添加子液
侧蚀大，蚀铜过度	pH值过高	降低pH值
	速度太慢	加速
	压力过大	降压
侧蚀大，蚀铜过度	比重太低	增加铜浓度
蚀铜不足	传动速度太快 pH值低 比重太高 温度太低 喷压不够	处理好速度、浓度、温度、厚度的相互关系
板传送走偏	装机不水平	修正
	上下或单面喷压不匀	检修
	传动部件失灵	检修
结晶太多	pH值低于8.0	检查添加系统和抽风
阻剂剥落	pH值过高	了解抗蚀剂的抗碱度

5.7.2 设备的使用及操作

1. 安装场地

(1) 在洁净的环境条件下运行机器；

(2) 避免在高温多湿的环境条件下使用、存储机器；

(3) 安装时，不要将蚀刻机放在被阳光直射的窗口下；

(4) 用通风管把轴流通风机连接好，一头接通蚀刻机，一头接通出口；

(5) 把轴流通风机的皮带都套上。

2. 安全注意事项

(1) 在使用时，不要将工件以外的东西放入机器内；

(2) 在操作时避免用手直接接触工件或药液；

(3) 在进行检修时，尽可能在常温下开机。

3. 操作环境

环境温度：该系列蚀刻机的工作环境温度应该在5℃～50℃之间，不考虑蚀刻机内有无工件。

相对湿度：该系列蚀刻机的工作环境相对湿度范围应在10%～95%。

运输保管：该系列蚀刻机可在–25℃～55℃的范围内被运输及保管。在24小时以内，

它可以承受不超过 65℃的高温。在运输过程中，应尽量避免过高的湿度、振动、压力及机械冲击。

4. 电源

使用两相 380 V 交流电源，并注意接好地线，其接线必须由有执照的电工来进行。

5. 安装注意事项

(1) 蚀刻机应工作在洁净的环境中，以保证电镀质量；

(2) 不要在露天、高温多湿的条件下使用、存储机器；

(3) 不要将机器安装在被阳光直射的窗口下；

(4) 检修机器时，需关机切断电源，以防触电或造成短路；

(5) 机器经过移动后，需对各部进行检查；

(6) 机器应保持平稳，不得有倾斜或不稳定的现象；

(7) 操作时，注意避免让皮肤直接接触到药液；

(8) 工作完成后，注意妥善保存药液，避免挥发结晶。

6. 具体参数及结构

设备参数：

(1) 设备尺寸：970 × 760 × 630 mm。

(2) 有效蚀刻宽度：400 mm。

(3) 电源：5 kW，380 V。

(4) 传动速度：0～20 m/min。

(5) 重量：280 kg。

(6) 蚀刻方式：摆动喷淋传动式。

(7) 功用：PCB 干湿膜及感光阻焊油墨(绿油)的蚀刻。

7. 操作过程

(1) 先打开温控，使液体的真实温度达到 32℃左右(所说的真实温度是指恒温)。

(2) 开启传输启动，然后调整传输控制，使传输速度达到标准。

(3) 开启冷却风机使气味能第一时间排出。

(4) 准备好后，调好时间，打开蚀刻开始开关(40～60 s，32℃)。

(5) 把贴好膜的板子撕去上表面的保护塑料膜，放入传输带上。

(6) 在传输带的另一端取出蚀刻好的板子。

(7) 认真检查，蚀刻成功后，用水冲洗干净，吹干。

(注意：以上的操作全在黄光室进行。)

(8) 蚀刻(显影)成功后，进行第二次曝光。

8. 基本维护与保养

(1) 开机检查：开机前要检查机器的工作电压是否在安全范围内或是否稳定，以保证机器各部件可正常安全工作。同时检查核对开机时与上一次关机时的各种设置参数是否一致。关机时不可让药液处于机器内，以免药液在机器内挥发和结晶。

(2) 地线：机器使用三相四线制时，实际必须增加一条地线将机器同大地连接起来。

开机前需检查地线是否接通。(三相五线制则更好。)

9. 使用注意事项

(1) 在蚀刻前 20 分钟加热液体，确保蚀刻时温度正常。

(2) 蚀刻温度过高或蚀刻时间过长会破坏胶膜的表面硬度和耐化学性，而浓度和温度过低会影响蚀刻的速度。因此浓度和温度以及蚀刻时间均要控制在合适的范围内。

(3) 为保证蚀刻的效果，可根据蚀刻液内的溶膜量(一般为 0.25 m^2/dm^3)而不断添加新鲜的蚀刻液，使蚀刻液浓度保持在 1%～2%。

(4) 用手将需要进行蚀刻步骤的 PCB 浸入显影液中振荡摇摆，再蚀刻开始，使蚀刻的面积匀称。

(5) 蚀刻完毕后，切勿将板子拿出黄光室，一定要检查蚀刻成功后，拿出黄光室，进行第二次曝光。如不成功，再进行蚀刻(是在没出黄光室的前提下)，如出黄光室才发现不成功，就退膜，重新贴膜开始。

第四篇　EDA 技术实践应用

第 6 章　EDA 技术基础实验

实验一　ISE 设计环境熟悉(1)

一、实验目的

(1) 学习并掌握 ISE 设计环境的基本操作；
(2) 掌握简单逻辑电路 2 选 1 数据选择器的设计方法与功能仿真。

二、实验仪器设备

(1) PC，1 台；
(2) ISE 软件开发系统 1 套。

三、实验预习要求

(1) 预习教材中的相关内容；
(2) 预习老师教学演示的相关内容；
(3) 阅读并熟悉本次实验内容。

四、实验内容

用 VHDL 设计一个 2 选 1 数据选择器并进行功能仿真。具体要求如下：
(1) 设置 1 个 1 位数据选择控制输入端，取名为 s；
(2) 设置 2 个 1 位数据输入端，分别取名为 a、b；
(3) 设置 1 个 1 位数据输出端，取名为 z；
(4) 进行电路功能仿真与验证。

五、实验操作步骤

1. 设计要点
(1) 新建文件及文件存盘的步骤；
(2) 文件的综合步骤和程序语法的检查；
(3) 进行波形仿真的步骤和方法；

(4) 进行定时分析的步骤和方法。

2. 设计步骤

(1) 在桌面上单击 ISE 9.1i 进入项目管理器，如图 6.1 所示。

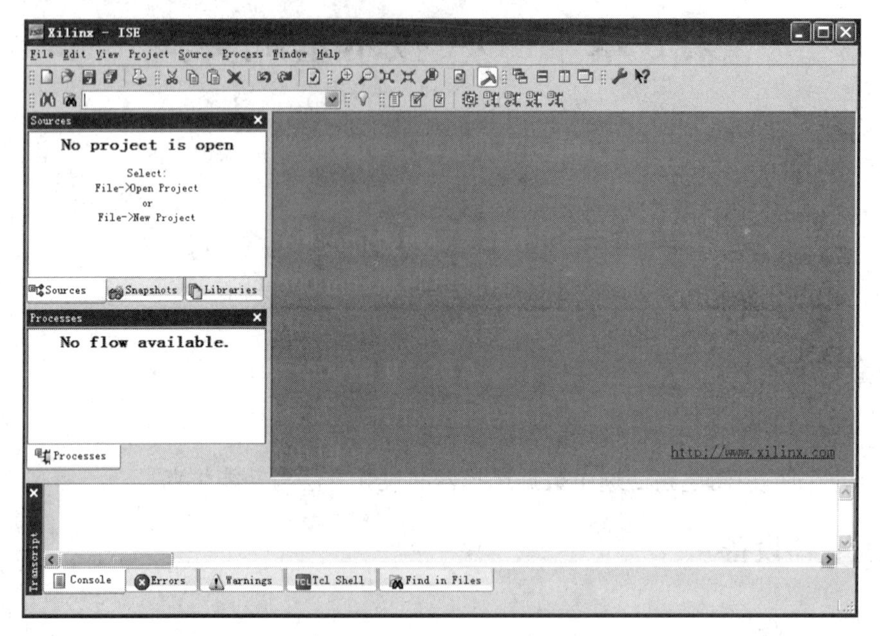

图 6.1 项目管理器界面

(2) 新建工程，按图 6.2 选择参数(注意工程名以英文命名)。

New Project Wizard - Device Properties

Select the Device and Design Flow for the Project

Property Name	Value
Product Category	All
Family	Spartan3
Device	XC3S400
Package	PQ208
Speed	-4
Top-Level Source Type	HDL
Synthesis Tool	XST (VHDL/Verilog)
Simulator	ISE Simulator (VHDL/Verilog)
Preferred Language	VHDL
Enable Enhanced Design Summary	☑
Enable Message Filtering	☐
Display Incremental Messages	☐

More Info　　< Back　　Next >　　Cancel

图 6.2 选择参数

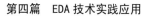

(3) 在主菜单中选择 New，从输入文件类型选择菜单中选择文本文件输入方式，如图 6.3 所示。

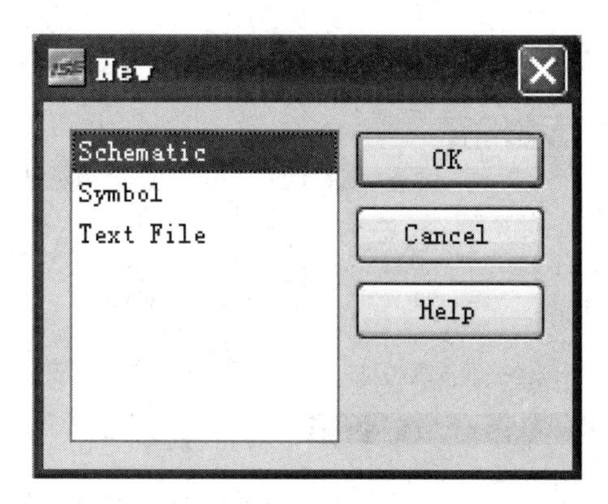

图 6.3　选择文本文件输入方式

(4) 输入源程序并以 .vhd 为后缀保存文件，如图 6.4 所示。

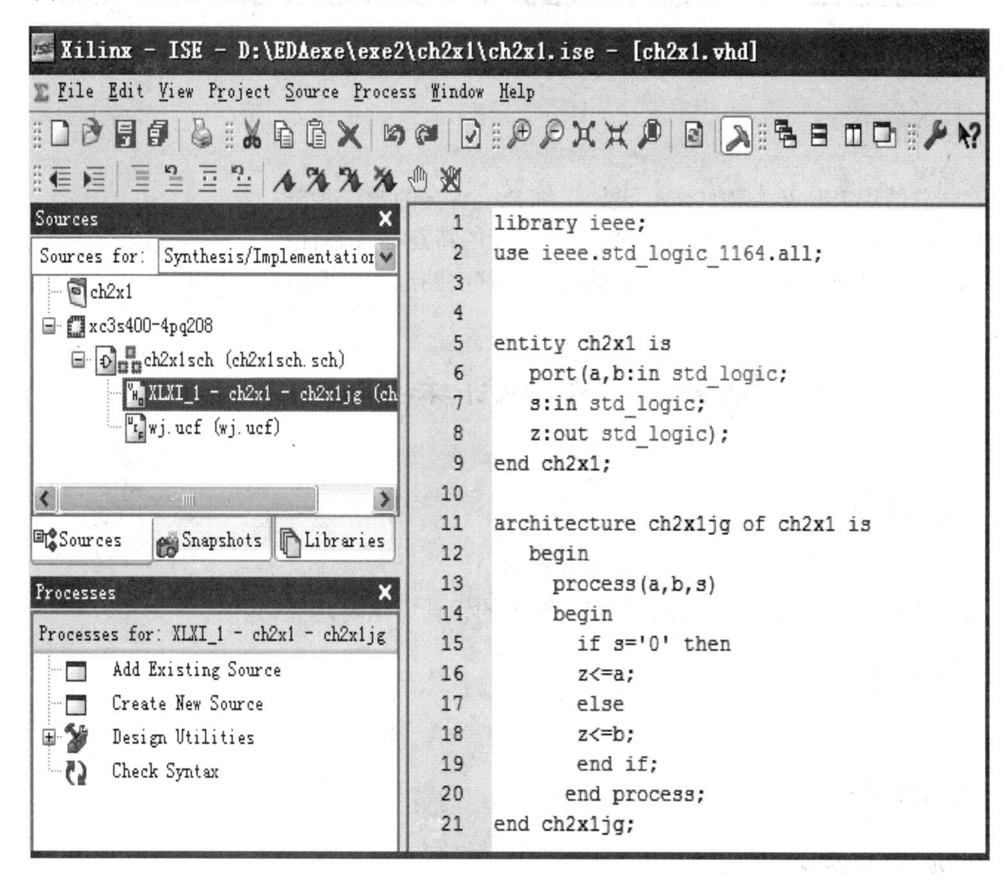

图 6.4　输入源程序

(5) 在 Source 窗口中点中源文件，双击处理窗中的 Check–Syntax 进行语法检查。

(6) 选择【project】→【new source】，键入仿真文件名，如图 6.5 所示，直到完成。

(7) 点中仿真文件，双击处理窗中的“Simulate Behavioral Model”，完成功能仿真。

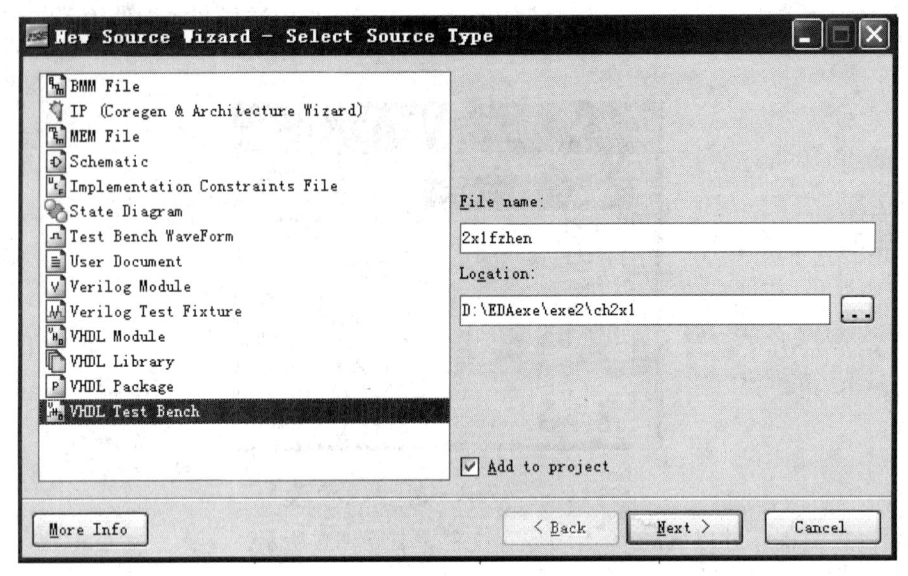

图 6.5　键入仿真文件名

六、实验报告

(1) 总结用 ISE 开发软件进行设计、综合、仿真的操作步骤；
(2) 讨论用 EDA 开发板进行逻辑电路设计的特点与优越性；
(3) 讨论自己在设计过程中遇到的问题、解决的过程以及收获和体会。

实验二　ISE 设计环境熟悉(2)

一、实验目的

(1) 学习并掌握 ISE 设计环境的基本操作；
(2) 掌握简单逻辑电路 4 选 1 数据选择器的设计方法与功能仿真。

二、实验仪器设备

(1) PC 1 台；
(2) ISE 软件开发系统 1 套。

三、实验预习要求

(1) 预习教材中的相关内容；
(2) 预习老师教学演示的相关内容；
(3) 阅读并熟悉本次实验内容。

四、实验内容

用 VHDL 设计一个 4 选 1 数据选择器并进行功能仿真。具体要求如下：

(1) 设置 1 个 2 位数据选择控制输入端，取名为 s；

(2) 设置 4 个 4 位数据输入端，分别取名为 a、b、c、d；

(3) 设置 1 个 4 位数据输出端，取名为 z；

(4) 进行电路功能仿真与验证。

五、实验操作步骤

参照实验一的步骤，完成 4 选 1 数据选择器的功能仿真。

六、实验报告

(1) 总结用 ISE 开发软件进行设计、综合、仿真的操作步骤；

(2) 讨论用 EDA 开发板进行逻辑电路设计的特点与优越性；

(3) 讨论自己在设计过程中遇到的问题、解决的过程以及收获和体会。

实验三　EDA 实验硬件熟悉

一、实验目的

(1) 了解 EDA 实验板结构与功能；

(2) 掌握芯片下载与实验基本方法，验证数据选择器功能。

二、实验仪器设备

(1) PC 1 台；

(2) ISE 软件开发系统 1 套；

(3) FPGA 实验及下载装置 1 套。

三、实验预习要求

(1) 预习教材中的相关内容；

(2) 预习老师教学演示的相关内容；

(3) 阅读并熟悉本次实验内容。

四、实验内容

在 EDA 实验板上验证数据选择器功能。具体要求如下：

(1) 熟悉 ISE 软件开放系统中实验板的硬件结构和基本功能，掌握端口的配置方法；

(2) 重复实验一和实验二中的步骤，下载程序观察现象；

(3) 思考题：编写3-8译码器程序，下载实验程序观察现象。

五、实验操作步骤

(1) 参照实验一、实验二的步骤，完成数据选择器的功能仿真，生成原理图文件和顶层文件；

(2) 参照教材中ISE软件程序的下载步骤，完成实验程序的下载；

(3) 结合仿真波形，验证程序设计功能。

六、实验报告

(1) 总结电路下载和硬件实验的方法和步骤；

(2) 讨论自己在设计过程中遇到的问题、解决的过程以及收获和体会；

(3) 总结该实验系统有何特点，有何改进之处，该系统上还可做哪些实验；

(4) 结合其他课程实验与EDA实验讲义，谈谈硬件实验的注意点。

实验四　寄存器电路设计仿真与下载

一、实验目的

(1) 学习并掌握ISE实验开发系统的操作技巧；

(2) 掌握VHDL进行数字逻辑电路的设计方法与功能仿真技巧。

二、实验仪器设备

(1) PC 1台；

(2) ISE实验开发系统1套；

(3) FPGA实验及下载装置1套。

三、实验预习要求

(1) 预习教材中的相关内容；

(2) 预习老师教学演示的相关内容；

(3) 阅读并熟悉本次实验内容。

四、实验内容

用VHDL设计一个移位寄存电路，实现数据的串入并出，并进行功能仿真与下载测试。具体要求如下：

(1) 设置2个输入端，时钟输入端和串行数据输入端，分别取名为CLK和DATA；

(2) 设置 8 个数据输出端，取名为 D0～D7；

(3) 电路功能为每输入一个时钟脉冲，就把 DATA 端移至 D0 端，同时 D0 端的数据进入 D1 端，D6 端的数据进入 D7 端，等等，从而完成数据的逐位串行移动；

(4) 进行电路功能仿真与验证；

(5) 进行芯片数据下载与硬件功能测试。

五、实验操作步骤

参照实验三的步骤，完成寄存器电路的功能仿真。

六、实验报告

(1) 总结用 VHDL 对寄存器电路进行设计的方法；

(2) 结合仿真波形，分析实验现象；

(3) 讨论自己在设计过程中遇到的问题、解决的过程以及收获和体会。

实验五　层次化设计仿真与下载

一、实验目的

(1) 巩固并掌握 ISE 开发系统的操作技巧；

(2) 掌握触发器电路的设计方法；

(3) 掌握 CPLD/FPGA 芯片下载与测试方法。

二、实验仪器设备

(1) PC 1 台；

(2) ISE 软件开发系统 1 套；

(3) CPLD/FPGA 实验及下载装置 1 套。

三、实验预习要求

(1) 预习组合电路中 1 位全加器的设计方法；

(2) 预习组合电路中由 1 位全加器构成两位全加器的方法；

(3) 预习 ISE 开发系统的层次化设计方法；

(4) 预习实验开发系统的下载方法。

四、实验内容

设计一个 2 位全加器。具体要求如下：

(1) 用 VHDL 设计 1 位全加器并综合、仿真；

(2) 用设计好的 1 位全加器组合成两位全加器、并进行仿真测试；
(3) 为设计好的 2 位全加器分配管脚、综合、下载，进行硬件电路功能验证。

五、实验操作步骤

(1) 在文本编辑方式下完成 1 位全加器的设计、综合、仿真；
(2) 在文本编辑方式下完成 2 位全加器的设计，要求将刚才的 1 位全加器作为元件例化在两位全加器的设计中；
(3) 为设计好的 2 位全加器分配管脚、综合、下载，在硬件电路中进行测试。

六、实验报告

(1) 说明实验操作的基本步骤；
(2) 画出实验中 1 位全加器和 2 位全加器的仿真波形；
(3) 讨论自己在设计过程中遇到的问题、解决的过程以及收获和体会。

实验六　触发器电路设计仿真与下载

一、实验目的

(1) 巩固并掌握 ISE 开发系统的操作技巧；
(2) 练习 ISE 开发系统的层次化设计方法；
(3) 掌握 CPLD/FPGA 芯片下载与测试方法。

二、实验仪器设备

(1) PC 1 台；
(2) ISE 软件开发系统 1 套；
(3) CPLD/FPGA 实验及下载装置 1 套。

三、实验预习要求

(1) 预习教材中触发器设计的相关内容；
(2) 预习老师教学演示的相关内容；
(3) 预习实验开发系统的下载方法。

四、实验内容

设计 D 触发器和 T 触发器。具体要求如下：
(1) 用 VHDL 设计 D 触发器，cp 为时钟脉冲输入、d 为输入端、q 为输出端，并进行综合、仿真；
(2) 用 VHDL 设计 T 触发器，设置端口，并进行综合、仿真；

(3) 为设计好的触发器分配管脚、综合、下载，进行硬件电路功能验证。
(4) 思考题：设计实现JK触发器，并进行功能验证。

五、实验操作步骤

(1) 在文本编辑方式下完成D触发器的设计、综合、仿真；
(2) 在文本编辑方式下完成T触发器的设计、综合、仿真；
(3) 为设计好的触发器分配管脚、综合、下载，在硬件电路中进行测试。
参考程序(D触发器)：

```
library ieee;
use ieee. std_logic_1164. all;
use ieee. std_logic_arith. all;
use ieee. std_logic_unsigned. all;
entity dchu is
    port(
         cp, d:in std_logic;
            q: out std_logic);
end dchu;
architecture a of dchu is
    begin
      process(cp)
      begin
          if cp'event and cp = '1' then
              q <= d;
           end if;
      end process;
end a;
```

六、实验报告

(1) 说明实验操作的基本步骤；
(2) 画出实验中D触发器和T触发器的仿真波形；
(3) 讨论自己在设计过程中遇到的问题、解决的过程以及收获和体会。

实验七　简单电路的VHDL描述

一、实验目的

(1) 学习并掌握VHDL的语言、语法规则；

(2) 用 VHDL 完成一些组合逻辑电路和时序电路的设计。

二、实验仪器设备

(1) PC 1 台；
(2) ISE 软件开发系统 1 套；
(3) CPLD/FPGA 实验及下载装置 1 套。

三、实验预习要求

(1) 预习教材中的 VHDL 相关内容；
(2) 了解 LED 数码管的引脚与数码管各段的排列顺序，并用 VHDL 设计 BCD-7 段译码显示电路；
(3) 了解分频器的原理，并用 VHDL 设计。

四、实验内容

(1) 用 VHDL 设计 BCD-7 段译码驱动芯片，综合、下载，并进行电路功能验证；
(2) 用 VHDL 设计一个分频器，输出 100Hz 方波，综合、仿真、下载，并进行电路功能验证。

五、实验操作步骤

(1) 开机，进入 ISE 开发系统；
(2) 在 ISE 环境下，用鼠标点击工具栏“New”，在弹出的对话框中选择文本编辑方式；
(3) 在新建的编辑区用 VHDL 进行设计输入，保存设计文件；
(4) 参照前面实验的实验步骤，分别完成 BCD-7 段译码驱动电路和分频器电路的功能仿真。
(5) 管脚分配、程序下载，进行硬件电路测试。
参考程序(BCD-7 段译码显示电路)：

```
library ieee;
use ieee. std_logic_1164. all;
use ieee. std_logic_unsigned. all;

entity deled is
port(num: in std_logic_vector(3 downto 0);
      a, b, c ,d, e, f, g: out std_logic);
end deled;

architecture art of deled is
   signal led :std_logic_vector(6 downto 0);
```

```
    begin
    process(num)
    begin
     case num is
        when "0000" => led <= "1111110";
        when "0001" => led <= "0110000";
        when "0010" => led <= "1101101";
        when "0011" => led <= "1111001";
        when "0100" => led <= "0110011";
        when "0101" => led <= "1011011";
        when "0110" => led <= "1011111";
        when "0111" => led <= "1110000";
        when "1000" => led <= "1111111";
        when "1001" => led <= "1111011";
        when "1010" => led <= "1110111";
        when "1011" => led <= "0011111";
        when "1100" => led <= "1001110";
        when "1101" => led <= "0111101";
        when "1110" => led <= "1001111";
        when others => led <= "1000111";
    end   case;
  end process;
    a <= led(6); b <= led(5); c <= led(4); d <= led(3);
    e <= led(2); f <= led(1); g <= led(0);
  end art;
```

六、实验报告

(1) 说明实验操作的基本步骤；
(2) 写出 VHDL 设计 BCD-7 段译码显示电路的 VHDL 程序；
(3) 写出分频器电路的 VHDL 程序及仿真波形。

实验八　七人表决器的设计

一、实验目的

(1) 巩固和加深对 ISE 开发系统的理解和使用；
(2) 掌握 VHDL 编程设计方法；
(3) 掌握行为描述方式来设计电路；

(4) 掌握综合性电路的设计、仿真、下载、调试方法。

二、实验仪器设备

(1) PC 1 台；
(2) ISE 软件开发系统 1 套；
(3) CPLD/FPGA 实验及下载装置 1 套。

三、实验预习要求

(1) 预习教材中 VHDL 的相关内容；
(2) 理解本实验的基本结构；
(3) 明确各个模块的设计目标。

四、实验内容

(1) 用 VHDL 设计七人表决器，用 7 个开关作为表决器的 7 个输入变量。输入变量为逻辑“1”时，表示表决者“赞同”；输入变量为“0”时，表示表决者“不赞同”。输出逻辑“1”时，表示表决“通过”；输出逻辑“0”时，表示表决“不通过”。当表决器的 7 个输入变量中有 4 个以上(含 4 个)为“1”时，则表决器输出为“1”；否则为“0”。

(2) 设计完成后进行综合、仿真、下载，并进行电路功能验证。

五、实验操作步骤

(1) 开机，进入 ISE 开发系统；
(2) 在 ISE 环境下，用鼠标点击工具栏“New”，在弹出的对话框中选择文本编辑方式；
(3) 在新建的编辑区用 VHDL 进行设计输入，保存各个设计文件；
(4) 生成功能模块，在原理图方式下完成系统的设计、综合和仿真；
(5) 管脚分配、程序下载，进行硬件电路测试。

参考程序：

```
library ieee;
use ieee. std_logic_1164. all;
entity HB2 is
port(DATA: in bit_vector(3 DOWNTO 0);
        y: out bit_vector(2 downto 0));
end HB2;
architecture a of HB2 is
begin
process(data)
begin
case data is
```

```
when "0000" => y <= "000";
when "0001" => y <= "001";
when "0010" => y <= "001";
when "0011" => y <= "010";
when "0100" => y <= "001";
when "0101" => y <= "010";
when "0110" => y <= "010";
when "0111" => y <= "011";
when "1000" => y <= "001";
when "1001" => y <= "010";
when "1010" => y <= "010";
when "1011" => y <= "011";
when "1100" => y <= "010";
when "1101" => y <= "011";
when "1110" => y <= "011";
when "1111" => y <= "100";
end case;
end process;
end a;
```

六、实验报告

(1) 说明实验操作的基本步骤；
(2) 写出 VHDL 设计 7 人表决器的源程序并画出仿真波形；
(3) 书写实验报告时要结构合理，层次分明，在分析叙述时注意语言的流畅。

实验九　数字秒表的设计

一、实验目的

(1) 掌握自制 XC3S400 开发板的资源配置方法；
(2) 掌握分频器、计数器电路的 VHDL 编程设计方法；
(3) 掌握数码管的 VHDL 驱动显示方法；
(4) 巩固和加深综合性电路的设计、仿真、下载、调试方法。

二、实验仪器设备

(1) PC 1 台；
(2) ISE 软件开发系统 1 套；

(3) 自制 XC3S400 开发板及下载装置 1 套。

三、实验预习要求

(1) 预习教材中 VHDL 的相关内容；
(2) 理解本实验的基本结构；
(3) 明确各个模块的设计目标。

四、实验内容

(1) 数字秒表主要由分频器、二十四进制计数器、六进制计数器、十进制计数器、扫描显示译码器电路组成。整个数字秒表中最关键的是如何获得一个精确的 100Hz 计时脉冲。除此之外，数字秒表需设有清零控制端、启动端和保持端，能够完成清零、启动、保持(可使用拨码开关置数实现)功能。数字秒表显示由时、分、秒、百分之一秒组成，利用扫描显示译码电路在 8 个数码管显示，时、分、秒、百分之一秒显示应准确。

(2) 用 VHDL 设计 8 位数字秒表，主要包括以下 5 个模块。
① 分率器：用来产生 100Hz 计时脉冲(输入频率为 40MHz)。
② 二十四进制计数器：对时进行计数。
③ 六进制计数器：分别对秒十位和分十位进行计数。
④ 十进制计数器：分别对秒个位和分个位进行计数。
⑤ 扫描显示译码器：完成对 7 字段数码管显示的控制。

(3) 设计完成后进行综合、仿真、下载，并进行电路功能验证。

五、实验操作步骤

(1) 开机，进入 ISE 开发系统；
(2) 在 ISE 环境下，用鼠标点击工具栏“New”，在弹出的对话框中选择文本编辑方式；
(3) 在新建的编辑区用 VHDL 编写各个模块程序，保存各个设计文件；
(4) 生成功能模块，在原理图方式下完成系统的设计、综合和仿真；
(5) 管脚分配、程序下载，进行硬件电路测试。

参考程序(六进制计数器)：

```
LIBRARY IEEE;
USE IEEE. STD_LOGIC_1164. ALL;
USE IEEE. STD_LOGIC_UNSIGNED. ALL;
ENTITY CNT6 IS
      PORT (CLK: IN STD_LOGIC;
            CLR: IN STD_LOGIC;
            ENA: IN STD_LOGIC;
            CQ: OUT STD_LOGIC_VECTOR(3 DOWNTO 0);
            CARRY_OUT: OUT STD_LOGIC);
END ENTITY CNT6;
```

```
ARCHITECTURE ART OF CNT6 IS
    SIGNAL CQI: STD_LOGIC_VECTOR(3 DOWNTO 0);
     BEGIN
    PROCESS(CLK, CLR, ENA) IS
        BEGIN
        IF CLR = '1' THEN CQI <= "0000";
        ELSIF CLK'EVENT AND CLK = '1' THEN
            IF ENA = '1' THEN
                IF CQI = "0101" THEN CQI <= "0000";
                ELSE CQI <= CQI+'1';
                 END IF;
            END IF;
     END IF;
END PROCESS;
PROCESS(CQI) IS
    BEGIN
       IF CQI = "0000" THEN CARRY_OUT <= '1';
                ELSE CARRY_OUT <= '0';
                END IF;
          END PROCESS;
     CQ <= CQI;
END ARCHITECTURE ART;
```

六、实验报告

(1) 说明实验操作的基本步骤；

(2) 写出 VHDL 设计数字秒表的源程序并画出仿真波形；

(3) 书写实验报告时要结构合理，层次分明，在分析叙述时注意语言的流畅。

实验十　Vivado 操作入门

Vivado 设计软件是 Xilinx 公司最新发布的集成设计环境，包括高度集成的设计环境和新一代从系统到 IC 级的工具，这些均建立在共享的可扩展数据模型和通用调试环境的基础上。这也是一个基于 AMBA-AXI4 互联规范、IP-XACT IP 封装元数据、工具命令语言(TCL)、Synopsys 系统约束(SDC)以及其他有助于根据用户需求量身定制设计流程并符合业界标准的开放式环境。Xilinx 公司构建的 Vivado 工具把各类可编程技术结合在一起，能够扩展多达 1 亿个等效 ASIC 门的设计，本实验以全加器功能实现为例来介绍如何采用 Vivado 开发工具来设计一个过程。

具体操作方法为：

(1) 新建一个工程，如图 6.6 所示。点击“Next”按钮继续。

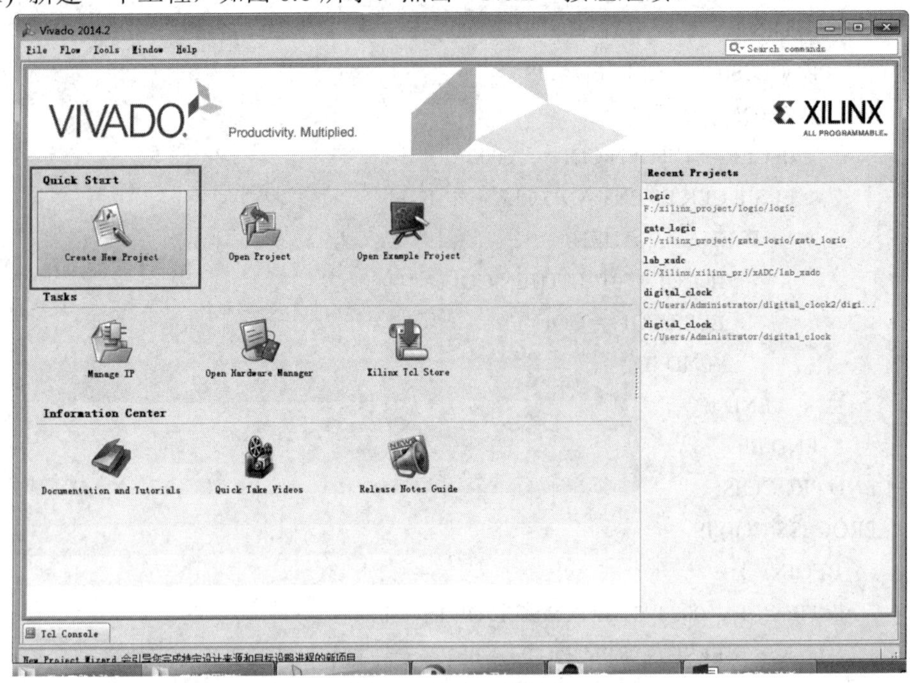

图 6.6　新建工程界面

(2) 输入工程名(字母或下划线开头)，选择工程路径(注意不要有中文)，如图 6.7 所示。点击“Next”按钮出现如图 6.8 所示的对话框，点击“Next”按钮继续。

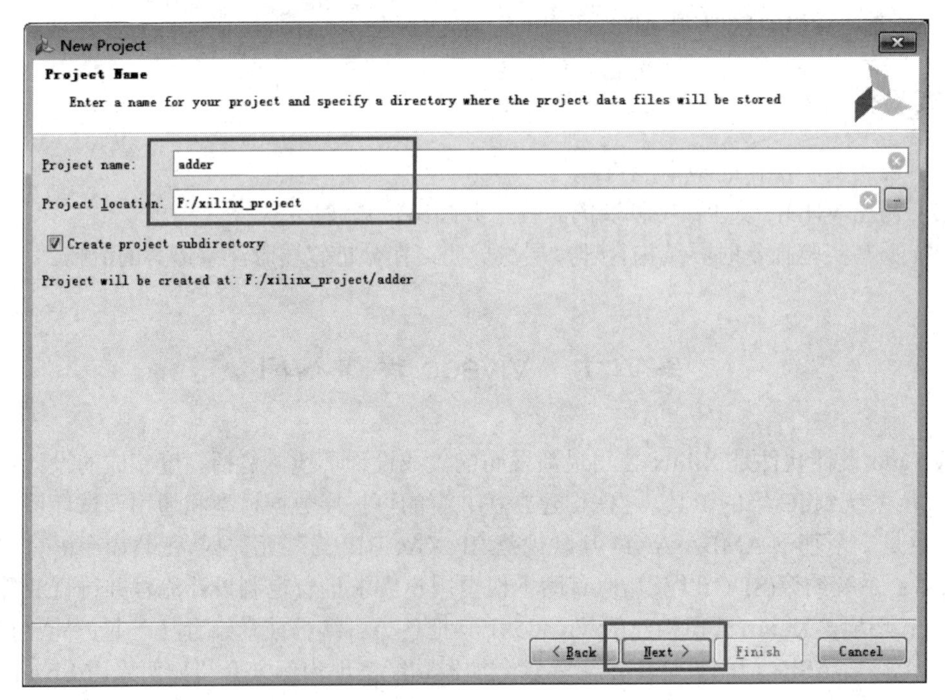

图 6.7　工程名与工程路径设置

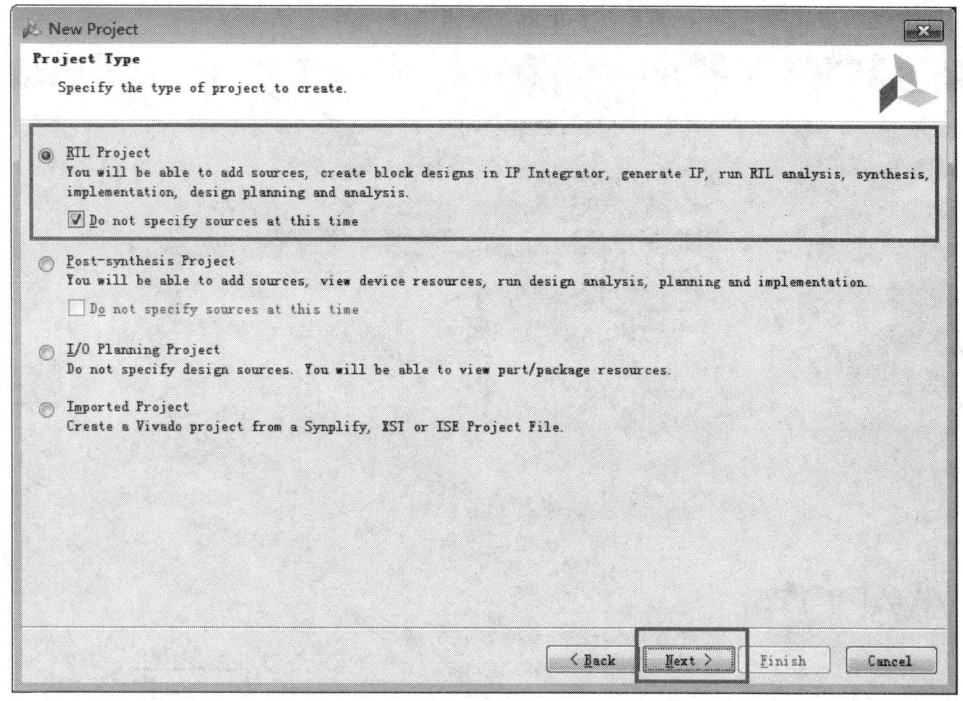

图 6.8　RLL Project 设置

(3) 选择元件“xc7a35tcpg236-1”(若选择其他元件，我们申请的 license 可能不支持)，如图 6.9 所示。点击“Next”按钮继续。

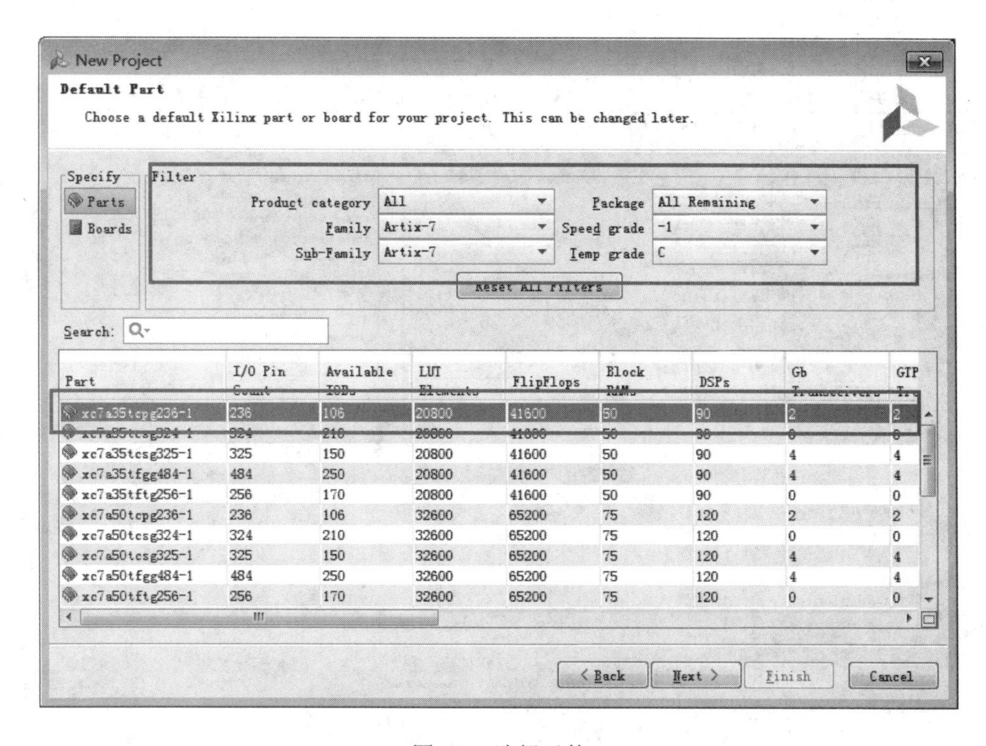

图 6.9　选择元件

(4) 新建工程设置完毕，点击“Finish”按钮，如图 6.10 所示。

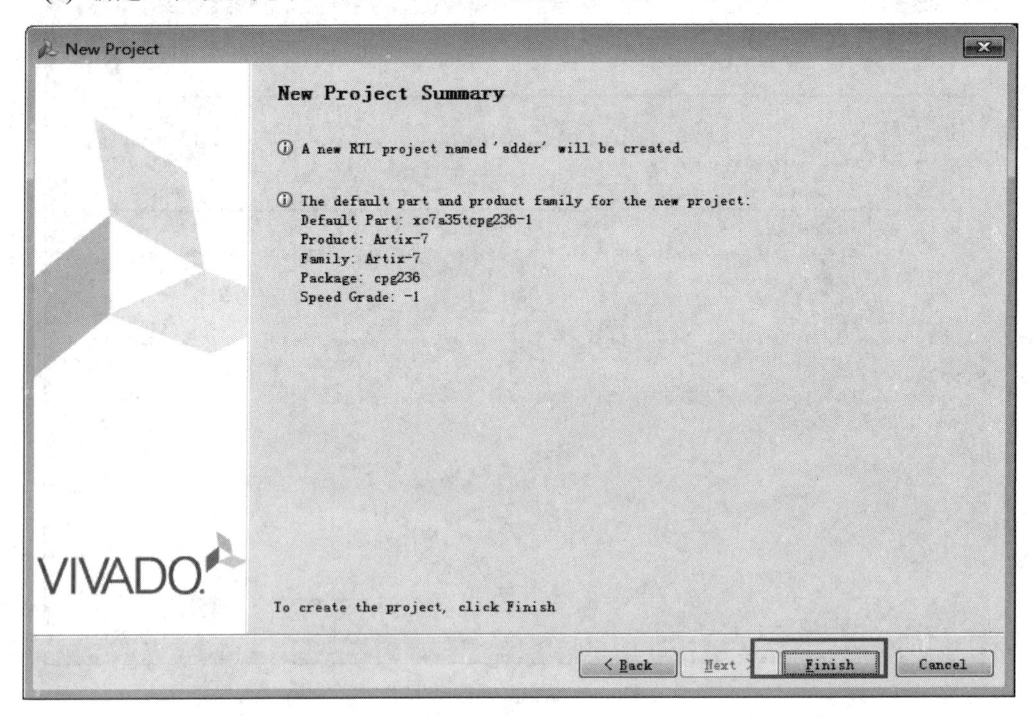

图 6.10 完成设置

(5) 为新建的工程创建源文件，点击“Add Sources”，如图 6.11 所示。

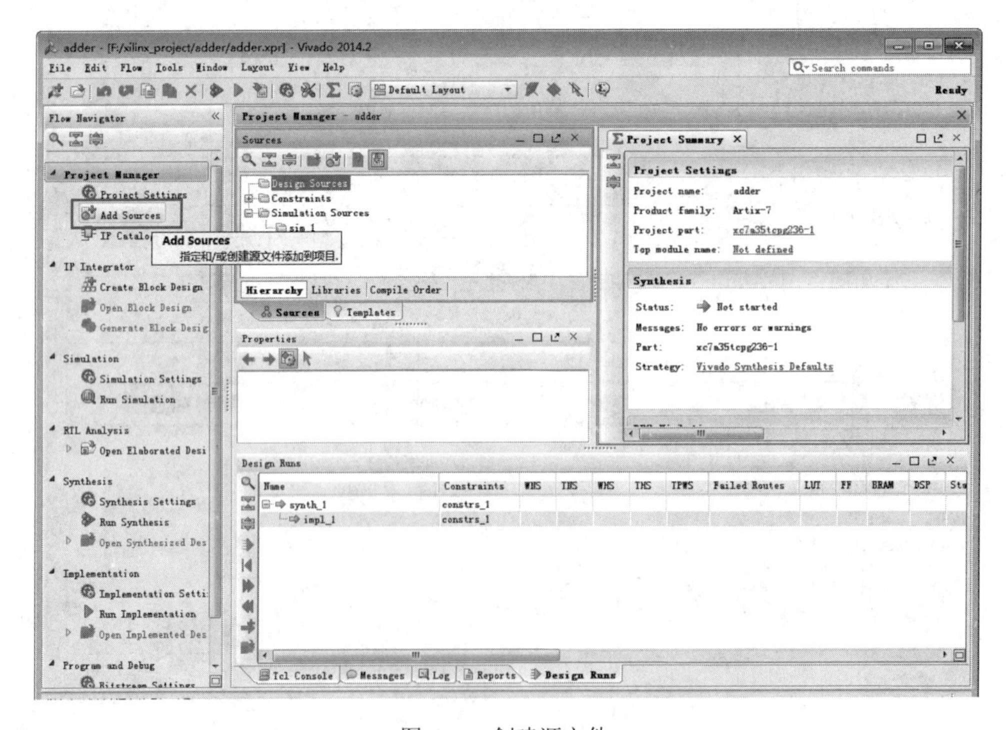

图 6.11 创建源文件

(6) 在如图 6.12 所示的对话框中选择“Add or Create Design Sources”，点击“Next”按钮继续。

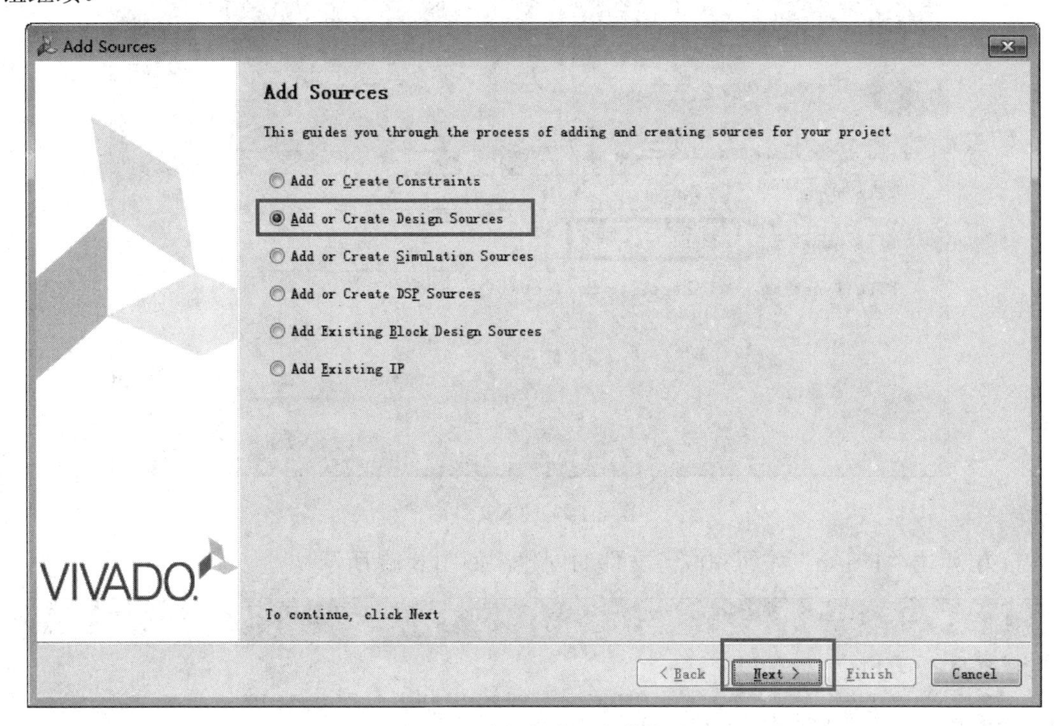

图 6.12　选择创建源文件设置

(7) 在如图 6.13 所示的对话框中点击“Create File”按钮。

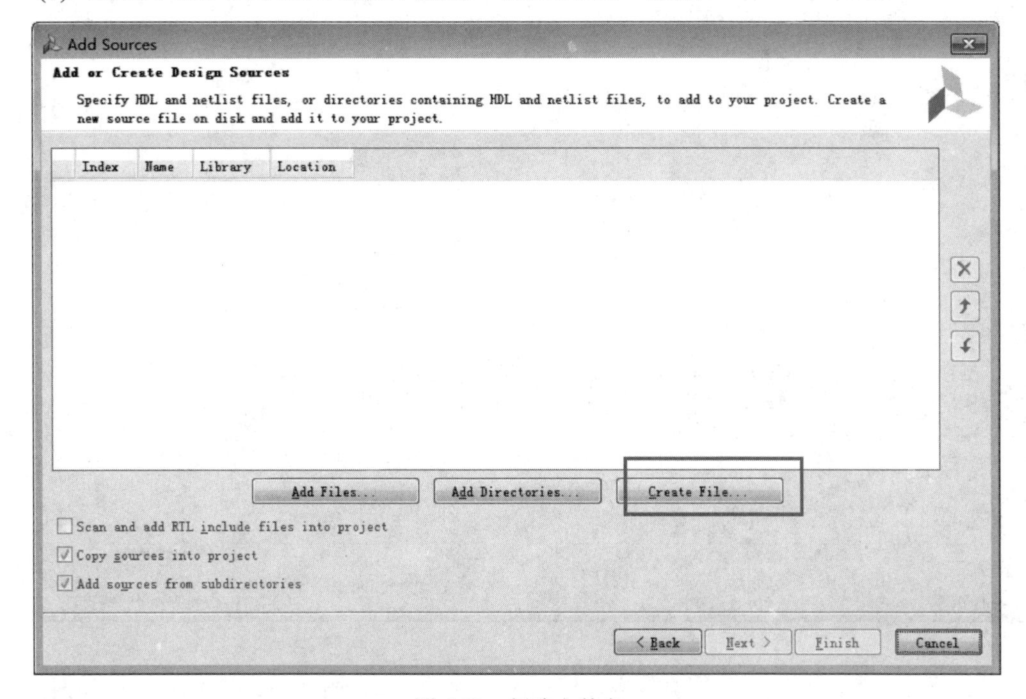

图 6.13　创建文件名

(8) 在弹出的对话框中输入文件名“adder”，如图 6.14 所示。点击“OK”按钮继续。

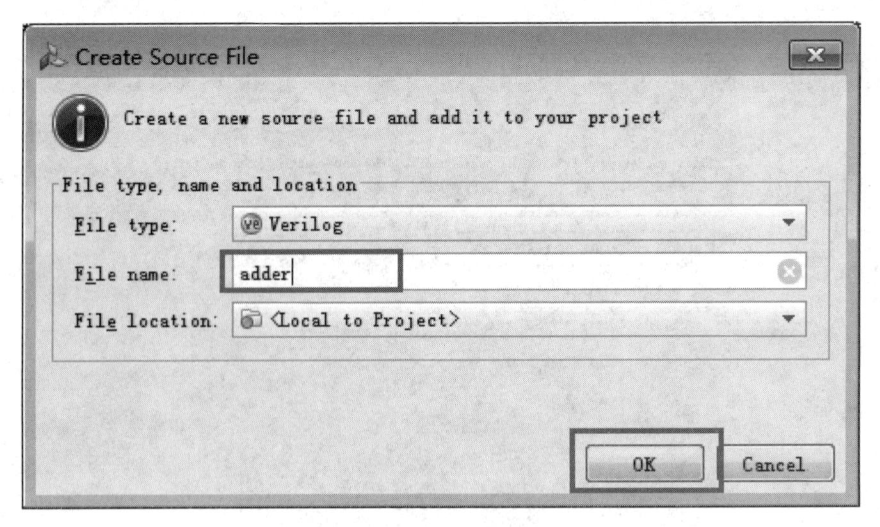

图 6.14 输入文件名

(9) 点击“Finish”按钮完成源文件的创建，如图 6.15 所示。

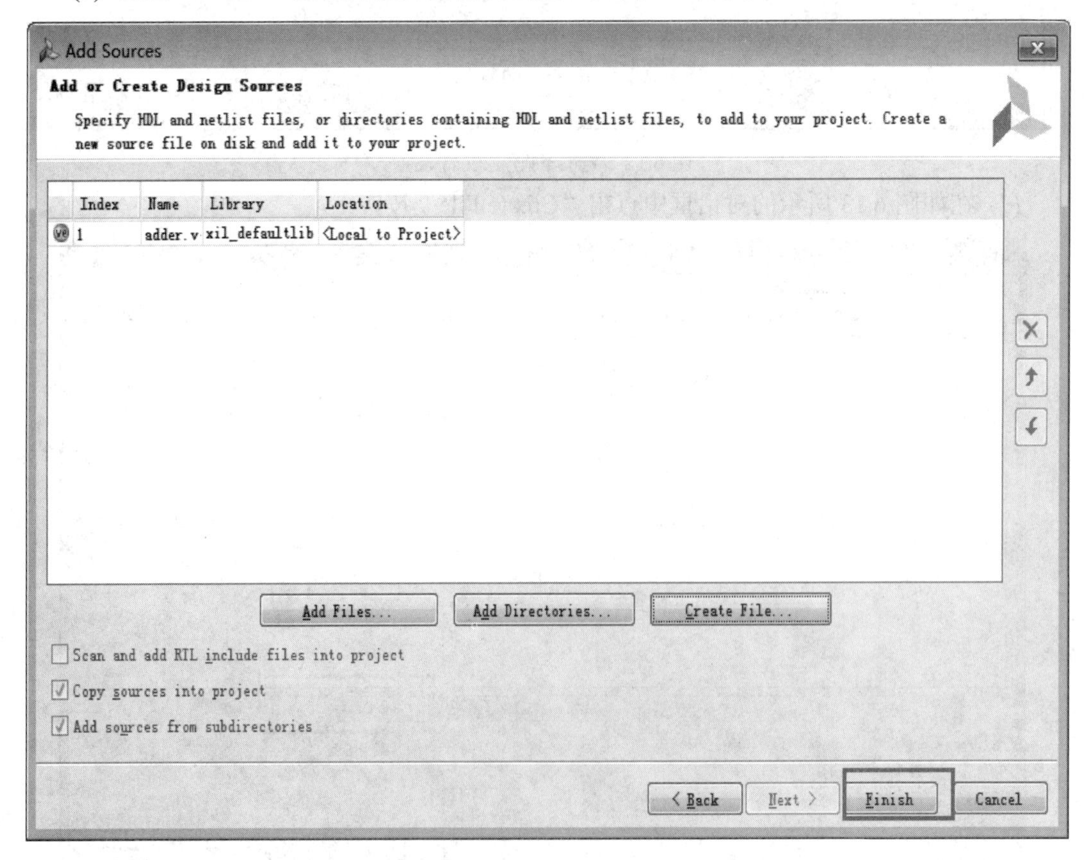

图 6.15 完成源文件创建

(10) 接下来设置 I/O 名称和方向，如图 6.16 所示。点击“OK”按钮继续。

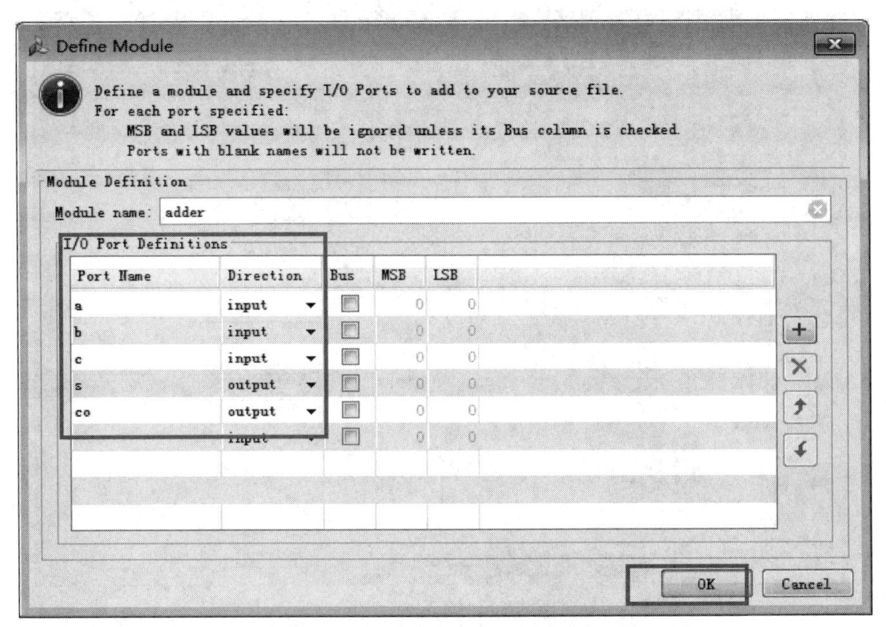

图 6.16　设置 I/O 名称和方向

(11) 双击“adder(adder.v)”打开程序设计窗口，如图 6.17 所示。

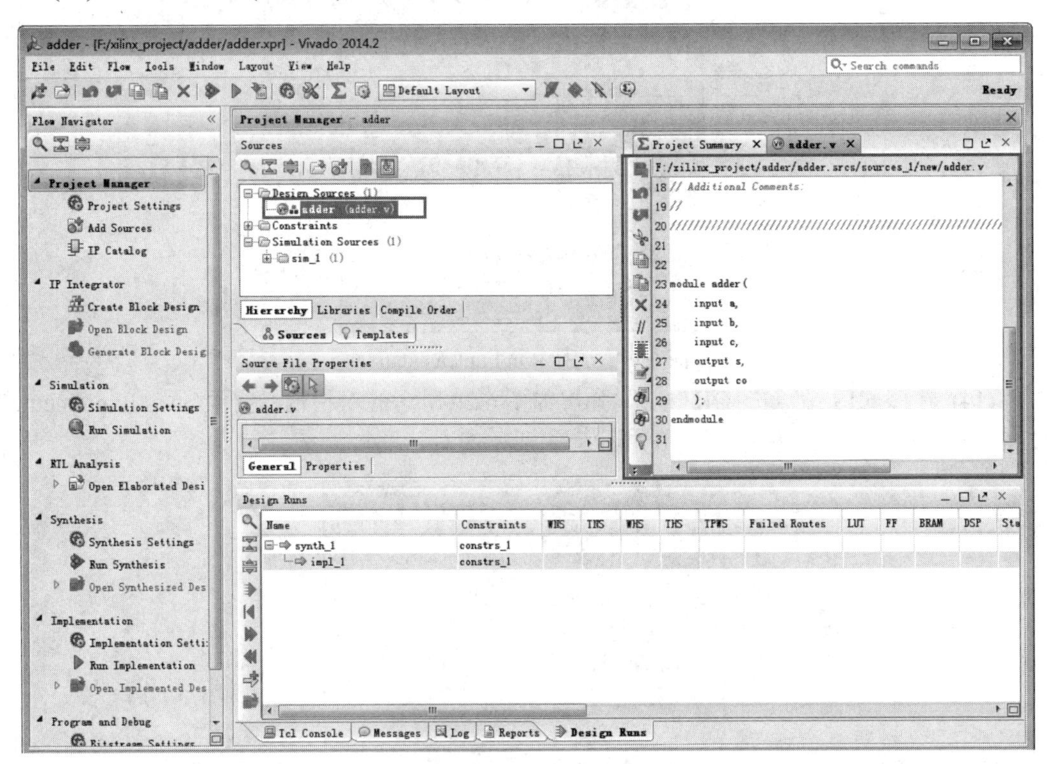

图 6.17　打开程序设计窗口

(12) 在程序设计窗口中编写语句“assign {co,s}=a+b+c;”保存，如图 6.18 所示。点击“Run Synthesis”继续。

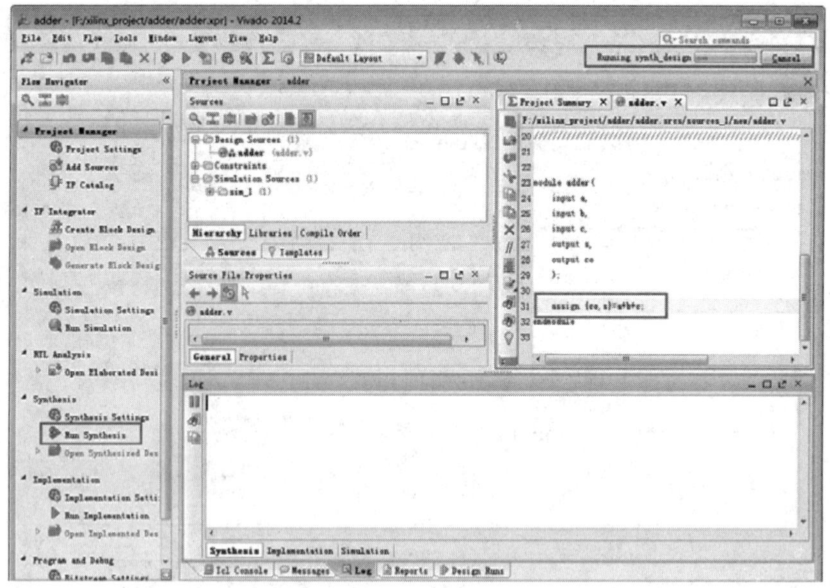

图 6.18　输入编写语句

(13) 综合完成后，弹出如图 6.19 所示的对话框，选择“Run Implementation”。

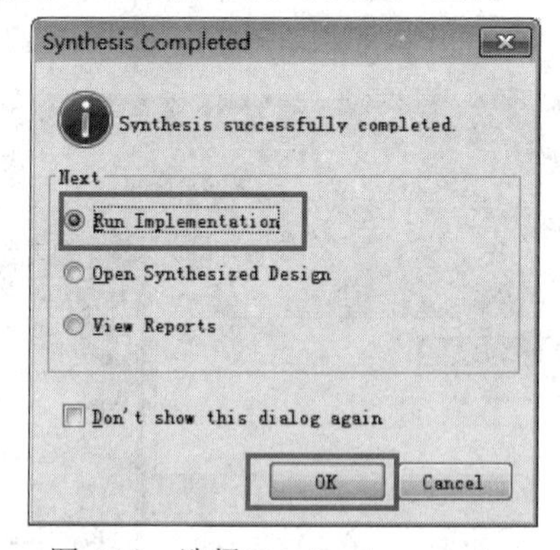

图 6.19　选择 Run Implementation

(14) 在图 6.19 中点击“OK”按钮，弹出如图 6.20 所示的对话框，选择“Open Implemented Design”，点击“OK”按钮，弹出如图 6.21 所示的对话框。

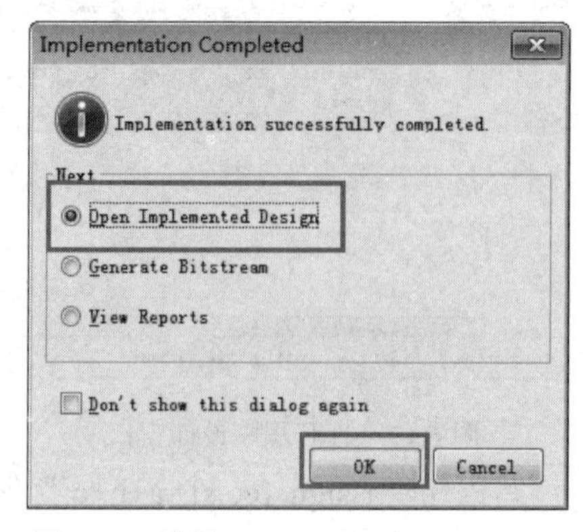

图 6.20　选择 Open Implemented Design

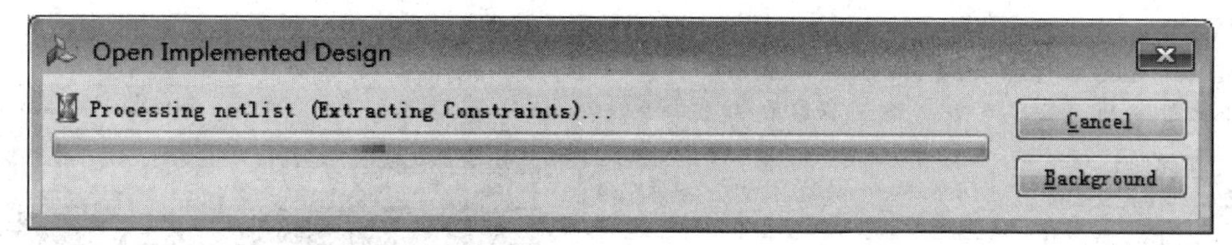

图 6.21　安装进度条

(15) 选择“I/O planning”，展开相应管脚，如图 6.22 所示。

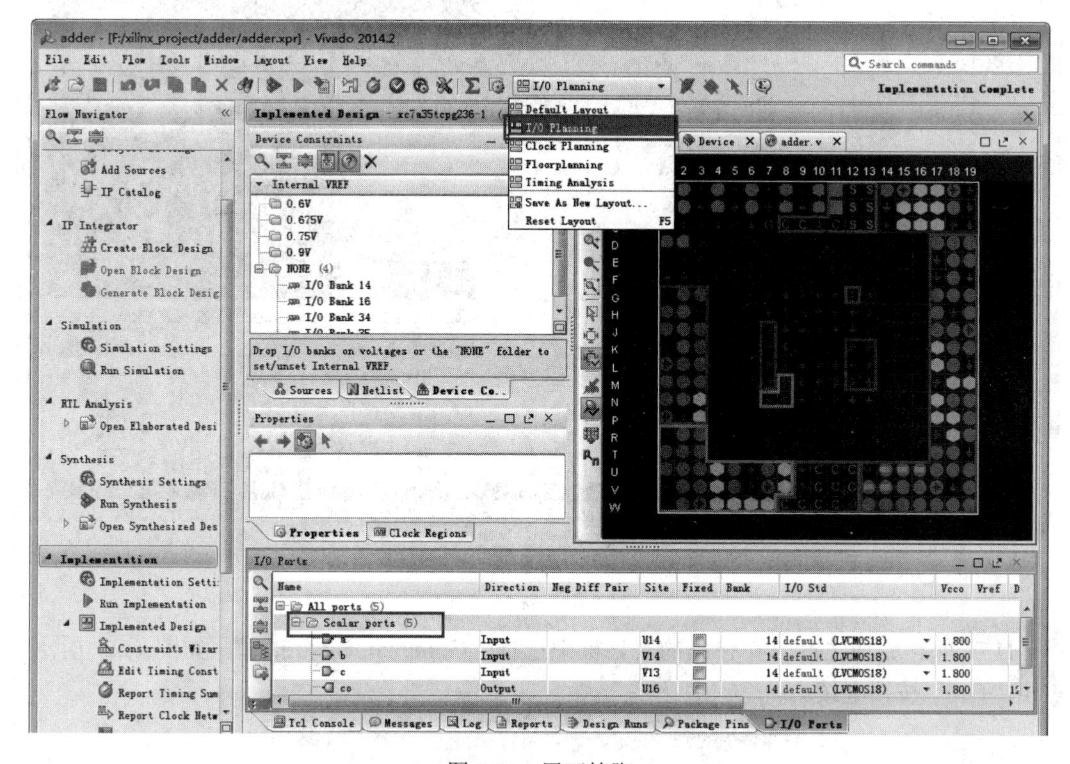

图 6.22　展开管脚

分配引脚可查看 Basys3 开发板手册，分配到对应引脚。这里改成 LVCMOS33，将管脚设置成 3.3V 输出，如图 6.23 所示。

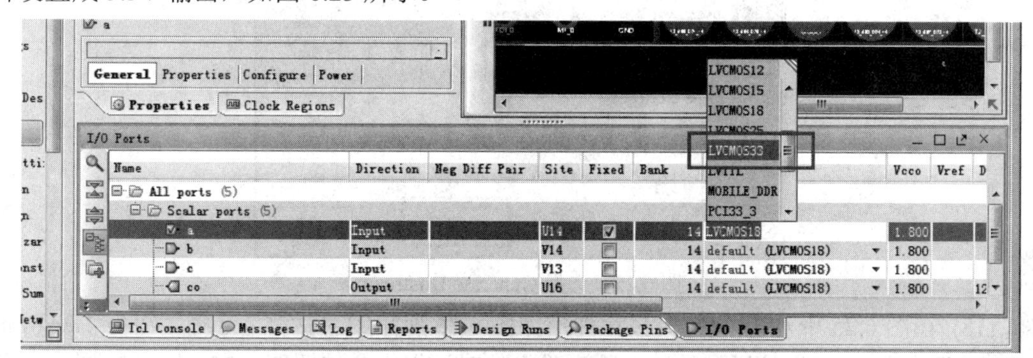

图 6.23　管脚设置

(16) 分配好引脚之后，点击“Save”按钮，如图 6.24 所示。

图 6.24　保存设置

(17) 保存完成之后，在弹出的对话框中选择“Generate Bitstream”，如图 6.25 所示。点击“OK”按钮继续。

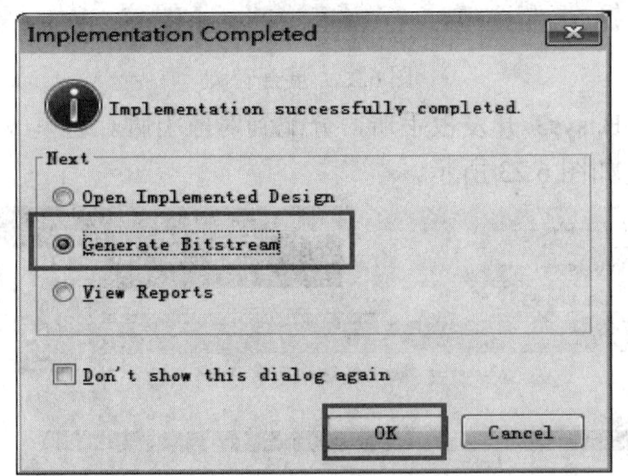

图 6.25　选择 Generate Bitstream

(18) 在图 6.25 中点击“OK”按钮弹出如图 6.26 所示的对话框，选择“Open Hardware Manager”点击“OK”按钮继续。在随后弹出的对话框中，按照图 6.27～图 6.34 的内容进行设置，即可完成全部设置。注意：后续操作需要连接开发板。

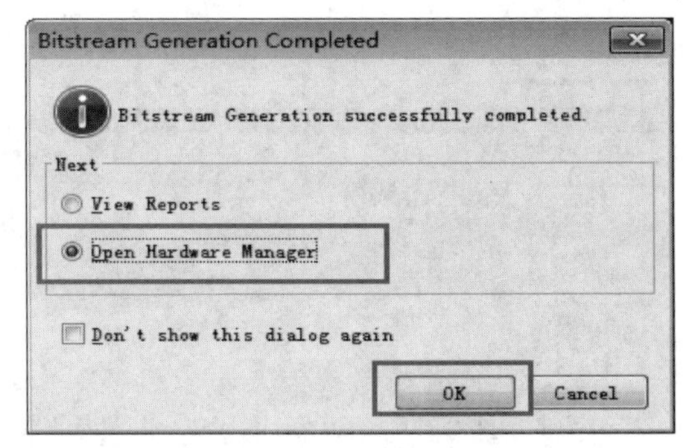

图 6.26　选择 Open Hardware Manager

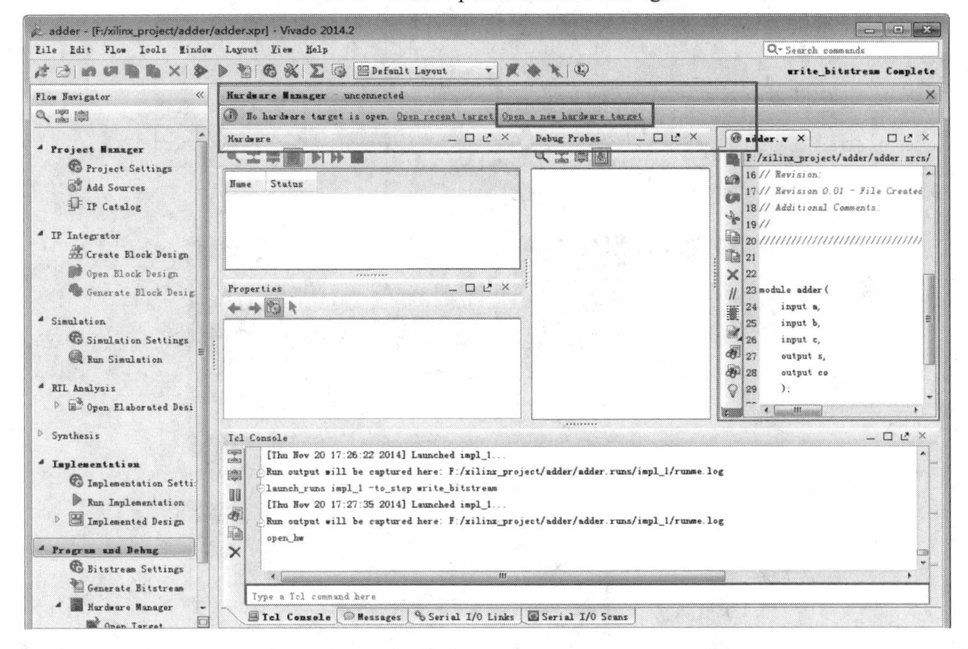

图 6.27　Open New Hardware Target (1)

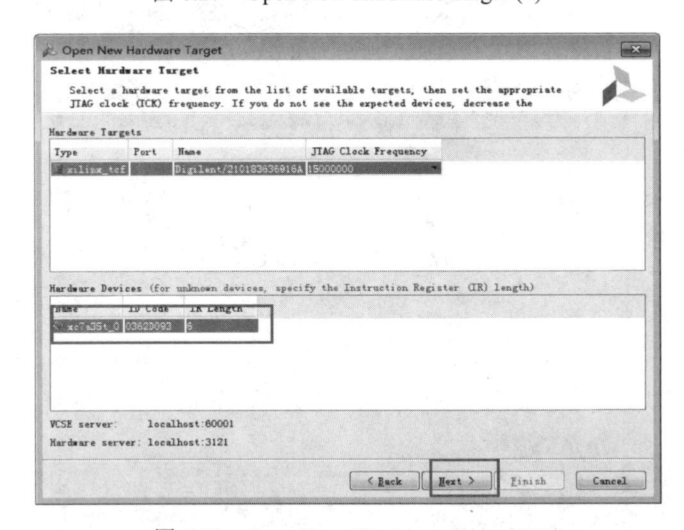

图 6.28　Open New Hardware Target (2)

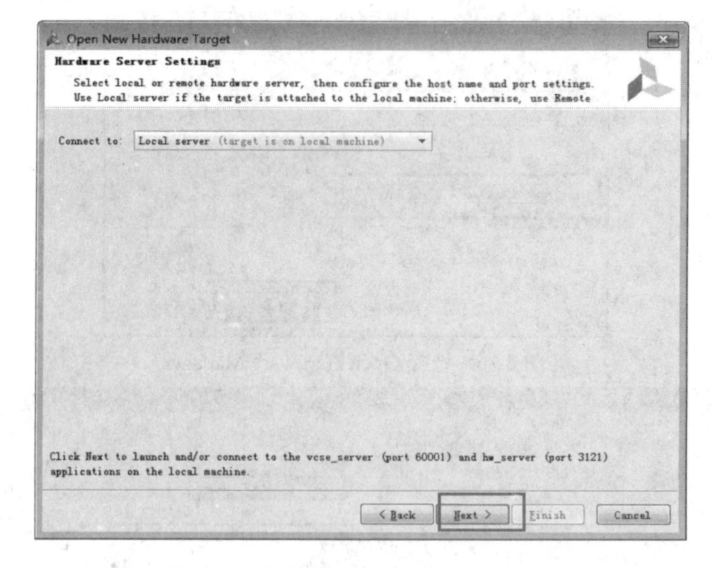

图 6.29 Open New Hardware Target (3)

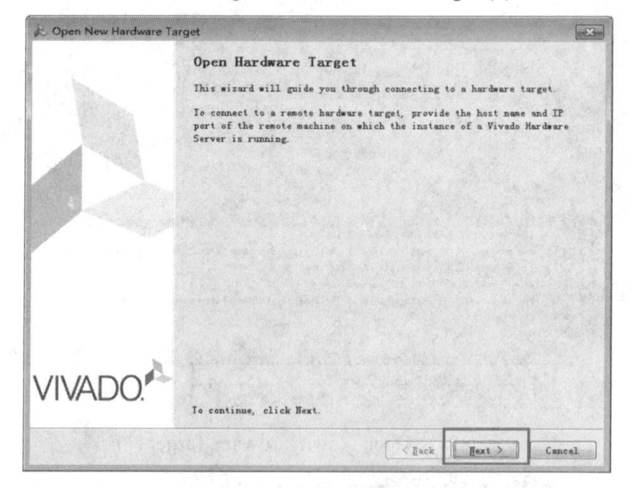

图 6.30 Open New Hardware Target (4)

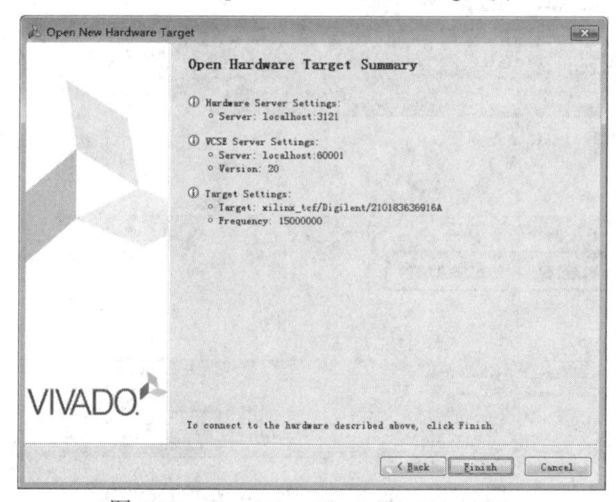

图 6.31 Open New Hardware Target (5)

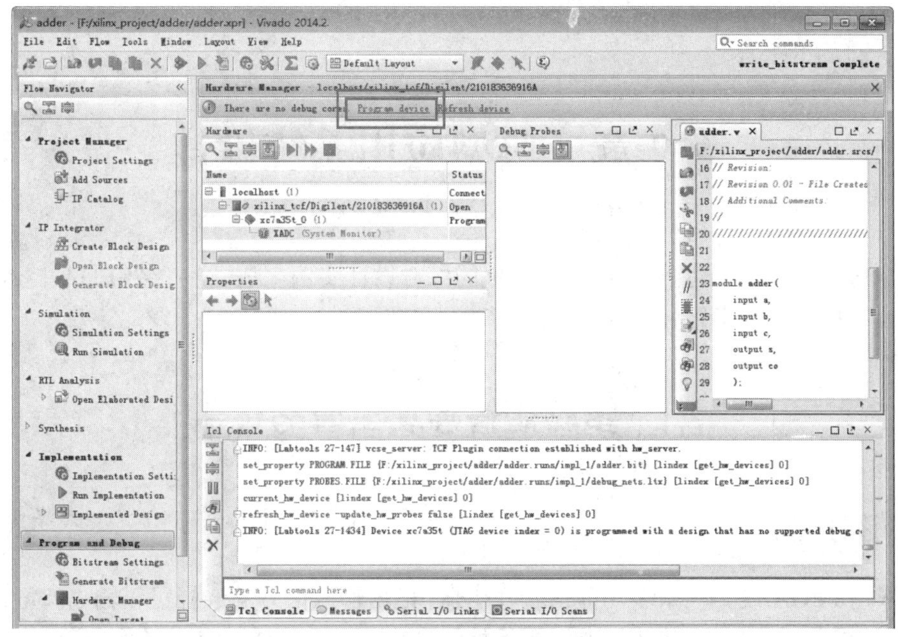

图 6.32　选择 program device

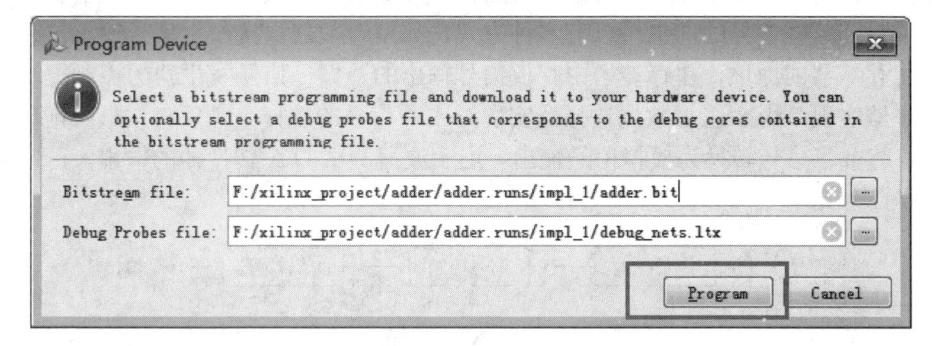

图 6.33　路径设置

图 6.34　开始安装

第 7 章　典型应用系统设计

本章通过用硬件描述语言 VHDL 实现的综合设计实例，进一步介绍 EDA 技术在测量仪器和自动控制等技术领域的综合应用。

7.1　多功能信号发生器的设计

7.1.1　设计要求

要求用 FPGA 设计一个多功能信号发生器，根据输入信号的选择可以输出递增锯齿波、递减锯齿波、三角波、阶梯波和方波等五种信号。

根据设计要求，信号发生器的结构框图如图 7.1 所示。其中信号产生模块将产生所需的各种信号，这些信号的产生可以有多种方式，如用计数器直接产生信号输出，或者用计数器产生存储器的地址，在存储器中存放信号输出的数据。信号发生器的控制模块可以用数据选择器实现，用 8 选 1 数据选择器实现对 5 种信号的选择。最后将波形数据送入 D/A 转换器，将数字信号转换为模拟信号输出。用示波器测试 D/A 转换器的输出，可以观测到 5 种信号的输出。

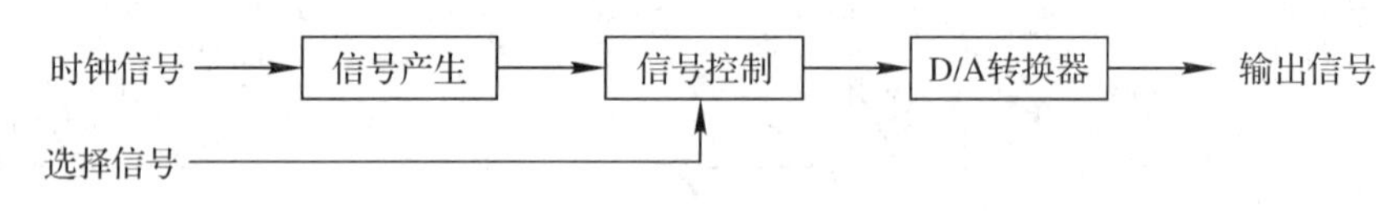

图 7.1　信号发生器结构框图

7.1.2　设计实现

1.　递增锯齿波的设计

代码如下：

```
LIBRARY IEEE;
USE IEEE. STD_LOGIC_1164. ALL;
USE IEEE. STD_LOGIC_UNSIGNED. ALL;
ENTITY signal1 IS                                        --递增锯齿波 signal1
    PORT (clk, reset: IN STD_LOGIC;                      --复位信号 reset，时钟信号 clk
          q: OUT STD_LOGIC_VECTOR(7 DOWNTO 0));          --输出信号 q，8 位数字信号
END signal1;
ARCHITECTURE a OF signal1 IS
```

```
BEGIN
PROCESS (clk,reset)
VARIABLE tmp: STD_LOGIC_VECTOR(7 DOWMTO 0);
BEGIN
IF reset = ′0′TNEN
   tmp := ″00000000″;
ELSIT RISING_EGE(ck) THEN
    IF tmp = ″11111111″THEN
tmp := ″00000000″;
ELSE
tmp := tmp+1;                                         --递增信号的变化
END IF;
END IF;
q <= tmp:
END PROCESS;
END a;
```

2. 递减锯齿波的设计

代码如下：

```
LIBRARY IEEE;
USE IEEE. STD_LOGIC_1164. ALL;
USE IEEE. STD_LOGIC_UNSIGNED. ALL;
ENTITY signal2 IS                                        --递减锯齿波 signal2
P0RT (clk, reset: IN STD_LOGIC;                          --复位信号 reset，时钟信号 clk
        q: out STD_LOGIC_VECTOR(7 DOWNTO 0));            --输出信号 q，8 位数字信号
END signal2;
ARCHITECTURE a OF signal2 IS
BEGIN
PROCESS (clk,reset)
VARIABLE trap:STD_LOGIC_VECTOR(7 DOWNTO 0);
BEGIN
IF reset=′0′ then
   tmp := ″11111111″;
ELSIF RISING_EDGE(clk) THEN
   IF tmp=″00000000′THEN
tmp := ″11111111″;
ELSE
tmp := tmp-1;                                            --递减信号的变化
END IF:
```

```
END IF;
q <= tmp;
END PROCESS;
END a;
```

3. 三角波的设计

代码如下：

```
LIBRARY IEEE;
USE IEEE. STD_LOGIC_1164. ALL;
USE IEEE. STD_LOGIC_UNSIGNED. ALL;
ENTITY signal3 IS                                    --三角波 signal3
P0RT (clk, reset: IN STD_LOGIC;                      --复位信号 reset，时钟信号 clk
      q: OUT STD_LOGIC_VECTOR(7 DOWNTO 0));          --输出信号 q，8 位数字信号
END signal3;
ARCHITECTURE a OF signal3 IS
BEGIN
PROCESS(clk,reset)
VARIABLE tmp: STD_LOGIC_VECTOR(7 DOWNTO 0);
VARIABLE a: STD_LOGIC;
BEGIN
IF reset = '0'THEN
  tmp := "00000000";
ELSIF RISING_EDGE(clk)THEN
IF a = '0'THEN
IF tmp = "11111110"THEN
Tmp; = "11111111";
a := '1';
ELSE
      tmp := tmp+1;
END IF;
ELSE
IF tmp = "00000001"THEN
  tmp : =   "00000000";
  a = '0';
ELSE
  Tmp := tmp-1;
END IF;
END IF;
END IF;
```

```
q <= tmp;
END PROCESS;
END a;
```

4. 阶梯波的设计

代码如下：

```
LIBRARY IEEE;
USE IEEE. STD_LOGIC_1164. ALL;
USE IEEE. STD_LOGIC_UNSIGNED. ALL;
ENTITY signal4 IS                                        --阶梯波 signal4
P0RT (clk, reset: IN STD_LOGIC;                          --复位信号 reset，时钟信号 clk
      q: OUT STD_LOGIC_VECTOR(7 DOWMTO 0));              --输出信号 q，8 位数字信号
END signal4;
ARCHITEWCTURE a OF signal4 IS
BEGIN
PROCESS (clk,reset)
VARIABLE tmp: STD_LOGIC_VECTOR(7 DOWNTO 0);
BEGIN
IF reset = '0'THEN
 Tmp := "00000000";
ELSIF RISING_EDGE(clk)THEN
 IF tmp = "11111111"THEN
   tmp := "00000000";
   ELSE
   tmp := tmp+16;                                        --阶梯信号的产生
   END IF;
END IF;
q = tmp;
END PROCESS;
END a;
```

5. 方波的设计

代码如下：

```
LIBRARY IEEE;
USE IEEE. STD_LOGIC_1164. ALL;
USE IEEE. STD_LOGIC_UNSIGNED.ALL;
ENTITY signal5 IS                                        --方波 signal5
P0RT (clk, reset: IN STD_LOGIC;                          --复位信号 reset，时钟信号 clk
      q: OUT STD_LOGIC_VECTOR(7 DOWNTO 0));              --输出信号 q，8 位数字信号
END signal5;
```

```
ARCHITECTURE a OF signal5 IS
SIGNAL a: STD_LOGIC;
BEGIN
PROCESS(clk, reset)
VARIABLE tmp: STD_LOGIC_VECTOR(7 DOWNTO 0);
BEGIN
IF reset = '0'THEN
a <= '0';
ELSIF rising_edge(clk) THEN
    IF tmp = "11111111"THEN
      tmp := "00000000";
      ELSE
      tmp := tmp+1;
      END IF;
      IF tmp <= "10000000" THEN
      a <= '1';
      else
      a <= '0';
      END IF;
END IF;
END PROCESS;
PROCESS(clk, a)
BEGIN
IF RISING_EDGE(clk)THEN
      IF a = '1'THEN
        q <= "11111111";
ELSE
    q <= "00000000";
END IF;
END IF;
END PROCESS;
END a;
```

6. 数据选择器的设计

代码如下：

```
LIBRARY IEEE;
USE IEEE. STD_LOGIC_1164. ALL;
USE IEEE. STD_LOGIC_UNSIGNED. ALL;
ENTITY mux51 IS                                        --数据选择器 mux51
```

```
PORT(sel: IN STD_LOGIC_VECTOR(2 DOWNTO 0);                          --5 路输入信号
        d1, d2, d3, d4, d5: IN STD_LOGIC_VECTOR(7 downto 0);        --被选择的信号输出
        q: OUT STD_LOGIC_VECTOR(7 DOWNTO 0));
END mux51;
ARCHITECTURE a OF mux51 IS
BEGIN
PROCESS(sel)
BEGIN
CASE sel IS
    WHEN "001" => q <= d1;                  --选择信号 sel=001，选择第 1 路信号输出
    WHEN "010" => q <= d2;                  --选择信号 sel=010，选择第 2 路信号输出
    WHEN "011" => q <= d3;                  --选择信号 sel=011，选择第 3 路信号输出
    WHEN "100" => q <= d4;                  --选择信号 sel=100，选择第 4 路信号输出
    WHEN"101" => q <= d5;                   --选择信号 sel=101，选择第 5 路信号输出
    WHEN others => null;
END CASE;
END PROCESS;
END a;
```

7. 顶层电路的设计

将上述 6 个模块生成符号，供顶层电路调用。这些模块分别是：递增锯齿波信号产生模块 signal1、递减锯齿波信号产生模块 signal2、三角波信号产生模块 signal3、阶梯波信号产生模块 signal4、方波信号产生模块 signal5 和数据选择器 mux51。

7.2　序列检测器的设计

7.2.1　设计要求

序列检测器可用于检测一组或多组由二进制码组成的脉冲序列信号，在数字通信领域有广泛的应用。当序列检测器连续收到一组串行二进制码后，如果这组码与检测器中预先设置的码相同，则输出 1，否则输出 0。由于这种检测的关键在于正确码的收到必须是连续的，这就要求检测器必须记住前一次的正确码及正确序列，直到在连续的检测中所收到的每一位码都与预置数的对应码相同，在检测过程中，任何一位不相等都将回到初始状态重新开始检测。如图 7.2 所示，当一串检测的串行数据进入检测后，若此数在每一位的连续检测中都与预置的密码数相同，则输出 A，否则输出 B。

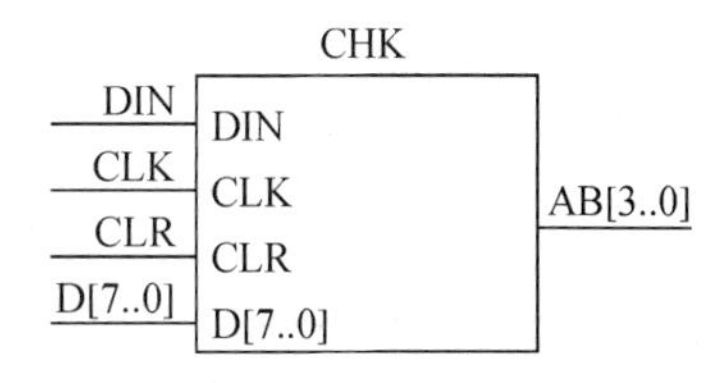

图 7.2　8 位序列检测器逻辑图

7.2.2 设计实现

代码如下：

```
library ieee;
use ieee. std_logic_1164. all;
entity schk is
port(din, clk, clr: in std_logic;
        ab: out std_logic_vector(3 downto 0));
end schk;
architecture behav of schk is
signal q: integer range 0 to 8;
signal d: std_logic_vector(7 downto 0);
begin
d <= "11100101";
process(clk, clr)
begin
if clr = '1' then q <= 0;
elsif clk'event and clk = '1' then
case q is
when 0 => if din = d(7) then q <= 1; else q <= 0; end if;
when 1 => if din = d(6) then q <= 2; else q <= 0; end if;
when 2 => if din = d(5) then q <= 3; else q <= 0; end if;
when 3 => if din = d(4) then q <= 4; else q <= 0; end if;
when 4 => if din = d(3) then q <= 5; else q <= 0; end if;
when 5 => if din = d(2) then q <= 6; else q <= 0; end if;
when 6 => if din = d(1) then q <= 7; else q <= 0; end if;
when 7 => if din = d(0) then q <= 8; else q <= 0; end if;
when others => q <= 0;
end case;
end if;
end process;
process(q)
begin
if q = 8 then ab <= "1010";
else ab <= "1011";
end if;
end process;
end behav;
```

7.3　交通灯信号控制器的设计

7.3.1　设计要求

交通灯信号控制器用于主干道与支道公路的交叉路口，要求优先保证主干道的畅通。因此，平时处于“主干道绿灯，支道红灯”状态，只有在支道有车辆要穿行主干道时，才将交通灯切向“主干道红灯，支道绿灯”，一旦支道无车辆通过路口，交通灯又回到“主干道绿灯，支道红灯”的状态。此外，主干道和支道每次通行的时间不得短于 30s，而在两个状态交换过程出现的“主黄，支红”和“主红，支黄”状态，持续时间都为 4s。根据交通灯信号控制的要求，可把它分解为定时器和控制器两部分，其原理方框图如图 7.3 所示。

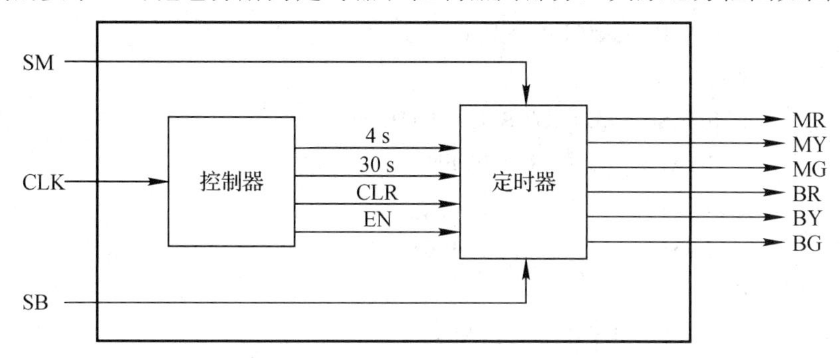

图 7.3　交通灯信号控制器原理方框图

7.3.2　设计实现

代码如下：

```
LIBRARY IEEE;
USE IEEE. STD_LOGIC_1164. ALL;
ENTITY JTDKZ IS
PORT(CLK, SM, SB: IN BIT;                          --这里要求 CLK 为 1 kHz
        MR, MY, MG, BR, BY, BG: OUT BIT);
END JTDKZ;
ARCHITECTURE ART OF JTDKZ IS
    TYPE STATE_TYPE IS (A,B,C,D);
    SIGNAL STATE:STATE_TYPE;
    BEGIN
CNT: PROCESS(CLK)
VARIABLE S:INTEGER RANGE 0 TO 29;
VARIABLE CLR,EN:BIT;
BEGIN
```

```
IF (CLK'EVENT'AND CLK = '1')THEN
    IF CLR = '0'THEN S := 0;
ELSIF EN = '0'THEN S := S;
ELSE S := S+1;
      END IF;
            CASE STATE IS
   WHEN A => MR <= '0'; MY <= '0'; MG <= '1';
                   BR <= '1'; BY <= '0'; BG <= '0';
IF (SB AND SM) = '1'THEN
              IF S = 29 THEN
               STATE <= B; CLR := '0'; EN := '0';
             ELSE
                STATE <= A; CLR := '1'; EN := '1';
             END IF;
             ELSIF (SB AND (NOT SM) = '1'THEN
                 STATE <= B; CLR := '0'; EN := '0';
             ELSE
                 STATE <= A; CLR := '1'; EN := '1';
      END IF;
   WHEN B => MR <= '0'; MY <= '1'; MG <= '0';
                   BR <= '1'; BY <= '0'; BG <= '0';
IF S = 3 THEN
   STATE    <= C;CLR := '0'; EN := '0';
   ELSE
   STATE <= B; CLR := '1'; EN := '1';
   ENDIF;
    WHEN C => MR <= '1'; MY <= '0'; MG <= '0';
                    BR <= '0'; BY <= '0'; BG <= '1';
IF (SM AND SB) = '1'THEN
             IF S = 29 THEN
              STATE <= D ;CLR := '0'; EN := '0';
             ELSE
                 STATE <= C; CLR := '1'; EN := '1';
        ELSIF SB = '0'THEN
             STATE <= D; CLR := '0'; EN := '0';
ELSE
               STATE <= C; CLR := '1'; EN := '1';
             END IF;
               WHEN D => MR <= '1'; MY <= '0'; MG <= '0';
```

```
              BR <= '0'; BY <= '1'; BG <= '0';
IF S = 3 THEN
          STATE <= A; CLR := '0'; EN := '0';
    ELSE
          STATE <= D; CLR := '1'; EN := '1';
       END IF;
END CASE;
END IF;
END PROCESS CNT;
END ART;
```

7.4　空调系统有限状态自动机的设计

7.4.1　设计要求

设计一个空调系统的有限状态自动机，它的两个输入端 TEMP_HIGH 和 TEMP_LOW 分别与传感器相连，用于检测室内温度。如果室内温度正常，则 TEMP_HIGH 和 TEMP_LOW 均为 0。如果室内温度过高，则 TEMP_HIGH 为 1，TEMP_LOW 为 0。如果室内温度过低，则 TEMP_HIGH 为 0，TEMP_LOW 为 1。根据 TEMP_HIGH 和 TEMP_LOW 的值来判断当前的状态(太热 TOO_HOT，太冷 TOO_COLD 或适中 JUST_RIGHT)，并决定 HEAT 和 COOL 的输出值。其原理方框图如图 7.4 所示。

图 7.4　空调有限状态自动机原理方框图

7.4.2　设计实现

代码如下：

```
library ieee;
use ieee. std_logic_1164. all;
entity air_conditioner is
port(clk: in std_logic;
      temp_high: in std_logic;
      temp_low: in std_logic;
      heat: out std_logic;
      cool: out std_logic);
```

```
end entity air_conditioner;
architecture style_b of air_conditioner is
    type state_type is(just_right, too_cold, too_hot);
    attribute sequential_encoding: string;
    attribute sequential_encoding of state_type: type is"00 01 10";
    signal stvar:state_type;
    attribute state_vector: string;
    attribute state_vector of style_b: architecture is "stvar";
    begin
    controller1: process
    begin
        wait until clk = '1';
        if(temp_low = '1') then stvar <= too_cold;
        elsif(temp_high = '1') then stvar <= too_hot;
        else stvar <= just_right;
        end if;
        case stvar is
            when just_right => heat <= '0'; cool <= '0';
            when too_cold => heat <= '1'; cool <= '0';
            when too_hot => heat <= '0'; cool <= '1';
        end case;
    end process controller1;
end style_b;
```

7.5 智力竞赛抢答器的设计

7.5.1 设计要求

设计一个 4 人参加的智力竞赛抢答计时器。电路具有回答问题时间控制功能，要求回答问题时间小于等于 100 秒(显示为 0～99)，时间显示采用倒计时方式。当达到限定时间时，发出声响以示警告；当有某一参赛者首先按下抢答开关时，相应显示灯亮并伴有声响，此时抢答器不再接受其他输入信号。

智力抢答器程序包含七个模块，用 feng 模块将选手按下按键信号输出高电平给锁存模块 lockb，进行锁存的同时发出 aim 信号实现声音提示，并使 count 模块进行答题时间的倒计时，在计满 100s 后送出声音提示；用 ch41a 模块将抢答结果转换为二进制数；用 sel 模块产生数码管片选信号；用 ch42a 模块将对应数码管片选信号，送出需要的显示信号：用 7 段译码器 dispa 模块进行译码。

7.5.2　设计实现

代码如下：

```
--feng 模块
library ieee;
use ieee. std_logic_1164. all;
    entity feng is
    port(cp, clr: in std_logic;
          q:out std_logic);
    end feng;
    architecture feng_arc of feng is
    begin
process(cp, clr)
begin
   if clr = '0'then
     q <= '0';
   elsif cp'event and cp = '0'then
     q <= '1';
   end if
end process;
end feng_arc;

--lockb 模块
library ieee;
use ieee. std_logic_1164. all;
    entity lockb is
    port(d1, d2, d3, d4: in std_logic;
          clk, clr: in std_logic;
          q1, q2, q3, q4, alm: out std_logic);
end lockb;
architecture lockb_arc of lockb is
begin
     process(clk)
     begin
          if clr = '0'then
            q1 <= '0';
            q2 <= '0';
```

```
            q3 <= '0';
            q4 <= '0';
            aim <= '0';
        elsif elk'event and clk = '1'then
            q1 <= d1;
            q2 <= d2;
            q3 <= d3;
            q4 <= d4;
            aim <= '1';
      end if;
    end process;
end lockb_arc;

--count 模块
library ieee;
use ieee. std_logic_1164. all;
use ieee. std_logic_unsigned. all;
entity count is
    port(clk, en: in std_logic;
          h, l: out std_logic_vector(3 downto 0);
          sound: out std_logic);
end count;
architecture count_arc of count is
begin
    process(clk, en)
    variable hh, ll:std_logic_vector(3 downto 0);
    begin
          if clk'event and clk = '1'then
          if en = '1'then
            if ll = 0 and hh=0 then
               sound <= '1';
          elsif ll = 0 then
            ll := "1001";
            hh := hh-1;
          else
            ll := ll-1;
          end if;
    else
```

```
                sound <= '0';
                hh := "1001";
                ll := "1001";
        end if;
        end if;
            h <= hh;
            l <= ll;
end process;
end count_arc;

--ch41a 模块
library ieee;
use ieee. std_logic_1164. all;
entity ch41a is
    port(d1, d2, d3, d4: in std_logic;
            q: out std_logic_vector(3 downto 0));
    end ch41a;
    architecture ch41a_arc of ch41a is
    begin
        process(d1, d2, d3, d4)
        variable tmp:std_logic_vector(3 downto 0);
        begin
            tmp := d1&d2&d3&d4;
            case tmp 1s
                when"0111" => q <= "0001";
                when"1011" => q <= "0010";
                when"1101" => q <= "0011";
                when"1110" => q <= "0100";
                when others => q <= "1111";
            end case;
        end process;
end ch41a_arc;

--sel 模块
library ieee;
use ieee. std_logic_1164. all;
entity sel is
    port (clk: in std_logic;
```

```
            a: out integer range 0 to 7);
end sel;
architecture sel_arc of sel is
begin
    process(clk)
    variable aa:integer range 0 to 7;
    begin
    if clk'event and clk='1'then
       aa := aa+1;
   end if;
     a <= aa;
   end process;
end sel_arc;

--ch42a 模块
library ieee;
use ieee. std_logic_1164. all;
entity ch42a is
    port(sel: in std_logic_vector(2 downto 0);
          d1, d2, d3: in std_logic_vector(3 downto 0);
          q: out std_logic_vector(3 downto 0));
end ch42a;
architecture ch42a_arc of ch42a is
begin
    process(sel,d1,d2,d3)
    begin
        case sel is
          when"000" => q <= d1;
          when"001" => q <= d2;
          when"111" => q <= d3;
          when others => q <= "1111";
       end case;
   end process;
end ch42a_arc;

--dispa 模块
library ieee;
use ieee. std_logic_1164. all;
```

```
entity dispa is
    port (d: in std_logic_vector(3 downto 0);
          q: out std_logic_vector(6 downto 0));
end dispa;
architecture dispa_arc of dispa is
begin
    process(d)
    begin
    case d is
        when"0000" => q <= "0111111";
        when"0001" => q <= "0000110";
        when"0010" => q <= "1011011";
        when"0011" => q <= "1001111";
        when"0100" => q <= "1100110";
        when"0101" => q <= "1101101";
        when"0110" => q <= "1111101";
        when"0111" => q <= "0100111";
        when"1000" => q <= "1111111";
        when"1001" => q <= "1101111";
        when others => q <= "0000000";
      end case;
    end process;
end dispa_arc;
```

7.6　软核处理器 Picoblaze 的原理及应用

7.6.1　Picoblaze 架构介绍

Picoblaze 是由 Xilinx 公司 Ken Chapman 设计并维护的一款八位微控制器软核。它可以嵌入到 Cool Runner Ⅱ、Virtex-E、Virtex-Ⅱ(Pro)和 Spartan-3E 等 CPLD 和 FPGA 中。Picoblaze 仅占有 192 个逻辑单元，以“软核”(VHDL 源码)的形式提供给用户，并能够与用户开发的其他逻辑融合在一起。Picoblaze 虽然占有的资源非常少，但是功能一点都不弱。根据使用的 FPGA 系列以及速度等级不同，其指令执行速度可达 44～100MIPS。

Picoblaze 不是定位在高端处理器应用的。但是由于它紧凑和灵活，使其在简单的数据处理和控制，特别是在非实时电路以及 I/O 操作中，具有非常大的优势。另外，Picoblaze 处理器具有 100%地嵌入到 FPGA 系统中的能力，其基本功能可以通过增加一些逻辑到处理器的 I/O 端口而得到扩展。从另一个角度来说，这也为基于 FPGA 系统的设计提供了另外一种灵活的方法。

1. 微处理器的应用

在带数据路径的状态机中，数据路径可以用来适应独立的应用需求，它可以包含多种定制功能单元和并行执行路径，并且能够在一个状态(通常为一个时钟周期内)完成复杂的运算。而 Picoblaze 处理器在同一时刻只可以执行一条预定的命令操作(一条指令)，因此在很多情况下，相对于前者，若要完成同一任务，Picoblaze 处理器则需要花费更多的指令和时间。

许多任务用定制 FSMD 和微处理器都可以完成。可以通过对硬件复杂度、程序执行效率以及开发容易度三方面来评估使用哪一种方案。没有一定的原则去选择用哪一种方案。由于开发软件在很多情况下比开发可定制的 FSMD 状态机要容易得多，所以在对时序要求不严格的情况下通常选择微处理器开发。我们可以根据运算复杂度来判断可行性。Picoblaze 完成一条指令需要两个时钟周期。如果系统时钟为 50 MHz，那么在 1 秒钟可以执行 25×10^6 条指令，对于一个任务来说，可以判断该任务的请求执行频繁度以及完成任务的时间，来估计有效指令时间。比如，对于我们前面讲述的键盘接口程序，每 1 ms 产生一个输入数据，并且在这 1 ms 的时间间隔内需要完成数据处理，然而在 1 ms 中，Picoblaze 可以完成 25000 条指令，所以如果所需要的数据处理能够用 25000 条指令完成，则可以用 Picoblaze 来控制。通常情况下，微处理器适合许多非实时的 I/O 接口以及自我管理任务。

2. Picoblaze 处理器的特点

Picoblaze 是 8 位的精简微处理器，其特性如下：

(1) 8 位数据位宽；

(2) 8 位带进位和清零标志的 ALU；

(3) 16 个 8 位的通用寄存器；

(4) 64B 的数据存储器；

(5) 18b 的指令位宽；

(6) 10b 的地址位宽，支持 1024 条指令；

(7) 31B 深度堆栈；

(8) 256 个输入端口和 256 个输出端口；

(9) 每条指令执行时间为 2 个时钟周期；

(10) 中断处理时间为 5 个时钟周期。

Picoblaze 处理器在原始的架构上增加了如下功能：

(1) 增加了 64B 的数据存储器。该存储器用来存储处理器处理过程中的临时数据。需要注意的是，数据 RAM 和 ALU 之间没有直接的路径可以到达，如果数据要处理，则必须先被取回到寄存器中，然后存储到数据 RAM 中。

(2) 有些指令增加了输入选择功能，允许 ALU 的输入端口有一个 2 选 1 数据选择器，用来选择寄存器或常数输入。

(3) 增加了 31B 的栈区，方便指令的跳转。

(4) 增加了输入输出路径的额外数据。一个 8 位的 port_id 信号用来表示端口号，256 个输入端口和 256 个输出端口都可以支持。

(5) 增加了中断处理电路。

3. 顶层 HDL 模型

在综合时，Picoblaze 系统由两个顶层 HDL 模板组成，如图 7.5 所示。KCPSM3 模块是 Picoblaze 处理器，其代表的意思是“Constant(K) Coded Programmable State Machine”，即常数可编程状态机，也是 Picoblaze 处理器的原始定义。其 I/O 端口定义如下。

(1) clk(input, 1bit)：系统时钟信号；

(2) reset(input, 1bit)：复位信号；

(3) address(output, 10bit)：指令存储地址；

(4) instruction(input, 18bit)：取指令；

(5) port_id(output, 8bit)：输入或者输出端口地址；

(6) in_port(input, 8bit)：输入数据 I/O 端口；

(7) read_storbe(output, 1bit)：输入操作选通信号；

(8) out_port(output, 1bit)：输出数据 I/O 端口；

(9) write_strobe(output, 1bit)：输出操作选通信号；

(10) interrupt(input, 1bit)：外围设备中断请求；

(11) interrupt_ack(output, 1bit)：应答外围设备中断请求。

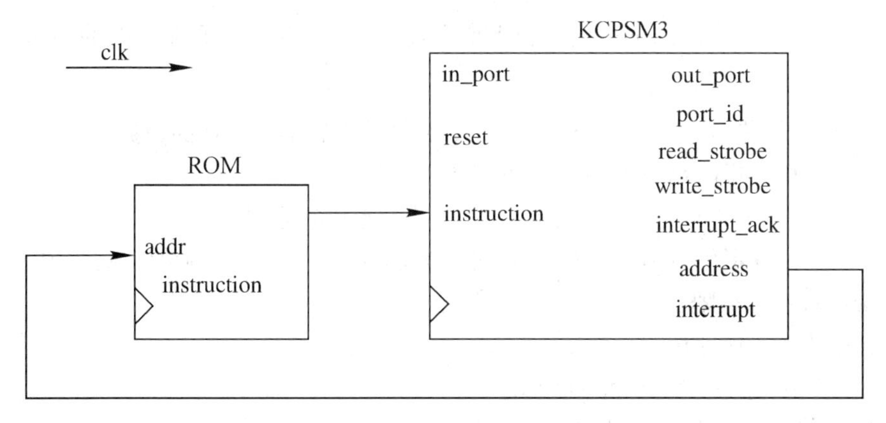

图 7.5　Picoblaze 的顶层模块

另外一个模块(ROM)是用来存储指令的，也就是 CPU 取指令的地方。在开发的过程中，往往会将编译好的代码存储到存储器中，作为 ROM 来配置，所以称为指令 ROM。

4. 设计流程

当开发基于微处理器的嵌入式系统时，首先针对需要的功能选择“合适”的处理器。这里的“合适”，包括微处理器的处理功能、可用的 I/O 口的数目、开发难易程度等。另外，如果考虑一些特殊功能，则还需要选择一些具备特殊功能应用的 ASIC 处理器才可以。我们采用“软核”处理器的好处就在于在同一个 FPGA 系统中，可以将微处理器能够实现的功能实现；微处理器不容易实现的特殊功能，也可以用硬件定制电路来实现。这样，为设计者提供了极大的方便。因为一个大型的系统往往包含很多不同的任务，一般在 FPGA 上采用微处理器的设计原则是：将执行时序要求高的任务用硬件方式实现，而一些低速的 I/O 接口功能或者单独模块的任务在微处理器中执行。

基于 Picoblaze 微处理器开发的流程包含如下几个步骤：

(1) 划分软硬件任务。

(2) 开发软件部分的汇编程序。

(3) 编译汇编程序，产生指令 ROM，并且生成 HDL 可以调用的模块。

(4) 进行软件指令的仿真。

(5) 开发硬件部分的 HDL 代码。硬件部分包括针对特殊的 I/O 端口的定制电路、时序要求严格的功能单元以及与 Picoblaze 微处理器的接口单元等。

(6) 创建包含 Picoblaze 软核、指令集 ROM 以及所开发的硬件电路的软硬件系统顶层。

(7) 开发 Test Bench，针对整个系统进行 HDL 仿真。

(8) 综合编程代码到 FPGA 验证板上进行调试。

(9) 整个系统综合之后，采用 JTAG 工具进行调试。

7.6.2 Picoblaze 指令设置

Picoblaze 总共有 57 条指令、5 种指令形式。这里按照指令的操作属性将其分成如下 7 种指令：① 逻辑指令；② 运算指令；③ 比较测试指令；④ 移位和循环指令；⑤ 数据指令；⑥ 程序流程控制指令；⑦ 中断相关指令。

在本小节中，首先介绍编程模型和指令格式，然后详细解释每条指令的用法。

1. 编程模型

从汇编的角度来说，Picoblaze 包含 16 个 8 位的寄存器、64B 的数据 RAM、三个标志位(清零、进位和中断)、程序计数器和堆栈指针。

可以采用如下的伪标记对存储器组件和一些常数进行定义：

(1) sX, sY：分别代表 16 个通用寄存器，X 和 Y 代表十六进制数值(从 0 到 F)。

(2) pc：程序计数器。

(3) tos：堆栈的栈顶。

(4) c、z、i：进位、清零和中断标志。

(5) KK：8 位常数数值或端口的 id，常用十六进制数值表示。

(6) SS：6 位常数数据存储器地址，通常用十六进制数值表示。

(7) AAA：10 位常数指令存储器地址，通常用 3 个十六进制数值表示。

2. 指令格式

在汇编程序中，依然沿用 HDL 编码的习惯，关键字用黑体表示，常数用大写字母表示。Picoblaze 指令包含如下 5 种格式。

(1) op sX，sY(寄存器—寄存器格式)：op 表示操作符，sX 和 sY 为两个操作数，操作结果放在 sX 中。其操作过程简单表示为

$$sX \leftarrow sX \text{ op } sY$$

(2) op sX，KK(寄存器—常数格式)：这与寄存器—寄存器模式类似，只是第二个操作数变为立即数。其执行操作过程为

$$sX \leftarrow sX \text{ op } KK$$

(3) op sX(单个寄存器模式)：这种格式用在移位和循环指令操作中，仅有一个操作数。其执行操作过程为

sX←op sX

(4) op AAA(单地址格式)：这种指令用在跳转指令 jump 和调用指令 call 中，AAA 表示指令存储器的地址。如果发生特殊情况，则 AAA 的值装载在程序计数器中。

(5) op(空操作运算符)：这种格式常用在不需要进行任何操作时。

对于 Picoblaze 来说，有两种编程工具，一种是 Xilinx 公司开发的 KCPSM3，另一种是 Mediatronix 公司开发的 PBlazeIDE。两种开发环境不兼容，对一些指令采用了不同的伪指令。在后面的内容中将以 KCPSM3 开发环境为例来讲述指令应用，而将 PBlazeIDE 的开发环境下的伪指令表示方法在括弧中注明。

3．逻辑指令

有六种逻辑指令，包括与、或、异或、位等操作。逻辑指令可以用于寄存器之间或者寄存器与常数之间的逻辑操作。进位标志 c 通常被清除，清零标志 z 反映操作的结果。为了描述简单，这里举例来说明。

(1) and　sX，sY：位与操作。

伪操作：

　　sX ← sX & SY;

　　c ← 0;

(2) and　sX，KK：位与操作。

伪操作：

　　sX ← sX & KK;

　　c ← 0;

(3) or　sX，sY：位或操作。

伪操作：

　　sX ← sX| sY;

　　c ← 0;

(4) or　sX，KK：位或操作。

伪操作：

　　sX ← sX | KK;

　　c ← 0;

(5) xor　sX，sY：位异或操作。

伪操作：

　　sX ← sX ^ sY;

　　c ← 0;

(6) xor　sX，KK：位异或操作。

伪操作：

　　sX ← sX ^ KK;

　　c ← 0;

4. 算术指令

Picoblaze 包括 8 条算术指令：带进位(不带进位)加法 4 条、带进位(不带进位)减法 4 条。进位标志 c 和清零标志 z 反映操作结果。详细解释如下：

(1) add sX，sY：不带进位加法。

伪操作：

sX ← sX+sY；

(2) add sX，KK：不带进位加法。

伪操作：

sX ← sX+KK；

(3) addcy sX，sY：带进位加法。

伪操作：

sX ← sX+sY+c；

(4) addcy sX，KK：带进位加法。

伪操作：

sX ← sX+KK+c；

(5) sub sX，sY：不带进位减法。

伪操作：

sX ← sX-sY；

(6) sub sX，KK：不带进位减法。

伪操作：

sX ← sX-KK；

(7) subcy sX，sY：带进位减法。

伪操作：

sX ← sX-sY-c；

(8) subcy sX，KK：带进位减法。

伪操作：

sX ← sX-KK-c；

5. 比较和测试指令

比较和测试指令用来对比两个寄存器或者寄存器与常数之间的数值。通过进位或者清零标志来反映结果。在比较的过程中，寄存器值不做修改。比较、测试指令通常用于程序跳转和子函数调用，因为这些操作是通过判断标志位来进行修改的。

1) 比较指令

比较指令本身执行的是减法运算，结果由进位和清零标志反映，而不是存储在任何寄存器中。为了容易理解，下面举例说明：

(1) compare sX, sY(comp sX, sX)：比较两个寄存器的结果并置位标志位。

伪操作：

if sX == sY then z ← 1 else z ← 0；

if sX > sY then c ← 1 else c ← 0；

(2) compare sX, KK(comp sX, KK)：比较寄存器和常数的结果，然后置位标志位。

伪操作：

if sX == KK then z ← 1 else z ← 0；

if sX > KK then c ← 1 else c ← 0；

2) 测试指令

测试指令执行“与”操作，其结果同样不会存储在任何寄存器中，而是直接通过标志位显示。如果结果为0，则清零位设置为1，结果同时反馈到8输入的异或电路中，则输出奇校验码。如果结果中1的数目为奇数，则进位标志设置为1。为了理解方便，下面举例说明：

(1) test sX，sY：测试两个寄存器，然后设置标志位。

伪操作：

t ← sX & sY；

if(t==0) then z ← 1 else z ←0；

c ← t[7]^[6]^…^t[0]；

(2) test sX，KK：测试一个寄存器和常数，然后设置标志位。

伪操作：

t ← sX & KK；

if(t==0) then z ← 1 else z ←0；

c ← t[7]^[6]^…^t[0]；

6. 移位和循环指令

Picoblaze包含四条左移指令、4条右移指令和2条循环指令。移位和循环指令都是单操作符，并且针对单寄存器操作。下面举例来说明每条指令的用法：

(1) sl0 sX：将寄存器值左移1 bit，最低位补0。

伪操作：

sX ← {sX[6:0], 0}；

c ← sX[7]；

(2) sl1 sX：将寄存器值左移1 bit，最低位补1。

伪操作：

sX ← {sX[6:0], 1}；

c ← sX[7]；

(3) slx sX：将寄存器值左移1 bit，最低位补sX[0]。

伪操作：

sX ← {sX[6:0], sX[0]}；

c ← sX[7]；

(4) sla sX：将寄存器值左移1 bit，最低位补c。

伪操作：

sX ← {sX[6:0], c}；

c ← sX[7]；

(5) sr0 sX：将寄存器值右移 1bit，最高位补 0。

伪操作：

sX ← {0,sX[7:1]}；

c ← sX[0]；

(6) sr1 sX：将寄存器值右移 1 bit，最高位补 1。

伪操作：

sX ← {1, sX[7:1]}；

c ← sX[0]；

(7) srx sX：将寄存器值右移 1bit，最高位补 sX[0]。

伪操作：

sX ← {sX[0], sX[7:1]}；

c ← sX[0]；

(8) sra sX：将寄存器值右移 1bit，最高位补 c。

伪操作：

sX ← {c,s X[7:1]}；

c ← sX[0]；

(9) rl sX：循环左移 1bit。

伪操作：

sX ← {sX[6:0], sX[7]}；

c ← sX[7]；

(10) rr sX：循环右移 1bit。

伪操作：

sX ← {sX[0], sX[7:1]}；

c ← sX[0]；

7. 数据传输指令

在 Picoblaze 中，运算是通过寄存器和 ALU 进行的。数据存储器 RAM 提供临时数据的存储，I/O 端口提供与外设之间的接口。有 5 条指令用于寄存器、数据 RAM、I/O 接口之间的数据传输。根据传输路径不同，这 5 条指令可以分为三类。

(1) 寄存器之间传输指令：load 指令。

(2) 寄存器和数据 RAM 之间数据传输：fetch 和 store 指令。

(3) 寄存器和 I/O 口之间数据传输：input 和 output 指令。

为了便于记忆和理解，下面用伪操作来详细解释每一条指令的操作。其中，RAM[]代表数据 RAM 的内容。注意在一些指令中，直接寻址指令(sY)表面 sY 寄存器内容被使用到。

(1) load sX，sY：两个寄存器之间的数据传输。

伪操作：

sX ← sY；

(2) load sX，KK：寄存器和常数之间的数据传输。

伪操作：

sX ← KK;

(3) fetch sX，(sY)(fetch sX，sY)：从数据 RAM 将数据传输到寄存器中。

伪操作：

sX ← RAM[(sY)];

(4) fetch sX，SS：从数据 RAM 将数据传输到寄存器中。

伪操作：

sX ← RAM[SS];

(5) store sX，(sY)(store sX，sY)：数据从寄存器传输到数据 RAM 中。

伪操作：

RAM[(sY)] ←sX;

(6) store sX，SS：数据从寄存器传输到数据 RAM 中。

伪操作：

RAM[SS] ←sX;

(7) input sX，(sY)(in sX，sY)：从输入端口传输到寄存器中。

伪操作：

port_id ←sY;

sX ← in_port;

(8) input sX，KK(in sX，sY)：从输入端口传输到寄存器中。

伪操作：

port_id ←KK;

sX ← in_port;

(9) output sX，(sY)(out sX，sY)：从寄存器传输到输出端口。

伪操作：

port_id ←sY;

out_port ← sX;

(10) output sX，KK(out sX，sY)：从寄存器传输到输出端口。

伪操作：

port_id ←KK;

out_port ← sX;

8. 程序流程控制指令

在 PicoBlaze 处理器中，程序计数器代表取指令的地址。在默认情况下，程序执行指令存储器中的下一条指令。每条指令执行结束，程序计数器值自动加 1，而 jump、call、return 指令可以给程序计数器置入新值，从而修改程序执行的流程。这些指令可以根据进位值和清零标记进行有条件或者无条件的跳转。

(1) jump 指令：如果条件满足，可以置入新值到程序计数器，程序改变当前的执行流程，而从新的地址继续顺序执行。下面举例来说明，其中：OPR 为 10bit 的指令存储器空间，pc 是程序计数器。

① jump OPR：无条件跳转。

伪操作：

pc ← OPR；

② jump c, OPR：如果进位标志置位，则跳转。

伪操作：

```
if(c==1)then
    pc ← OPR
else
    pc ← pc+1;
```

③ jump nc, OPR：如果进位标志没有置位，则跳转。

伪操作：

```
if(c==0)  then   pc ← OPR else pc ← pc+1;
```

④ jump z, OPR：如果清零标志置位，则跳转。

伪操作：

```
if(z==1)  then   pc ← OPR else pc ← pc+1;
```

⑤ jump nz, OPR：如果清零标志没有置位，则跳转。

伪操作：

```
if z==0  then   pc ← OPR else pc ← pc+1;
```

(2) call 和 return 指令：用来执行软件功能。当函数被调用时，处理器终止当前操作跳转到新的函数去执行。当新的函数执行结束时，处理器重新返回到刚才终止的地方，然后继续执行。与 jump 执行相似，call 指令在跳转条件成熟时同样也是给程序计数器装载新的值。另外，它在跳转之前会保护现场，会将当前程序执行产生的结果以及状态保存在一个特殊的缓冲器(栈)中，然后才装载新的地址。在新函数的结束处需要包含 return 指令，这样才能保证正确返回原来跳出时的值。Return 指令的具体作用就是从栈中获取原来的执行地址，然后加 1 并装载到程序计数器中。

Picoblaze 为了能够支持嵌套调用，允许函数中调用函数，采用栈缓冲器(后进先出)存储程序计数器的值。在这个缓冲器中，新调用的地址会保存到栈顶。如果该子函数没有调用其他函数，那么栈中压入的值就会首先出栈。Picoblaze 提供了 31B 的栈空间，用来进行函数的调用操作。

call 和 return 应用举例：

① call OPR：无条件调用子函数。

伪操作：

```
tos ← tos+1
STACK[tos] ← pc;
    pc ← OPR;
```

② call c, OPR：如果进位标志有效，则跳转。

伪操作：

```
if(c==1)then   tos ← tos+1
STACK[tos] ← pc;
    pc ← OPR;
```

```
    else
        pc ← pc+1;
```

③ call nc, OPR：如果进位标志无效，则跳转。

伪操作：

```
    if(c==0)then   tos ← tos+1
    STACK[tos] ← pc;
        pc ← OPR;
    else
        pc ← pc+1;
```

④ call z, OPR：如果清零标志有效，则跳转。

伪操作：

```
    if(z==1)then   tos ← tos+1
    STACK[tos] ← pc;
        pc ← OPR;
    else
        pc ← pc+1;
```

⑤ call nz, OPR：如果清零标志无效，则跳转。

伪操作：

```
    if(z==0)then
        tos ← tos+1
    STACK[tos] ← pc;
        pc ← OPR;
    else
        pc ← pc+1;
```

⑥ return(ret)：无条件返回。

伪操作：

```
    pc ← STACK[tos] +1;
        tos ← tos-1;
```

⑦ return c(ret c)：如果进位标志有效，则返回。

伪操作：

```
    if (c==1)then
        pc ← STACK[tos] +1;
        tos ← tos-1;
    else
        pc ← pc+1;
```

⑧ return nc(ret nc)：如果进位标志无效，则返回。

伪操作：

```
    if  (c==0)then
        pc ← STACK[tos] +1;
```

```
        tos ← tos-1;
    else
        pc ← pc+1;
```

⑨ return z(ret z)：如果清零标志有效，则返回。

伪操作：

```
    if  (z==1)then
        pc ← STACK[tos] +1;
        tos ← tos-1;
    else
        pc ← pc+1;
```

⑩ return nz(ret nz)：如果清零标志无效，则返回。

伪操作：

```
    if  (z==0)then
        pc ← STACK[tos] +1;
        tos ← tos-1;
    else
        pc ← pc+1;
```

9. 中断相关指令

中断属于另外一种可以改变程序执行顺序的机制。和 jump、call 指令不同之处在于它是由外部设备引发的。当中断标志有效时，中断请求开始执行，Picoblaze 完成当前指令的执行，在栈中保存下一条指令的地址，保存进位清零标志，禁止中断标志，装载程序计数器值为 3FF，即中断服务程序的起始地址。Picoblaze 有两个中断返回指令，用来从中断发生位置恢复过来，还有两条指令能够通过设置和清除中断标志位来使能和禁止中断请求。下面举例来说明中断操作指令。

(1) returni disable(reti disable)：从中断服务程序返回并禁止中断标志位。

伪操作：

```
    pc ← STACK[tos];
    tos ← tos-1;
    i ← 0;
    c ← 保存 c;
    z ← 保存 z;
```

(2) returni enable(reti enable)：从中断服务程序返回并使能中断标志位。

伪操作：

```
    pc ← STACK[tos];
    tos ← tos-1;
    i ← 1;
    c ← 保存 c;
    z ← 保存 z;
```

(3) enable interrupt(eint)：使能中断请求。

伪操作：

i ← 1;

(4) disable interrupt(dint)：禁止中断请求。

伪操作：

i ← 0;

注意：中断机制保存下一条指令的地址，当 returni 指令执行时，地址保存到栈的顶部。这一点和 return 是不一样的，在 return 中存储的是地址加 1 的值。

10. KCPSM3 汇编宏命令

汇编宏命令表面上看，也就是汇编程序中的指令，然而它不是处理器能够执行的指令，而是用来帮助编程开发的指令。正如其名字一样，汇编宏命令用来命令汇编程序执行特殊的任务，比如定义一个常数或者重新分配地址空间等。KCPSM3 汇编宏指令和 PBlazeIDE 汇编器在汇编命令上有所不同，下面举例说明。

1) KCPSM3 汇编宏命令

(1) address：指下面的程序从指令 ROM 的某一指定位置开始执行。

比如：

```
address 3FF
```

(2) nemereg：为寄存器提供一个新的名称，使得代码更加容易描述。

比如：

```
nemereg s5，index
```

(3) constant：用助记符赋值一个 8 位立即数，使得代码容易读。

比如：

```
constant max, F0
```

2) PBlazeIDE 汇编器

(1) org：定义代码会被放在指令 ROM 的地址。

比如：

```
org $3FF;
```

(2) equ：为了提高程序的可读性，用一个代号可以代表常数或者寄存器。

比如：

```
MAX    equ 128
INDEX    equ s5;
```

(3) dsin, dsout, dsio：用一个符号来代表 I/O 端口的 ID 号，对应的端口可以定义为输入、输出或者双向端口。与 equ 不同的地方在于仿真时，PBlazeIDE 可以为其添加仿真输出端口，用以显示仿真结果。

比如：

```
KEYBOARD    dsin $0E;
SWITCH dsin $0F;
LED dsout $16;
```

7.6.3　Picoblaze 文件结构

在 Xilinx 公司网站上有大量的关于 Picoblaze 处理器的学习文档，“Picoblaze 8-Bit Embedded Microcontroller User Guide”提供了详细的关于处理器的介绍，包括硬件架构、指令、开发流程，还有 KCPSM3 和 PBlazeIDE 编译器。Picoblaze 微处理器的设计者 Ken Chapman 在“Creating Embedded Microcontrollers”中也详细描述了 Picoblaze 的开发细节。KCPSM3 汇编器、Picoblaze HDL 代码、指令 ROM 的 HDL 模板都可以在 Xilinx 公司的网站上下载。这些文件含有大量的关于此软件的开发例程和使用说明，可供大家借鉴。

Xilinx 公司对于 Picoblaze 的 IP 核是免费提供的，可以从如下网址进行下载：

http://www.xilinx.com/products/ipcenter/picoblaze-S3-V2-Pro.htm

PBlazeIDE 可以在 Mediatronix 公司网站上下载，其网址为

http://www.mediatronix.com

需要注意的是，Picoblaze 对应 Xilinx 公司不同系列的 CPLD 和 FPGA 有不同的版本。因此在下载前需要确认所使用的硬件平台。这里所使用的是 Spartan-3 系列和 Virtex-II Pro 平台对应的 Picoblaze IP 核。下载到的 IP 核是一个名为 KCPSM3 的 zip 压缩包。需要注意的是，解压路径中不能有空格及中文。

解压后 KCPSM3 的目录结构如下：

(1) VHDL 目录。该目录中包含了 KCPSM3 的 VHDL 文件。如果工程师使用的开发语言是 VHDL，则可直接调用该目录下的 vhd 文件。

(2) Verilog 目录。该目录中包含了 KCPSM3 的 Verilog HDL 文件。如果工程师使用的开发语言是 Verilog，则可直接调用该目录下的 v 文件(包含的文件作用与同名的 vhd 文件相同，在此不再说明)。

(3) kcpsm3.ngc。该文件为经过封装了的 KCPSM3 的网表文件。

(4) Assembler。该目录下包含了将 psm 文件转换成 ROM 文件所需的各种工具。

(5) DATA2MEM_assistance。该目录包含了能直接修改 bitstream 文件中的 Block Memory 所在的数据段的工具。

(6) JTAG_loader。该目录下包含了适用于 Picoblaze 的 JTAG 工具。

7.6.4　Picoblaze 汇编基础

Picoblaze 微处理器为 8 位微处理器，默认包含以字节为操作单位的数据操作和简单的条件分支控制。在实际应用中，经常使用到位操作和多字节操作。本小节重点介绍如何构建汇编代码在 Picoblaze 处理器上执行位操作和多字节操作，并且实现高级语言常用的条件控制结构。

1. KCPSM3 语法规定

KCPSM3 汇编语言在程序中有如下的语法规定：

(1) 每个代码段地址的开始以“代码段名称：”表示，也就是代码段名称加冒号意味着新的代码段开始。

(2) 采用“；”对单行程序进行注释。

(3) “HH”表示常数，这里 H 表示十六进制数值。

下面是一个程序：

```
test    s0, 82           ; 比较寄存器 s0 与 1000-0010
jump    z, clr-sl        ; 如果 s0 的最高位为 0，则跳转到 clr-sl 程序段
load    sl, FF           ; 如果不是，则置数 1111-1111 到 sl
clr-sl:                  ; 代码段开始
load    sl, 01           ; 置数 0000-0001 给 sl 寄存器
```

2. 位操作

实际工程应用中，经常会使用位操作，它用于控制 I/O 端口活动，比如测试、置位和清零信号等。然而，Picoblaze 指令只能按字节操作。如果要实现按位控制操作，则通常采用的方案是首先隔离和保护无关位，然后针对目标位进行置位、清零和取反操作，对应的指令包括 or、and、xor 等。下面用代码举例说明如何进行置位、清零和取反 s0 寄存器的倒数第二位。

```
constant   SET-MASK, 02      ; 预设“置位”屏蔽值 0000_0010
constant   CLR-MASK, FD      ; 预设“清零”屏蔽值 1111_1101
constant   TOG-MASK, 02      ; 预设“取反”屏蔽值 0000_0010
or      s0, SET-MASK         ; 设置 s0 倒数第二位为 1
and     s0, CLR-MASK         ; s0 倒数第二位清零
xor     s0, TOG-MASK         ; s0 倒数第二位异或操作
```

同样可以采用逻辑与的概念代替测试指令来检查单个数据位。比如说，下面的代码用来测试 s0 寄存器的最高位的值；如果为 1，则代码跳转到适合的分支。

```
test    s0, 80               ; 预设屏蔽值 1000_0000
jump    nz, msb-set          ; 如果最高位为 1，则跳转到 msb-set 分支
; 如果最高位不为 1，则执行下面的代码
jump    done
…
msb-set
; 最高位为 1 时执行的代码
…
done:
```

单独一位信号监测都可以采用上面的方式进行操作。比如，下例用来检查 s0 寄存器的最高位是否为 1；如果正确，将 s0 的值存储到寄存器 s1 当中。

```
load    s1, 00
test    s0, 80       ; 预设屏蔽值 1000_0000
jump    z, done      ; 如果是，则最高位置 0
load    sl, 01       ; 否则，s1 寄存器 01
```

```
done:
...
```

3. 多字节操作

工程应用中，经常要求微处理器进行多个字节的操作。比如，要实现一个很大的计数器，很有可能超过微处理器的处理位宽，如 Picoblaze 的处理器为 8 位，那么如何处理多个字节操作呢？通常的方法就是两条指令之间设置信息传输机制。实际上处理器中都有进位标志位完全可以实现这个目标。对于加法和减法运算指令来说有两种类型的操作指令，一种是带进位的，另外一种是不带进位的，比如 add 指令和 addcy 指令，而对于位移和循环指令来说，进位可以被移位到最高位、最低位或者中间某一位。这样一来，多字节的数据信息传输就容易多了。

假设 x 和 y 都是 24 位的数据，那么它们各占三个寄存器。下面用代码举例说明如何对多个字节进行数据处理。

```
namereg     s0, x0        ; x 的低字节存储到寄存器 s0 中
namereg     s1, x1        ; x 的中字节存储到寄存器 s1 中
namereg     s2, x2        ; x 的高字节存储到寄存器 s2 中
namereg     s3, y0        ; y 的低字节存储到寄存器 s3 中
namereg     s4, y1        ; y 的中字节存储到寄存器 s4 中
namereg     s5, y2        ; y 的高字节存储到寄存器 s5 中
; 进行加法运算(x2, x1, x0)+(y2, y1, y0)
add         x0, y0        ; 对 x 和 y 的低字节进行加法运算
addcy       x1, y1        ; 对 x 和 y 的中字节进行带进位加法运算
addcy       x2, y2        ; 对 x 和 y 的高字节进行带进位加法运算
```

第一条指令执行普通的低字节加法操作，将进位存储到进位标志位；第二条指令针对中字节进行加法操作，同时由于低字节加法结果有进位，中字节加法操作需要带进位加法；同样地，第三条指令在前面加法的基础上对高八位进行带进位加法操作。

多字节的加法和减法操作都可以用同样的方式进行。

```
; 加 1 运算：(x2, x1, x0)+1
add         x0, 01        ; 低字节加 1
addcy       x1, 00        ; 中字节带进位加法
addcy       x2, 00        ; 高字节带进位加法
; 减法运算(x2, x1, x0)-(y2, y1, y0)
sub         x0, y0        ; 低字节相减
subcy       x1, y1        ; 中字节带借位相减
subcy       x2, y2        ; 高字节带借位相减
```

多字节数据可以通过移位指令包含进位标志进行移位。比如说，sla 指令可以向左移位数据 1 位，然后将进位标志位移到最低位。下面代码是反映左移 3 字节的数据的例子。

```
; 通过进位移位(x2, x1, x0)
```

```
sl0      x0      ; x0 最高位移出到进位标志，低位移入 0
sla      x1      ; 当前进位标志移入到 x1 低位，而 x1 高位移出到进位标志
sla      x2      ; 当前进位标志移入到 x2 低位，而 x2 高位移出到进位标志
```

4. 常用控制语句结构的汇编语言描述

高级语言通常有各种各样的控制结构语句来改变程序执行的顺序。比如，常用的 IF-THEN-ELSE、CASE、FOR-LOOP 等。然而对于 Picoblaze 来说，仅仅提供了简单的条件控制语句和无条件跳转语句，相对比较简单。但是可以通过配合 test 和 compare 指令来完成高级语言能够实现的各种结构控制语句。下面通过实例介绍如何实现 IF-THEN-ELSE、CASE 和 FOR-LOOP 语句的操作。

1) 使用汇编语言实现 IF-THEN-ELSE 语句

IF-THEN-ELSE 实现如下控制功能：

```
if(s0==s1)
{    /*满足条件情况下的程序分支*/
}
else
{
     /*    不满足条件情况下的程序分支*/
}
```

对应的汇编程序如下：

```
        compare         s0, s1
        jump         nz, else_branch
满足条件情况下的程序分支
        …
        jump          if_done
        else_branch:
不满足条件情况下的程序分支
        …
        if_done:
if 语句执行完之后的代码
        …
```

这段代码使用了 compare 指令检测条件(s0==s1)是否相等，并设置清零标志位。使用 jump 指令检测这个标志位。如果标志位没有被置位，则跳转到 else branch(不满足条件情况下的程序分支)；否则，执行满足条件情况下的程序分支。

2) 使用汇编语言实现 CASE 语句

在高级语言中，CASE 语句可以理解为多重跳转，具体哪个分支执行要参考条件表达式。下面的语句使用 s0 变量作为条件来进行跳转。

```
switch    (s0)    {
```

```
    case 第一种情况：
            /*第一种情况下执行的语句*/
            break；
    case  第二种情况：
            /*第二种情况下执行的语句*/
            break；
    case 第三种情况：
            /*第三种情况下执行的语句*/
            break；
    default：
            /*默认情况下执行的语句*/
}
```

多路跳转在处理器中若要实现，则可以按照硬件描述语言中常用的“地址索引”的方式执行。然而，Picoblaze 处理器是不可以直接执行该功能的，CASE 语句需要与 IF-THEN-ELSE 语句一样的方式进行处理。将上述 CASE 语句转化成 IF-THEN-ELSE 的格式：

```
if     (s0 == valuel)
{
     /*第一种情况下执行的语句*/
}
else if   (s0 == value2)
{
     /*第二种情况下执行的语句*/
}
else if     (s0 == value3)
{
     /*第三种情况下执行的语句*/
}
else
{
     /*默认情况下执行的语句*/
}
```

如此一来，对应的汇编程序如下：

```
constant      value1, …
constant      value2, …
constant      value3  …
compare    s0, value          ；测试 value1
jump       nz, case-2         ; s0 值与 value 不同则跳转，否则顺序执行
```

```
        ; code for case1
        …
        jump case-done
case-2：
        compare    s0, value2       ; 测试 value2
        jump nz, case-3             ; s0 值与 value 不同则跳转，否则顺序执行
        ; code for case2
        …
        jump case-done
case-3：
        compare s0, value3          ; 测试 value3
        jump default                ; s0 值与 value3 不同则跳转，否则顺序执行
        ; code for case3
        …
        jump case-done
default：默认情况下执行的语句
        …
        case-done
        ; case 语句完成之后接下来执行的代码
        …
```

3) 使用汇编语言实现 FOR-LOOP 语句

FOR-LOOP 语句用来重复执行代码段。LOOP 指令可以用计算器来追踪计数数目，比如下面的例子：

```
for(i=MAX, i=0, i-1)
{
  /*重复执行语句段*/
}
```

对应的汇编代码如下：

```
        namereg        so, I        ; loop 索引值
        constant       MAX, …       ; loop 边界值
        Load           i, MAX       ; 置数 loop 索引值
loop-body:
        ; loop 语句主体
        …
        Sub            i, 01        ; 对变量 i 和索引值做减法运算
        jump nz, loop-body          ; 变量 i 还没有为 0 则继续执行 loop 主体，否则执行 loop 语句
                                      后面的语句
        …
```

7.6.5 Picoblaze 汇编程序开发

1. 开发流程

开发一个完整的汇编程序包括如下 4 个步骤：

(1) 设计主程序功能描述伪代码；

(2) 将主程序任务划分成若干子程序任务，如果子程序比较复杂，则应该将其细分成更小的子程序；

(3) 定义寄存器和数据 RAM 的使用；

(4) 编写子程序代码。

第(1)、(2)和(4)步骤按照逐个实现的方法来实现，任何软件开发流程大致都如此。基于微处理器的应用通常针对嵌入式系统，处理器需要不断监视 I/O 端口的状态并同时做出反应。主程序一般按照下面的结构来编写：

```
call 初始化子程序
forever;
call 子程序 1
call 子程序 2
…
call 子程序 n
jump forever
```

第(3)步仅仅用在汇编语言开发中。因为高级语言开发过程中，编译器会自动分配变量，而汇编代码中编译器没有此功能，故必须人工管理数据存储。Picoblaze 有 16 个寄存器和 64 位数据存储器。寄存器可以被认为是快速存储器，因为可以直接存储数据。数据存储器是“辅助存储器”，它的数据需要传输到寄存器再做处理。如果想存储一个数据到 RAM 中，则必须首先将其装到寄存器中，然后再存储到 RAM 中。

由于存储数据的空间非常有限，所以对其的使用就应该先计划好，尤其是在代码比较复杂而且包含有程序嵌套的情况下，我们更要计划好存储空间的分配。应首先定义需要的全局存储器和局部存储器，使前者保存整个程序都需要的变量，后者保存临时存储的变量，在部分功能结束时其空间就可以释放掉。

2. 程序举例

举例是理解开发过程最有效的方式。考虑采用前面的乘法子程序，首先从拨码开关输入 a 和 b，计算 a^2 和 b^2，然后将结果显示到 7 段数码管上。本例中，只有一个 8 位的拨码开关和一个 8 位的 LED 输出端口。假设拨码开关高 4 位提供给 a 端口输入，低 4 位提供给 b 端口输入。

主程序如下：

```
call clear-data-ram
forever;
call read-switch
call square
```

```
call write-led
jump forever
```

操作过程如下：

(1) 定义子程序。子程序定义如下：

① clr_data_mem：系统初始化时所有数据存储器清零。

② read_switch：获取拨码开关提供的数据输入端口数据并保存到数据 RAM 中。

③ square：采用乘法器子程序计算 $a^2 + b^2$。

④ write_led：将计算结果显示到 LED 端口上。

为了方便，还需要创建两个小的子程序：get_upper_nibble 和 get_lower_nibber，用来在 read_switch 子程序中调用，从而获取寄存器高位和低位的数值。

规划寄存器和数据 RAM 的使用。定义全局存储器 sw_in，用来存储拨码开关输入值，开辟 11B 的数据 RAM 空间以存储输入数据以及运算结果值。为了程序更加清晰，定义三个符号 data、addr、i 分别作为数据、端口和存储器地址，循环索引值的临时寄存器。

(2) 划分子程序。

clr_data_mem 用来循环清零数据寄存器，寄存器 i 为循环索引值并初始化为 64。每次循环，该索引值最后对应的寄存器置 0，write_led 子程序从数据 RAM 中取回计算结果的低位，输出到 LED 端口。

read_switch 子程序包括两个小的子程序。get_upper_nibble 小子程序右移数据寄存器 4 次，将高 4 位数据移位到寄存器低 4 位；get_lower_nibble 小子程序清零数据寄存器的高 4 位，移除高字节。read_switch 小子程序获取拨码开关的输入值，调用 get_upper_nibble 和 get_lower_nibble 小子程序并将结果存储到数据 RAM 中。

square 子程序从数据 RAM 中取回数据，并采用 mult_soft 子程序计算 a^2 和 b^2，执行加法并存储结果到数据 RAM 中。

write_led 将计算结果显示到 LED 端口上。

计算 $a^2 + b^2$ 程序代码如下：

```
; 带简单 I/O 接口的求平方和电路
; 程序操作:
; 读取拨码开关的高 4 位 a 和低 4 位 b
; 计算 a*a+b*b
; 在 8 个 led 上显示结果值
; 数据常数
Constant UP_NIBBLE_MASK,0F;00001111
数据 ram 地址接口定义
constant a_lsb, 00
constant b_lsb, 02
constant aa_lsb, 04
constant aa_msb, 05
constant bb_lsb, 06
constant bb_msb, 07
```

```
constant aabb_lsb, 08
constant aabb_msb, 09
constant aabb_cout, 0A

; 寄存器定义

; 通用局部变量寄存器
namereg s0,data                ; 临时数据存储
namereg s1,addr                ; 临时存储器和 I/O 端口地址
namereg s2, i                  ; 循环索引值
; 全局变量
namereg sf,sw_in
; 端口定义

; 输入端口定义
constant sw_port, 01           ; 8-bit switches
; 输出端口定义
constant led_port,05
; 主程序
; 程序调用层次;
main
-clr_data_mem
-read_switch
-get_upper_nibble
-get_lower_nibber
-square
-mult_soft
- write_led
;
call clr_data_mem
forever
call read_switch
call square
call write_led
jump forever
; 子程序：clr_data_mem
; 程序功能：clear data ram
; 临时寄存器：data,i
;
```

```
clr_data_mem;
      load i, 40                    ; 循环索引值为 64
      load data, 00
    clr_mem_loop;
      store data, (i)
      sub i, 01                     ; 循环减 1
      jump nz, clr_mem_loop         ; 重复直到 i=0
      return

; 子程序：read switch
; 程序功能：从输入端口获取两个乘数
; 输入寄存器：sw_in
; 临时寄存器：data

read_switch
input sw_in, sw_port           ; 读取拨码开关输入
load data, sw_in
call get_lower_nibber
store data, a_lsb              ; 存储 a 到数据 RAM
load data, sw_in
call get_upper_nibber
store data, b_lsb              ; 存储 b 到数据 RAM

; 子程序名：get_lower_nibber
; 程序功能：获得 data 低 4 位
; 输入寄存器：data
; 输出寄存器：data

get_lower_nibber;
      and data,UP_NIBBLE_MASK       ; 清除高 4 位数据
   return

; 子程序名：get_ upper _nibber
; 程序功能：获得 data 高 4 位
; 输入寄存器：data
; 输出寄存器：data

get_upper_nibber;
      sr0 data                      ; 右移 4 次
```

```
        sr0 data
        sr0 data
        sr0 data
    return

; 子程序：write_led
; 程序功能：输出结果低 8 位到 8 位 LED
; 临时寄存器：data
write_led:
fetch data,aabb_lsb
        output data,led_port
        return

; 子程序名：squre
; 程序功能：计算 a*a+b*b，数据和计算结果存储到以 SQ_BASE_ADDR 为起始地址的 RAM 中
; 临时寄存器：s3, s4, s5, s6, data

Square:
    ; 计算 a*a
          fetch s3, a_lsb             ; 装载 a 值
              fetch s4, a_lsb         ; 装载 a 值
              call mult_soft          ; 计算 a*a
              store s6, aa_lsb        ; 存储 a*a 的低字节
store s5,aa_msb                       ; 存储 a*a 的高字节
        ; 计算 b*b
              fetch s3, b_lsb         ; 装载 b 值
              fetch s4, b_lsb         ; 装载 b 值
              call mult_soft          ; 计算 b*b
              store s6, bb_lsb        ; 存储 b*b 的低字节
store s5, 07                          ; 存储 b*b 的高字节
; 计算 a*a+b*b
        fetch data, aa_lsb            ; 获取 a*a 的低字节
add data, s6                          ; 求和 a*a+b*b 的低字节
store data, aabb_lsb                  ; 存储 a*a+b*b 的低字节
        fetch data, aa_msb            ; 获取 a*a 的高字节
addcy data, s5                        ; 求和 a*a+b*b 的高字节
store data, aabb_msb                  ; 存储 a*a+b*b 的高字节
load data, 00                         ; 清除数据，保持进位寄存器值不变
addcy data, 00                        ; 获取从前一次加法运算得到的进位寄存器值
```

```
store data, aabb_cout           ; 存储 a*a+b*b 的进位值
       return

; 子程序名：mult_soft
; 程序功能：利用移位和加法操作的 8 位无符号乘法器
; 输入寄存器：s3: 被乘数；s4: 乘数
; 输出寄存器：s5: 乘积高字节；s6: 乘积低字节
; 临时寄存器：i

mult_soft:
       load s5, 00              ; 清零 s5
       load i, 08               ; 初始化循环索引值
mult_loop:
       sr0    s4                ; 右移 s4 最低位到进位寄存器
       jump nc, shift_prod      ; s4 最低位是 0
       add s5, s3               ; s4 最低位是 1
shift_prod:
       sra s5                   ; 右移寄存器 s5，最高位补 c，最低位移位到 c 寄存器
       sra s6                   ; 右移寄存器 s5，最低位移位到 s6 最高位
       sub i,01                 ; 循环减 1
       jump nz, mult_loop       ; 重复，直到 i=0
       return
```

本 章 小 结

本章在前面几章的基础上设计了基于 VHDL 的基础实验，介绍了几个数字系统的设计实例，有多功能信号发生器、序列检测器、交通灯信号控制器、空调系统有限状态自动机、智力竞赛抢答器的设计。通过基础性和综合性实践项目的训练，读者可以初步掌握数字系统的 EDA 设计方法，进一步掌握 VHDL 在数字系统设计中的用法，为复杂系统的设计打下坚实的基础。同时还详细介绍了微处理器的结构原理和 Picoblaze 的特点、基于 FPGA 的微处理器的软硬件开发流程以及 Picoblaze 的微处理器指令和文件格式。

Picoblaze 为 8 位的源码开发微处理器，内容要点如下：

(1) 微处理器的结构和原理；

(2) 微处理器与状态机的区别；

(3) Picoblaze 微处理器特点；

(4) 顶层 HDL 模型设计；

(5) Picoblaze 的软硬件设计流程；

(6) Picoblaze 的指令设置；

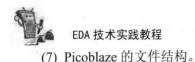

(7) Picoblaze 的文件结构。

习　　题

1. 设计一个带数字显示的秒表。要求能够准确地计时并显示；开机显示 00.00.00；用户可随时清零、暂停和计时；最大计时 59 分，最小精确到 0.01 秒。

2. 设计一个汽车尾灯的控制电路。要求用 6 个发光二极管模拟 6 个汽车尾灯(汽车尾部左、右各 3 个)，用两个开关作为转弯控制信号(一个开关控制右转弯，另一个开关控制左转弯)，当汽车往前行驶时(此时两个开关都未接通)，6 个灯全灭。当汽车转弯时，若右转弯(即右转开关接通)，右边 3 个尾灯从左至右顺序亮灭，左边 3 个全灭；若左转弯(即左转开关接通)，左边 3 个尾灯从右至左顺序亮灭，右边 3 个全灭。当左、右两个开关同时接通时，6 个尾灯同时明、暗闪烁。

3. 设计一个智能函数发生器。要求：函数发生器能够产生递增斜波、递减斜波、方波、三角波、正弦波及阶梯波，可通过开关选择输出的波形。

4. 试用 FPGA 设计一个两位密码锁电路，要求如下：

(1) 开锁密码为两位十进制代码。

(2) 当输入的密码与锁内预先设置的密码一致时，绿灯亮，开锁；当输入的密码与锁内密码不一致时，红灯亮，不能开锁，且有报警声音提示。

(3) 密码可由用户自行设置。

提示：可选用的器件有 FLEX10K10、共阴极 7 段数码管、发光二极管、按键开关、电阻和电容。

5. 试用 FPGA 设计一个停车场停车位显示系统，系统要求如下：

(1) 用 8 × 8 点阵表示停车场的 64 个车位，灯亮表示该车位有车，灯灭表示该车位没车。

(2) 车可以自由停在任何一个空车位上，任何一辆停车位上的车辆都可以离开停车场。

(3) 停车场的初态是所有车位都没车。

6. 使用 8×8 矩阵显示屏设计一个彩灯闪烁装置。要求：第一帧以光点为一个像素点从屏幕左上角开始逐点描述，终止于右下角；第二帧以两个光点为一个像素点从屏幕左上角开始逐点描述，终止于右下角。第三帧重复第一帧，第四帧重复第二帧，周而复始地重复进行下去。

7. 设计出租车计费器，要求如下：

(1) 能实现计费功能，计费标准为：按行驶里程收费，起步费为 6.00 元，并在车行 3 公里后再按 2.4 元/公里计费，当计费器计费达到或超过一定收费(如 30 元)时，每公里加收 50%的车费。车停止时不计费。

(2) 实现预置功能：能预置起步费、每公里收费、车行加收车费的里程。

(3) 实现模拟功能：能模拟汽车启动、停止、暂停、车速等状态。

(4) 设计动态扫描显示电路：将车费显示出来，有两位小数。

8. 设计自动售货机的控制电路，要求如下：

(1) 用四个发光二极管分别模拟售出价值为 5 角、1 元、1.5 元和 2 元的小商品，购买者可通过开关选择任意一种标价中的小商品。

(2) 灯亮时表示该小商品售出。

(3) 开关分别模拟 5 角、1 元硬币和五元纸币投入，可以用几只发光二极管分别代表找回剩余的硬币。

(4) 每次只能售出一种小商品，当所投硬币达到或超过购买者所选面值时，售出货物并找回剩余的硬币，回到初始状态；当所投硬币值不足面值时，可以通过一个复位键退回所投硬币，回到初始状态。

9. FSMD 状态图与微控制器有哪些区别？

10. 如何选择使用微处理器和定制 FSMD 电路？

11. 简单介绍 Picoblaze 微处理器的特点。

12. 简单描述 Picoblaze 微处理器的软硬件开发流程。

13. 下载 Picoblaze 源码以及相关开发。

参 考 文 献

[1] 汉泽西. EDA 技术及其应用[M]. 北京：北京航空航天大学出版社，2015.
[2] 席巍编. 电子电路 CAD 技术[M]. 北京：科学出版社，2015.
[3] 谭会生. EDA 技术及应用(第三版)[M]. 西安：西安电子科技大学出版社，2016.
[4] 王辅春. 电子电路 CAD 软件使用指南[M]. 北京：机械工业出版社，2013.
[5] 毕亚军，崔瑞雪. 电子工艺与课程设计[M]. 北京：电子工业出版社，2012.
[6] 刘江海. EDA 技术[M]. 武汉：华中科技大学出版社，2015.
[7] 焦素敏. EDA 技术基础[M]. 北京：清华大学出版社，2014.
[8] 李芸，黄继业，盛庆华. EDA 技术实践教程[M]. 北京：电子工业出版社，2014.
[9] 刘江海. EDA 技术课程设计[M]. 武汉：华中科技大学出版社，2014.
[10] 赵吉成，王智勇. Xilinx FPGA 设计与实践教程[M]. 西安：西安电子科技大学出版社，2012.
[11] 顾江. 电子设计与制造实训教程[M]. 西安：西安电子科技大学出版社，2016.